国家林业和草原局普通高等教育"十三五"规划教材

高等院校观赏园艺方向"十三五"规划教材

干燥花制作工艺与应用

（第 2 版）

洪　波　主编

中国林业出版社

内 容 简 介

　　干燥花是现代花卉艺术设计中的重要基础材料，包括立体干燥花、平面干燥花、芳香干燥花 3 个类别。干燥花艺术是花卉艺术中独具韵味的一个分支，其制作工艺与创作实践由观赏植物的应用不断发展而来，属观赏植物采后加工应用的范畴。本书从干燥花的概念、起源和应用现状着手，系统介绍了有关干燥花制作的基本原理、各类干燥花材料制备的工艺流程、干燥花艺术饰品的制作方法以及应用形式等。书中内容注重理论与实践的紧密结合，融合了东西方干燥花艺术表现的手法和风格，内容丰富、图文并茂，可操作性强。本书针对观赏园艺方向学生学习使用，对从事观赏植物应用的人员有着指导和参考作用，同时，可供园林专业、园艺专业人士以及花艺爱好者参阅。

图书在版编目（CIP）数据

干燥花制作工艺与应用/洪波主编. —2 版. —北京：中国林业出版社，2019.8（2024.12 重印）
国家林业和草原局普通高等教育"十三五"规划教材　高等院校观赏园艺方向"十三五"规划教材
ISBN 978-7-5219-0161-0

Ⅰ.①干…　Ⅱ.①洪…　Ⅲ.①干燥 – 花卉 – 制作　Ⅳ.①TS938.99

中国版本图书馆 CIP 数据核字（2019）第 138533 号

策划、责任编辑：康红梅
责任校对：苏　梅

出版发行　中国林业出版社（100009　北京市西城区刘海胡同 7 号）
　　　　　　　E-mail：jiaocaipublic@163.com　电话：（010）83143551
　　　　　　　https://www.cfph.net
经　　销　新华书店
印　　刷　中农印务有限公司
版　　次　2009 年 8 月第 1 版（共印 1 次）
　　　　　　　2019 年 8 月第 2 版
印　　次　2024 年 12 月第 2 次印刷
开　　本　850mm×1168mm　1/16
印　　张　16.5　　彩插 8
字　　数　415 千字
定　　价　56.00 元

《干燥花制作工艺与应用》（第2版）编写人员

主　编　洪　波

副主编　贾　军
　　　　　高亦珂
　　　　　周晓峰

编写人员　（按拼音排序）
　　　　　杜　方（山西农业大学）
　　　　　高亦珂（北京林业大学）
　　　　　关爱农（中国农业大学）
　　　　　洪　波（中国农业大学）
　　　　　贾　军（东北林业大学）
　　　　　尚爱芹（河北农业大学）
　　　　　王杰青（苏州大学）
　　　　　武术杰（长春大学）
　　　　　张常青（中国农业大学）
　　　　　周晓峰（中国农业大学）
　　　　　周育真（福建农林大学）

第 2 版前言

花卉产业链涉及花卉的资源收集、评价与利用，新品种培育，栽培管理，采后贮运，以及干花加工等产业环节。其中，干燥花制作与加工，是花卉产业链的延伸，也是通过花卉产业融合、实现花卉产业提质增效的重要途径。

最近几年，随着我国经济、贸易的繁荣发展，干燥花材料的进出口往来贸易日益频繁，东西方花艺文化的交流渐盛，干燥花的艺术形式也日趋多样化。干燥花的消费人群在不断增加，市场日益扩大，用干燥花装饰、美化生活已成为当今人们生活的一种时尚追求。与此同时，对相关专业类书籍也有了新的要求。

"干燥花制作工艺与应用"是观赏园艺、园林、环境艺术设计等专业教学体系中的核心课程或选修课程，相关知识体系对于专业所构建的产业链的延伸至关重要，对于本科生专业教育和素质提升也很有价值。

《干燥花制作工艺与应用》第 1 版的发行，受到开设干燥花类课程院校师生和广大干燥花花艺爱好者的欢迎。不少同行通过电函与编者就书中主要内容的设定以及干燥花制作工艺等进行了深层次的交流；也有不少同行对书中的不足提出了中肯的意见和建议。此次应中国林业出版社之约，在第 1 版的基础上进行了修改和补充，推出第 2 版。

这次修订是以原教材为基础、参考现行几所学校的教学大纲而进行的。在体系上，保留了绪论、干燥花制作原理、干燥花制作工艺、干燥花应用形式的教材体系。在内容上，删除了目前应用较少的或已经停用的干燥花制作方法，补充了市场中应用多、流行广的干燥花类型和新的制作工艺或花艺设计手法，并补充了最新的参考文献资料。在编辑上，吸收了新的参编人员，主要负责第 1 章绪论部分的内容补充和文献检索以及第 3 章立体干燥花应用和第 5 章平面干燥花应用的内容补充和修改。

本书在修订过程中，以花卉产品加工应用这一产业链延伸的需求为导向，以培养学生基本专业技能为宗旨，根据教科书的基本要求，我们不仅注重干燥花制作与设计内容的全面性、系统性和时效性等，在内容上尽可能紧跟时尚前沿，充分考虑读者的新需求。希望教材的再版，能为本专业学生的基本理论和基本技能培养提供重要的参考，也能为每一位读者提供更为丰富的生活美化空间。

感谢中国林业出版社对观赏园艺专业系列教材建设的资助。

感谢中国农业大学本科生院教学改革项目对本教材修订的经费支持。

编　者

2019 年 6 月

第 1 版前言

　　近几年来，随着我国花卉产业和城市园林建设的迅速发展，全国各地农林院校纷纷恢复或增设了观赏园艺专业方向，为花卉生产行业培养所需要的人才。干燥花制作工艺与应用类课程是观赏园艺专业方向教学体系的核心课程，与观赏植物应用设计、插花艺术、盆景艺术等课程并重，是观赏园艺专业方向本科生专业教学和素质教育的重要课程，在不少院校已经相继开设。为适应新时期国家对本科人才培养目标的要求，优化学生知识结构和个性发展空间，增强人才培养的适用性和灵活性，同时为了弥补教材建设上的不足，我们组织了全国 6 所院校的有关教师组成了教材编写组，以我们多年讲授这门课程的讲义内容为基本骨架，在借鉴国内外优秀干燥花制作文献有关内容的基础上，结合现代花卉艺术设计的特点，确定了本教材的内容体系。全书共包括绪论和 6 个章节。其中，绪论部分介绍了干燥花的分类、概念、发展历史、应用现状以及相应的信息和情报来源等。在 6 个章节中分别阐述了有关干燥花制作的基本原理、立体干燥花、平面干燥花及香花等各类干燥花材料制备的工艺流程、干燥花艺术饰品的制作方法、在生活中的应用形式以及优秀作品欣赏等。

　　本着培养学生基本技能的教学宗旨，根据教科书的基本要求，在编写中注重了内容的全面性、系统性和新颖性，概念的准确性，资料的实用性，阅读的亲切感，查阅的方便性等。在艺术创作方面，融合了东西方干燥花艺术表现的手法和风格，系统总结了前人的研究成果和制作经验，选用了大量的制作实例，通过图文并茂的说明，详细介绍了各类干燥花艺术品的制作方法和步骤，力求易学易懂。在内容编写上还尽可能紧跟时代步伐，纳入近几年在教学和科研实践中研究探索的新技术、新工艺与较新的科技成果。考虑到本课程是一门应用学科，也考虑到扩大读者面，在制作工艺部分加大了实用性内容，应用了大量的图和表格，便于学习者更直观地理解书中内容。在从事干燥花艺术创作的实践中，笔者深感精神的愉悦和内心的充实，深切体验了干燥花艺术带给创作者的无尽的快乐与享受，所谓"一花一世界，一沙一天堂"，希望借着本书的出版，呈现给每一位读者更为丰富的生活空间。

　　本教材由洪波担任主编，贾军、高亦珂任副主编，本教材编写分工如下：

　　绪论（洪波）；第 1 章（洪波、武术杰）；第 2 章（洪波、关爱农）；第 3 章（洪波、张常青、杜方）；第 4 章（贾军、高亦珂）；第 5 章（贾军、洪波）；第 6 章（洪波、尚爱芹）。手绘插图由洪波、陆鲲、权曼曼绘制。

　　中国农业大学园艺学院观赏园艺系高俊平教授对教材体系给予了整体指导。东北林业大学园林学院实验教师刘香环准备了立体干插花创作实例中花材和图片的拍摄。硕士研究生权曼曼、武晓娜、葛蓓苹、李春水、康健、吴平、于洋、魏倩等同学为本书收集了部分资料。在此，均表示衷心的感谢！

　　干燥花植物涉及的种类极其繁多，要求的制作技术也是多样化的，需要掌握植物学、植物生理学、植物干燥、印染等多学科的基础专业知识；干燥花艺术制品丰富多彩，艺术创作形式灵活多样，对编写者艺术水平的要求是较高的，虽然教材编写组全体成员尽了很大的努力，但由于知识水平和写作能力有限，加之于我们掌握的资料还不够全面，一定存在不少缺点，甚至是错误之处。我们衷心期待着同行专家学者的批评指导，以使这一教材体系尽早完善。

编　者

2009 年 5 月

目 录

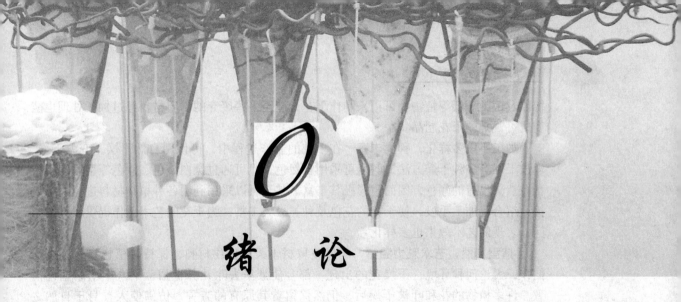

0 绪　论

0.1　干燥花定义和特点

0.1.1　干燥花定义

　　干燥花是指将天然的植物材料经过脱水、保色或染色、定型等处理而制成的具有持久观赏性的植物装饰品。干燥花既有鲜花之形、色、姿、韵，又经久不凋，是在掌握自然原理的基础上，运用技术加工与艺术手法的结合来实现的，它是源于自然而高于自然的艺术成果，着力体现花卉的自然风貌和韵味，具有独特的艺术魅力。

0.1.2　干燥花分类

　　干燥花分为立体干燥花、平面干燥花以及芳香干花三大类别。立体干燥花也称干切花，是用于花卉艺术创作的原材料，主要包括3类：①经干燥的天然植物，以其原貌呈现的干花；②由植物各器官经过加工处理、组装而成的粘贴花；③由木质材料经过模型加工、组装而成的粘贴花。后两种统称为拼接花。平面干燥花也称为压花（押花），是由天然植物材料经过压制、干燥制成的具平面装饰特性的干花艺术品。芳香干花是将植物材料和其他辅助材料混合经过粉碎、熏香加工的干燥花，用于室内装饰和气氛的调节。在干燥花各类别中，干切花品种丰富，利于再创作，更适应目前产品个性化的市场需求，是干燥花市场的主流产品。

　　(1) 立体干燥花的定义和特点

　　立体干燥花(Dried Flower)是将植物材料经过采集、干燥、漂染、定型等加工处理而制成的具有持久观赏特性的花卉类型。不仅是指干燥后的植物花朵，而是泛指植物的花、叶、茎、果实、种子等器官。

　　立体干燥花具有以下特点：

　　材料来源广泛　用于制造干燥花的植物种类丰富，既可以是人工栽培植物，也可以是野生植物。除了植物的花、叶、果实以外，植物的茎、枝条，宿存的花萼、种穗、果穗以及菌类等低等植物都可用来制作干花，甚至一些废弃的木质材料经过加工处理也能变成可观赏的干花制品。

加工手段多样化，种类丰富　在干花的制作过程中，可使用自然干燥、变温干燥、埋没干燥等多种干燥方法，颜色可采用自然色，也可通过漂白染色、涂色等手段获得多种自然界没有的颜色，因而色彩极其丰富。甚至可以采用利用各种植物材料进行人工拼接、组合等加工手段，使干花的花色及种类极大丰富，为干花的艺术创作提供较大的空间，表现的艺术效果也多样化。

造型自然，艺术魅力独特　干燥花取材于天然植物材料，保持着植物自然姿态与韵味，无论何种环境，干燥花的出现，都会使豪华去除几分世俗，平淡中增添些许情致。许多植物的花和叶被干燥后，仍然保留着其原有的芳香，仿佛使人置身于自然之中。宿存的花萼、种穗、果壳等，虽无鲜花的娇媚，却增添了乡村、原野的自然气息，其艺术效果独特，富有个性。

摆放持久，使用管理方便　与鲜花相比，干燥花观赏时间较长，其间无需特别的养护管理，省时省力，尤其适合现代生活节奏的室内环境装饰。

创作随意，应用广泛　干燥花不受保鲜条件的局限，其装饰艺术的创作手段更加灵活、方便，因其材料种类的多样化，艺术作品的种类和表现风格也多样化。除具浓厚东、西方特色的作品外，还呈现出自由式、抽象式等多种艺术风格。应用范围广泛，无论是大型公共场所还是私人空间都可使用干燥花进行装饰。

（2）平面干燥花的定义和特点

平面干燥花（Pressed-Dried Flower）又称为压（押）花，是将植物材料进行保色压制干燥处理后，再按花的色彩、形态、质感、韵律等特点适宜搭配，制成的具有绘画风格的艺术制品。平面干燥花艺术是一种融合绘画与花艺设计的平面装饰艺术，是人们掌握自然原理而又运用科学技术与艺术表现手法得以完成的。因其花色自然，花材广泛，画面真实、质朴，保存时间长久而深受人们的喜爱。平面干燥花具有以下特点：

植物材料种类丰富　用于制作平面干燥花的植物种类丰富，无论是芍药、牡丹、月季、山茶等大型的花卉，还是珍珠梅、美女樱、三色堇、报春花等小型的花卉，都可以用来压制。大量的野生植物，特别是一些小型、纤细的野生花草都是用来压制平面干燥花的绝好材料。

花材自然、贴近生活　压花艺术的主要材料是来自天然植物，具有自然而质朴的造型和色彩。用这些源自大自然的材料来表现自然界的山川、农田、树林、草地或春花秋叶，不但可以省却许多描绘、勾勒和调色，而且其艺术表现真实生动、纯真质朴，是其他绘画形式所不能比拟的。与漂白、染色的立体干花相比，平面干花是用保色的方法尽量保持花材的本色，更具真实感和亲切感。

作品表现的内容、形式多样，应用广泛　压花作品不仅可以再现植物原来的形态特征，表现植物自然的生长状态，还可以再现野外的自然环境，构成令人向往的优美风景画。此外，压花艺术不受载体所限，目前生活中常见的许多材质都可以作为压花艺术的载体，如纸张、布料、木板、玻璃、塑料、树脂、金属、皮革和陶瓷等，都能成为压花艺术的创作空间，因此压花艺术的应用十分广泛。小到一纸书签、贺卡、扇面，大到一幅壁挂、四扇屏风都是压花艺术的创作领地。

趣味性强　压花材料不仅可以再现植物原来的形态特征，表现植物生长的自然情趣，构成令人向往的优美风景；对其稍加处理，就可以用来表现自然和社会生活中形形色色的非植物性事物，活泼的小动物、美丽的天使、可爱的玩具、温馨的家居、亲切的屋舍和蜿蜒的小路，一旦用压花材料来表现就会增添浓厚的趣味性，令人津津乐道。

保存时间长久　平面干花制品的画面由于受到玻璃、塑胶、薄膜的保护，更加有利于干花的保色，保存时间也比立体干花长久。画面还可以进行擦洗保洁，提高了其长久的观赏性。

参与性强　压花艺术创作的技法极其简单易行，无论男女老少，即使没有绘画基础和植物学常识，也可以通过较短时间的学习，进行压花艺术创作，完成自己理想的压花艺术作品。因此压花艺术与绘画艺术、一些传统手工艺及民间艺术相比，都显示了较强的可操作性，具有极好的参与性，是一种能够走进千家万户的大众艺术。

艺术创作中用以寄情　平面干花的产生和发展表达了人们热爱自然、热爱生活的情愫。平面干花艺术饰品的创作和制作过程富有极大的情趣，成为创作者一种特殊的精神享受。花朵给予人类的不仅是物质财富，更重要的是精神财富，她给予人类色彩、芳香、智慧、美丽，并由于其绚烂至极的短暂和人的生命所产生的共感而使人类懂得对美好事物的怜惜。台湾著名压花艺术家彭惠婉曾经这样描述自己对从事压花艺术创作的感受，她说："从事压花艺术创作，除了自我充实的要求之外，更随时要保持着一份关爱与灵敏的心情，去贴近身边的事物，才能真正掌握住'美'与'真'最纯实的脉动，那是最憾人心弦的艺术创作。"《压花艺术》一书中的序中写道："生活原本是项艺术，然而随着工商经济的繁荣、酬酢宴飨的频仍，原存于生活中的恬适自在，无形中已逐渐消失。长此以往，迫使人们急于挣脱束缚压力，渴望自然山水，以便寻求心灵、精神上的寄托。"我们在多年的教学过程中经常被学生的认真投入或者是课后的留言所感动，学生在进行压花艺术的创作中所收获的不仅仅是压花的技艺本身，更多的是对自然事物的深入理解以及对生活的感悟。总之，压花艺术带给每一位接触和认识她的人以惊喜、专注、爱心和无尽的快乐。

(3) 芳香干花的定义和特点

芳香干花（Dried Fragrant Flower）是指以天然植物为原料，经技术处理和艺术包装后制成的用于室内装饰和气氛调节的一类干花。通常也被称为香干花或香花。芳香干花有两类：一类是芳香类植物经过干燥处理后仍然保持其原有的香味；另一类是在干燥处理过程中人为地将香料成分添加到植物材料中，使干燥的植物材料具有人们所希望的香气成分，这类经人工熏香的香花内通常使用吸附剂、定型剂等成分。芳香干花具有以下的特点：

兼具观赏性与实用性　芳香花除具有装饰作用外，还具有疗愈、驱虫、清除异味等实用价值，是干花的视觉享受与芬芳的嗅觉文化综合的产物。

造型多样、新颖，使用方便　芳香干花多盛装在精美的容器内，且容器多设有孔隙，便于香味散出。容器的种类多样，包括玻璃、陶、纸、塑料、纺织等制品，且造型多样，使用方便。

香型各异 除使用自然的芳香植物制作的芳香干花外，许多芳香干花是由经加工的香料熏制而成，因而香型各异，如玫瑰、茉莉、柠檬、檀香、桂花、紫罗兰、白兰花等多种香型，可根据个人喜爱选择。

0.2 干燥花起源与发展简史

0.2.1 立体干燥花起源和发展

立体干燥花最初起源于人们在冬季里对植物的贮存。每当冬季来临，天气逐渐转冷，人们收割庄稼制成食品并留存种子，期待来年的收获，并为冬天做好准备。放置在厨房、庭院、门旁、窗边的谷物或蔬菜成为了人类先民最初的植物观赏品。

在欧洲，每年的 12 月 25 日是波斯太阳神（光明之神）密特拉（Mithra）的诞辰日，同时又是罗马历书的冬至节日，崇拜太阳神的信徒们都把这一天当作春天的希望，万物复苏的开始，因而这一天也就包含了许多冬季祭奠的含义。祭祀所用的祭品自然有大量的植物，如五谷、蔬菜和瓜果。这些被长久保存的植物逐渐成为了人们的精神享受和寄托。

到了公元 4 世纪，罗马教会为了把异教徒的风俗习惯基督教化，选择 12 月 25 日作为耶稣圣诞日。从此，这一天成为了西方各教派基督徒，甚至广大非基督徒群众的一个重要的节日，而且形成了欧美许多国家事实上的宗教新年。每当圣诞节来临，除保留了冬季祭祀的风俗外，为渲染节日气氛，人们开始了有意识地主动制作干燥花材，利用这些干燥的植物装点房间或餐厅，并逐渐成为风俗和时尚。在当时的一些宗教文化活动中，室内外装饰植物多用松枝、桉树枝，以及各类树木的果实等，主要用来装饰室内的门、窗、餐桌、壁炉墙壁等。

干燥花除来源于冬季庆典中的干燥植物外，还与鲜花久置后的干花具有观赏特性的意外发现有关。到了公元 14 ~ 16 世纪，欧洲封建社会后期发生文艺复兴运动，出现了崇尚、模仿古希腊和古罗马文艺的倾向。西方的花卉装饰设计艺术也受此思潮的影响，形成了传统的几何形、图案式风格，在欧洲十分流行。到了 18 世纪，欧洲诸国发生产业革命，渴望知识和文化的新兴中层阶级逐渐崛起，他们日益增长的财富允许他们在闲暇时间去研究植物学，追求时髦的园艺娱乐活动。与欧洲一样，19 世纪美国人的社会意识也显示了对浪漫、丰富色彩、自然生活的热爱。当时在英国、法国、美国等许多西方国家，受到了引进大量花卉植物的启发，爱好园艺、用花卉进行家庭装饰，特别是用鲜花装饰餐桌及居室，成为一种文明风雅的时髦爱好，使得插花艺术成为了当时一种流行的生活艺术。在这样的环境下，能将某些鲜活的植物长久保存并具有观赏性常常使花艺爱好者喜出望外。在不断的实践中，人们发现几乎每种植物都能制成干燥花草而得以保存，某些花草在干燥后仍能保有其芬芳，是非常不错的装饰用花材，且优点突出。

几个世纪以来，干燥花越来越多地用来装饰房间及制作香料，干花插花艺术也逐渐形成，并受到西方艺术插花的影响，造型以几何形和图案式为主，加之干花特殊的质感和韵味，形成独特的干花艺术风格。在此期间，许多花艺爱好者不少家庭拥有花园，可以直接采花后用自然干燥法干燥花材,为干花的制作和创作提供了极大的方便。因而越来越普及于民间百姓家。有香味的小花束经过干燥后,常被佩戴在身上预防瘟疫。

19世纪末至20世纪初,干燥花的风潮渐渐式微。直到20世纪70年代,花店或园艺用品商店销售的种类只局限于一些禾本科植物、星辰花和麦秆菊,而且通常染成比较浓艳的颜色。至80年代后期,干燥花产业在澳大利亚、新西兰、南非、欧洲各国和美洲兴起。一些干花制作的实践者在试验中发现,除了天然的干花在完全干燥后仍然持有鲜艳的色泽外,许多植物的花朵干燥后都可以保有大部分的自然原色。因此,一些小型的干花生产企业开始诞生,开始长期生产并销售干花产品,当时的主要干花产品种类有玫瑰、飞燕草、落新妇、线状瞿麦、含羞草以及许多禾本科植物、种子结球的植物等。随着干花市场扩大,干花的品种每年不断增加,促使人们有兴趣将干燥花作为一种新兴的产业来发展。现在,世界各地都有专业干花培育基地,可以随时买到各种不同国家的干燥花成品。

亚洲国家干燥花的兴起始于第二次世界大战之后,由欧洲传入,以当地的植物资源为主,作品风格融入了东方各民族的文化和审美,明显的特点是出现漂白染色的干花,花材更加精致、细腻。但主要是产区或加工区,产品大多出口欧洲。

在我国,干燥花产品被广大消费者认识仅有30年的时间。有关干燥花的艺术实践在中国古代文献中记载较少。在我国,历代文人雅士赏花、咏花,借助花卉这一客观之物,融进自身的主观意愿,赋予花卉各种美好的品格,对花卉的欣赏往往更注重某一种花卉的寓意与风姿。这样的花文化在中国传统艺术插花中也尽显其风采,传统的中国插花主要表现草木的趣味与风情,并借用植物花草抒发人生的理想和追求。花艺的最大特点是用较少的花材、优美的线条、精致的花器来表现花材的自然美和色彩美。而干燥花材的特性很难满足插花在线条上的要求。也许,中国古人在花艺实践中也会因干燥的美丽花朵收获过意外的惊喜,或者是由于怀念的情感曾经保留过长久的干燥植物并享受过其中的快乐与忧伤,但干燥花在古代的中国没有形成风潮和时尚,更没有形成产业的雏形。从20世纪80年代起,干燥花由西方国家介绍到中国,随着西方节日文化的输入,这种当时看来十分新奇的装饰艺术日渐被众多人群所接受,并在其所表现的独特的艺术风格方面,发生着引人注目的变化。干燥花产业也随之兴起,成为花卉朝阳产业的重要组成部分。目前,干花艺术以其自然、古朴、典雅、粗犷、热烈、豪放的艺术情调,在室内的花艺装饰中表现出日趋广博的艺术效果,创造着令人向往的自然美。

0.2.2　平面干燥花起源和发展

平面干燥花(除标题外,以下文字叙述中简称"压花"),起源于1532年意大利的植物标本制作。意大利的 Luca Ghini(1500—1566)是最早制作系统的植物标本并将其编辑成书的人。早期的植物标本制作仅仅从单一的素材着手,还没有构图的概念。至17~18世纪英王伊丽莎白时期,渐渐采用了多色彩构图,脱离了标本式的做法,并开始有了各式各样花材组合的设计形态。其中,英国人 Betiwa 是最早将植物干燥标本从艺术的观点进行制作的,被称为"艺术标本第一人"。19世纪后半叶,在英国维多利亚女皇时代,压花艺术发展到了一个前所未有的高潮。压花技艺和插花艺术一样非常盛行,为人们提供了亲近自然气息,领略艺术魅力的有效途径,成为当时宫廷及上流社会时尚的娱乐活动。当时的人们互相介绍奇异花草,切磋制作技艺,展示自己的作品。在豪华的宫廷,压花作品用精美的镜框装点起来,成为必有的室内装饰品,甚至还用来点缀圣经的封面。此后在欧洲的许多国家和地区,压花艺术都得到了极大的发展。英国、法国、意大利、德国、丹麦等国家都形成了不同的艺术流派。19世纪末,压花艺术随着英国的殖民统治传向世界各地,其中包括亚洲许多国家,使得压花艺术融入了古老而写意的东方文化,赋予其全新的艺术内涵。近年来压花艺术在美国和澳大利亚颇受欢迎,由此也带动了相关国家和地区压花艺术的传播与发展。

早在18世纪末,日本学者泷池马琴就编著了《押叶集》一书,重点介绍了植物叶标本的制作与学术运用,被日本研习压花艺术人士认为是日本压花的起源。到了19世纪日本明治维新时代,植物标本的研究又由西方传入日本。20世纪50年代,欧洲的压花艺术流传到日本,使日本传统的压花艺术受到了极大的触动,并由于干燥剂的发明和使用,又融入了科技发展的成果,加入美工的技巧和创意精神,使当时简单的标本制作逐步发展成今日的压花艺术。由于第二次世界大战后,以贴近自然的艺术创作来治愈战争留下的心灵创伤,当是一种潜移默化的有效途径,因此众多人士开始投身,并且醉心于压花艺术的研究和实践。随后,日本的压花技术得到迅速发展,成为了具有广泛群众基础的民族艺术,并且深深地打上了日本的标签,是日本民风的体现和日本特色的代表。在日本,较早地成立了日本压花艺术协会,压花教室、家族式工作室遍布全国各个城市和乡镇,相互交流合作密切,形成了多分支、多流派的压花艺术风格,压花艺术发展的繁荣景象堪称世界之最。其中,花材的干燥和保色技术得到显著的改进,尤其在原色压花原理和技术方面取得突破,发明了原色压花器、微波压花器等专业用具,并率先开展了压花辅助材料的开发和商品化生产及销售,使压花艺术产品真正意义上进入了商业化运作。

20世纪80年代,一批中国台湾的艺术家在日本学习压花艺术后,返回中国台湾发展,并推广压花教学,带动了台湾压花艺术的兴起和发展。1986年6月成立了"千瑞压花艺术研究中心",该中心秉承"千花呈瑞,压花结缘"的理念,开始了压花艺术的教学。1987年7月成立台北市压花艺术推广协会,设置专门的压花加工农场,使压花艺术在台湾广为流传并蓬勃发展。早期中国台湾的压花艺术风格和制作工艺主要以学习日本为主,随着从事压花人员数量的增加,许多有识之士开始追求中华传统风格的压花形式,尝试融合中华绘画文化,创立了中式压花技巧风格,作品突出表现中国人的审美情趣。在我国实行了改革开放的政策以后,海峡两岸的经贸活动与文化交流不断加强。从20世纪90年代起,一些台湾商人便开始在广东、云南等地发展压花农场。而香港地区的压花艺术则是由于受到英国花艺文化的渲染而有所引进并发展。

有关压花的教育开始于20世纪初,世界各地开始组建花园俱乐部,进行各种形式的花艺活动,举办压花艺术展览和比赛等。1983年创办了英国压花协会,是较早的压花协会,协会会员以英国人为主。1999年12月创办了世界压花艺术协会,总部设在日本,多年来开展了多种多样的压花艺术交流活动。2001年7月创办国际压花协会,会员来自世界各地,每年进行艺术交流活动。2013年在广州成立中国园艺学会压花分会,每年举办与压花相关的学术研讨和压花作品比赛，促进了压花艺术在全国的交流和普及。目前，世界上许多国家都设有压花艺术培训学校，花艺教室都开设压花艺术课，学生来自各个行业。目前在中国台湾和香港两地，很多花艺学校、花艺教室都开设相应的压花艺术课程，学生们都是希望在业余时间里能够通过学习一门赏心悦目的技艺课，丰富生活情趣，提高艺术品位和动手能力，成为港台两地妇女才艺界的时尚生活。

我国有关压花艺术的历史记载很少。从唐、宋时期有关"红叶题诗"的传说中便可以断定，我国很早便有了压花艺术的意念与雏形，以压花材料制作工艺品的滥觞大概要涉及始于清朝的用菩提树叶制作的菩叶画。多少年来，我国民间从事压花艺术创作的人不在少数，但匿名作者很多，没有形成流派和体系。20世纪初，从制作叶脉书签等压花饰品开始，压花艺术在我国开始流行。80年代中后期，以北京的香山红枫、黄栌叶制成的书签、贺卡，成为当时压花制品的典型代表，颇为流行。90年代初期，受到国外压花艺术的影响，中国大陆开始了具有艺术创作内容的压花艺术的传播与流行。输入的渠道主要有3种，第一种是，由于我国高等教育的恢复和发展，尤其是园林、观赏园艺专业人才培养的需要，老一辈花卉教育家在极其艰苦的条件下率先开展干燥花的研制与开发工作，取得了一定的研究成果和产生了一定的社会影响。第二种是，改革开放以后，由早期出国人员从国外或中国香港、中国台湾带回的有关压花的书籍，拓宽了当时花艺爱好者的视野。第三种是，日本或中国台湾民间压花组织（协会）在大陆进行的普及和推广，使压花在民间开始传播，并被广大消费者认可。进入21世纪，压花研究人员从压花的干燥方法、保色方法、制作工艺等方面进行了广泛而深入的研究，有了较大的进步和提高。在艺术创作上，我国的压花艺术风格自成一派，开发出卷轴式、屏风式等颇具中华传统文化特色的压花产品种类，使得压花艺术作品在我国人们的生活中成为具有独特魅力的装饰品。随着教学科研单位对压花技术的深入研究，我国的压花技术与压花制作工艺有了较大的发展，制作的大型压花艺术作品也达到了出口的水平。

目前，世界上从事压花艺术的国家有日本、韩国、美国、荷兰、丹麦、德国、法国、意大利、匈牙利、英国、伊朗、乌克兰、中国等30多个国家。各国压花艺人在长期的压花艺术实践中形成了不同的创作风格。压花艺术更加普及，作品形式更加多样化，在室内装饰中也有着越来越多的应用。

0.2.3 芳香干花起源和发展

在欧洲，很早就开始使用香花来装饰房间。16世纪的英国，香花爱好者就开始种植自己喜爱的芳香植物，人们把香囊放置在抽屉、橱柜、鞋子和靴子里，希望它们都能含香迎人。将带香味的花组合成各种香花，而后置于各种漂亮的瓶、罐、盘等器皿中或缝于布袋中用于装饰居室。香干花在室内的应用历史悠久，我国民间很早就使用香袋、药枕等香花用品，主要用于传情、驱虫或保健。芳香干花为人们的生活增添了情趣。

香花的发展是伴随干燥花的发展一路走来的。最初是源于当时人们便于随身携带的要求。随着香料工业的逐渐繁荣，香料的种类不断增加，提取香精油的工艺水平也不断提高，香精油的长久持香性使香干花具有了独特的魅力，这种具有多种香型，不仅能够供人欣赏，且对人们情绪、精神具有调节作用的芳香干花成为了芳香干花推广应用的推动力。目前世界各地都有许多品种的香花销售,不同民族形成了自己独特的香花制作技术和艺术风格,其中尤以东南亚国家生产制作的色彩浓艳、香味醇厚的香花而著称。在我国,香花产业方兴未艾,但发展迅速,香花的种类和香型也异常丰富,但大多还处在模仿或代销层面,缺少创新型产品的开发和研制,挖掘我国传统制香工艺,研制具有特色的芳香干花工艺制品,满足现代人的精神需求具有很好的市场前景。

0.3 干燥花发展现状与趋势

0.3.1 干燥花发展现状

0.3.1.1 国外干燥花的发展现状

用干燥花装饰、美化生活,已成为当今世界各国人民的一种时尚追求。干燥花的消费人群在不断增加,市场日益扩大,这在中等发达国家尤为突出。目前,世界范围内常用于干燥花制作的植物种类已近2000种,且随着市场需求的增加以及加工工艺的不断改进,干燥花的植物种类还会继续增多。欧洲干燥花及其装饰品的年消费额在27.5亿美元以上,且市场发展潜力很大,有75%以上的鲜花店增加了干花制品商品的销售,大型超市也可方便买到干花制品,秋冬季节更是干燥花销售的旺季,占到全年销售量的80%。如在法国,有近30%的花卉销售商开始转向销售干花制品、秋冬季节的销售量占全年的78%。主要品种有八仙花、雁来红、千日红、白兰花、补血草、月季、玫瑰等。还有用来衬托花色的绿色植物和各种奇花异草,共几百种。在销售时,花店按顾客的要求,把各种干花搭配组成花束或花篮,搭配得十分惹人喜爱。

近年来随着世界经济、贸易的发展,许多热带、亚热带国家已成为新兴的干燥花产地,如马来西亚、印度尼西亚、泰国等。这些新兴的干燥花生产国,凭借其资源和劳动力优势,在世界干燥花市场上占据越来越大的市场份额。随着销售量的增大,干燥花加工工艺及科研也相继开展起来,并建立了一批实验室和加工车间,基本上实现了生产工业化程序,许多新研制的干燥花种类不断推向市场,除传统的立体干燥花产品外,新的种类不断推出。如日本研制的"钟罩花"是将立体干燥花置于密封透明容器内,避免了因暴露在空气中吸湿、灰尘污染等问题,极大地延长干燥花的保色、保型的时间;日本研制的立体干燥花画框,既有效保护了花材,又增加了装饰画的立体感;采用有机溶剂吸染干燥工艺生产的"永生花"被世界各国消费者所接受,受到普遍欢迎。法国采用先进的低温冷冻干燥技术研制而成的"永真花"与鲜花质感、色泽基本一致,是较为高档的干燥花产品,销售价格也比较昂贵。在美国,干燥花市场目前的情况也相当诱人,在设计上突破了传统风格,转向以简单自然的方式表现干燥花之美,产品供不应求。美国市场的干燥花主要以意大利麦穗、荷兰的裸麦、玫瑰、紫薰衣草、芍药、黄菊花、麦秆菊等各类草本花卉及禾本科穗类植物为主。

目前,在国际市场上,干燥花材均采用带有间隔的纸盒包装,有效避免了干燥花产品因挤压碰撞造成的质量损耗,包装盒印刷精美,材质强度高,对花材的保护效果也好。干燥花类艺术品，如立体花环、花束、芳香干花、平面干花装饰画等也都有专门设计的外包装，以增加精美高档的干燥花制品的商品价值。

在干燥花产业方面，由于不同的国家和地区所拥有的干燥花植物资源不同，科技发展水平不均衡，审美情趣和欣赏习惯等方面存在着较大的差异，使得世界各国在干燥花生产加工方面形成了不同的产品特色。

欧美等国家的干燥花生产和经营开始的比较早，现已成为花卉产业的重要组成部分，尤其荷兰等花卉业发达的欧洲国家生产的干燥花材多为人工种植，以市场上畅销的花卉种类和果穗类植物为主，如月季、八仙花、飞燕草、薯草、补血草、情人草、芍药、黑种草、兔尾草等。成品花材细腻、优雅、柔和感强。干燥方法采用自然方法或加温干燥法，多注重保持植物材料的自然形态和色彩。花材的染色多采用未经漂白的原色花材，虽然色彩浓重，但花材损伤程度小，且较为环保。花材也较多地采用涂色工艺，其中，非自然色彩的运用比较多。干花艺术设计中传统风格与现代风格并重，除生产干切花材料外，还将干花加工包装成各种畅销的装饰品出售。欧美地区是最重要的干燥花产区和贸易中心，代表的国家有荷兰、丹麦、意大利、西班牙、英国、法国、德国以及美国、加拿大等。南美的哥伦比亚、厄瓜多尔因是新兴的鲜切花种植产区也成为了干花加工的新产区，产品因气候资源和劳动力成本低而具有更强的市场竞争力。

大洋洲也是干燥花的重要产区，主要生产国有澳大利亚和新西兰。花材以当地特有的植物材料为主，如佛塔树（*Banksia spp.*）、蓝桉（*Eucalyptus globulus*）、蛾毛蕊花（*Verbascum alattaria*）、袋鼠爪花（*Anigozanyhos spp.*）、婆婆纳（*Veronica longirolia*）、麦秆菊（*Helichrysum italicum*）、鳞托菊（*Hehpterum roseum*）、金合欢（*Acacia farnesiana*）以及生长在原始森林中的 *Banksia serrata*、庭院中广泛栽培的植物 *Epacris impressa* 等，材料多以植物的叶和果穗为主，花形、枝形较大，以厚重、豪迈、古老的原始情调为特色。植物材料来源采取人工种植结合野外采集，加工工艺和设计风格紧随欧美。在澳大利亚的许多市场上，花店都有干燥花出售。在饭店、百货公司的大厅、走廊或橱窗、家庭室内装饰的干燥花盆饰也是随处可见。

非洲是新兴的干燥花产区，主要生产国是肯尼亚和南非。花材也是以当地特有的植物为主，如山龙眼、银树、鹤望兰、狼尾草等。植物材料来源以野生植物为主，干燥工艺采用自然干燥结合强制干燥法。不仅出口原材料，也引进日本工艺销售成品。

亚洲不仅是立体干燥花的重要产区，也是芳香干花的主要产区，此外还是平面干燥花普及应用最广的地区。主要生产国有日本、菲律宾、泰国、马来西亚、印度尼西亚、印度、新加坡、中国以及中国的台湾、香港地区，各国干花品种丰富多彩。立体的干燥花材料主要为木芙蓉、蕨类、补血草、情人草、麦秆菊、一枝黄花以及多种叶材。生产以漂白、染色的加工工艺见长，产品白净度高，色彩明快，以出口干花原材料为主。其中，日本采用化学干燥法研制的玫瑰、香石竹、兰花等干花将花卉原来的鲜美自然形态完整的保存下来，制作工艺水平居世界前列。

马来西亚、印度尼西亚、泰国等地生产的芳香干花种类繁多，经粉碎的花材采用传统的熏香工艺，色彩艳丽，异国情调浓郁，产品供应世界各地。日本的平面干燥花艺术融绘画式手法，多表现自然的景物意境，制作工艺精细、色彩和造型明快、流畅，花材多为野生植物。市场上出售的以日本和中国台湾为代表的平面干花艺术制品以小型的挂件为主，以及书签、贺卡等。在压花工作室中也有压花装饰画出售，作品注重东方式装饰效果，但数量非常有限，价格较为昂贵。此外，亚洲地区还生产一些特殊的干花制品，如香叶和叶脉类干花等。

0.3.1.2 我国干燥花的发展现状

我国干燥花规模化生产开始于20世纪90年代，至今仅有近30年的时间，各地区依据自然分布的植物资源优势形成了区域性干燥花产业及产品特点，据农业部统计，2016年我国干燥花种植面积达748hm^2，全年生产干燥花7990.5万枝，产值为11 620.6万元，创外汇347.9万美元，占全年切花总销售额的2.07%，且产值逐年增加。目前，我国的干燥花主要产区包括内蒙古、河北、山西、甘肃、广东、云南、新疆、北京等地。产品以立体干燥花材和拼接干燥花成品两种类型为主。立体干燥花材包括天然干燥花和漂染干燥花两种类型，天然干燥花主要包括补血草、千日红、荻草、狭叶香蒲、麦秆菊等；漂染干燥花种类则较为丰富，主要包括菊科蒿属植物、禾本科芦苇类和麦类植物等。拼接干燥花既有利用植物的萼片、果壳等现成原料拼接而成的干燥花，也有利用木材废料制作的拼接花。在各产区中，甘肃、新疆、内蒙古等地以生产自然干燥花为主，江苏、广东、云南、河北等地以生产加工干燥花和芳香干花为主。

用于生产加工干燥花的植物材料主要来源于人工种植的植物，其中，内蒙古、河北、广东、云南几个省的某些地区已经实现了规模化种植生产。少部分省份和地区依然采集野生植物进行加工。漂染干花制作中，漂白、染色技术随着我国轻工业发展水平的提高而不断改进，并且，企业由原来的非环保型逐渐趋向环保型。花材色调种类多样化，既有端庄大方、色彩浓艳的，也有淡雅宜人的，满足东西方人士的审美需求。拼接花的组装技术较为精湛，以河北省为代表生产的拼接干花，造型模拟大自然花卉种类如牡丹、月季、百合、向日葵等，造型逼真，惹人喜爱。广东、上海生产的平面干燥花产品生产规模还相对较小，但产品的艺术性有很大提高。目前，我国生产的干燥花产品主要出口到欧美、新加坡以及中国香港、台湾等地，且销量可观。同时内销量也不断增加。但是，由于干燥花种植基地的局限，原材料供应不足，干燥花生产新技术的研制开发一直处于缓慢发展的阶段，使得干燥花生产的规模和技术水平仍受到了一定程度的制约。

在干花工艺研制方面，我国干燥花生产和研究部门针对干燥花制作过程中的漂白方法、漂白剂浓度和漂白时间、干燥方法、干燥过程中的变色机理、冻干法对漂白效果的影响、干燥花表面覆膜技术、干燥花保色加工方法以及自然干燥花栽培加色法等进行了研究，制订出许多种类花卉的最优干燥、保色加工方法，极大提高了我国干燥花生产技术水平。目前，我国干花原料或成品实现了批量出口，产品以立体干切花和永生花为主，主要出口欧洲、美洲、新加坡、日本、韩国、中国香港、台湾等国家和地区。

在与干燥花相关的教育方面，随着对园林、观赏园艺人才培养的需求，由中国农业大学、天津农学院、华南农业大学、东北林业大学等院校率先开设了干燥花艺术相关课程，同时进行了教材的编写和出版发行。其中，中国农业大学何秀芬教授编著的《干燥花采集制作原理与技术》一书为我国第一本系统介绍干燥花制作原理与技术的专业书籍。东北林业大学张敦方教授较早开始结合压花教学创办压花艺术开放实验室，将压花制品作为高品位装饰品推向市场，在产业化生产发展方面进行了大胆的尝试，先后获得"压花艺术板""壁挂式压花画"等5项压花制作工艺的专利，产品曾经出口俄罗斯、加拿大等国，但因缺少充足的花材供应，生产规模小，不能满足批量订单的需要，发展速度缓慢。华南农业大学陈国菊教授开设了"压花艺术"全校公选课，并举办全国性的压花教师培训班，在压花教育普及方面成果显著。自20世纪90年代初，广州"真朴苑"公司便推出了代表中国特色的写意压花画，产品有平面压花画、苑式压花画、压花屏风、压花笔记本、压花灯饰、压花化妆镜、压花陶瓷餐具、压花贴纸和压花中国结饰等近20种，其注册商标"真朴苑"已在行业中形成较好的品牌效应，远销全国及世界各地。

目前，我国干燥花生产和应用仍然存在很多问题或不足，主要表现以下几方面：①花材种植基地规模小，原材料供应不足；②开发出的可用于商品化生产的干燥花植物种类较少，市场上常见的干燥花品种比较单调；③生产工艺和花艺设计整体水平还有待提高，大多数种类还主要采用漂白、染色工艺进行生产，生产工艺单一，产品风格缺少变化。从现有干燥花产品种类看，多数产品的色彩过于浓艳，缺少天然植物所特有的质感和自然韵味。许多干燥花艺术设计缺少创意。色彩搭配、植物选择等方面存在明显缺陷，缺乏对消费者的吸引力，更不能满足消费者对干燥花产品的高品质要求；④产品包装质量差，干燥后的植物十分脆弱，轻度的挤压碰撞即可使其质量受损。不少干燥花产品采用廉价的透明塑料和纸盒进行包装，抗挤压强度低，防护效果差，而且包装材料档次也较低，外观粗糙，难以树立良好的产品形象；⑤干燥花成品的分级、包装、质量标准等缺乏国家统一规程的制定和实施办法；⑥虽然干燥花产业的发展前景看好，但产品营销手段落后，缺少完善的多元化营销体系，缺少干燥花艺术应用的培训和推广。

0.3.2 干燥花发展趋势

随着国际市场干燥花的需求量增大，干燥花生产企业将从生产方式、工艺水平、产品质量、科研开发以及销售渠道等方面加以改进和发展，原有的小规模生产技术也将扩大成专业化生产。干燥花业国际贸易将从单纯的产品交易逐步发展为技术交流、投资合作经营以及进出口合作、产品交易等多种方式和内涵的交易模式。干燥花产品的发展趋势还主要体现在以下几方面：

(1)干燥花植物种类更加丰富，产品类型不断更新

随着消费市场对干燥花品种的需求，除筛选野生的植物种类外，开展培育适合制作干燥花的植物品种，培育出利用自然干燥方法即可保持原色、原形的干燥花植物品种将成为育种目标。

(2)干燥花制作工艺不断改进，产品更加环保

干燥花制作工艺将不断改进，干燥花存在的呆板、脱色、易碎等技术难题将成为研究的重点，如干燥花的保色技术、软化技术等。由于干燥花生产中漂白、染色等工艺过程会对环境造成一定的污染，随着环境保护意识的提高，除了对现有的漂白、染色工艺作进一步改进外，还必须积极研究探索新的生产工艺，使干燥花漂染工艺的科技水平不断提高，天然植物染料将越来越受到重视，干燥花产品将更加环保。

(3)干燥花材料种类不断增加，产品更具个性化，更趋自然

随着干花加工水平的提高和品种的丰富，干燥花产品将趋向于开发天然的干燥花植物材料，生产工艺更加先进，不断推出新的产品种类，不同产区提供出更具地区特点的产品，产品也更具个性化，更趋真实、自然。

(4)干燥花艺术制品多样化，应用更加广泛

干燥花装饰品向多样化方向发展，随着工艺水平的提高，现代干燥花艺术制品的规格、质量以及商品化程度越来越高，干花不仅是花艺设计的材料，也成为礼品设计中经常使用的材料，使干花的应用范围进一步扩展，应用领域也越来越广泛。

(5)立体干燥花将和鲜花一道在花艺设计中扮演重要的角色

干花在与鲜花、人造花的长期共同发展中，逐步与两者结合，在未来的花艺设计中，由于干燥花所具有的独特的韵味和魅力，使其成为不可缺少的重要材料，并和鲜花完美组合，引领现代花艺设计的时尚风潮。甚至在冬季的节日里的花艺设计更是扮演着主要的角色。

(6)提高经营理念，适应市场需求

建立以干燥花时尚设计为先导的新的营销模式，提高花艺设计水平，增强干燥花产品的艺术性、装饰性，适应市场的需要。同时，提高产品品质，形成干燥花名优品牌。

我国干燥花的发展将加强自然干燥花种类的筛选和开发，在植物资源丰富的地区发展自然干燥花的产业化种植，开展引种、育种、培育新品种的研发策略。随着农业工厂化步伐的加快，我国无土栽培加色自然干花的生产将会更加有前景。在营养液中加入易于使花朵干燥成型的微量元素和易于使花茎软化的药剂，干燥花的质量也会得到提高和改善。

我国干燥花产业还将在现有的基础上不断地寻求新的发展途径，充分利用我国丰富的植物资源，在干燥花资源丰富地区建立较大规模的生产基地，实现引进国外优良品种与开发野生植物资源相结合，努力提高干燥花的制作技术和商品化程度，形成具有我国特色的干燥花产品。同时，利用互联网技术加强干燥花装饰艺术的宣传和普及，融入中国的民族文化特色，创造出具有我国特色的干燥花装饰品，创立优质产品的品牌，培育干燥花市场，积极引导干燥花时尚消费的潮流。此外，继续加强干燥花产品的科技研发，建立与之相适应的集科研、技术推广、包装、运输、交易多功能于一体的干燥花产业链条。形成干燥花产业科研、技术推广、服务、生产、销售、信息、人才培训、科学管理的综合体系。

0.4　干燥花相关信息

0.4.1　图书

迄今为止，国外出版的有关立体干燥花的书籍主要是以介绍立体干燥花装饰品的制作方法为主，较早的书籍为 Malcolm Hillier 和 Colin Hilton 编著的 *The Book of Dried Flowers* 一书，该书在干燥花材料形态、色彩分类以及干燥花在室内装饰上的应用方法进行了详细的介绍。代表的书籍还有英国干花艺术家及经理人 Anne Ballard 编写的 *Dried flower techniques book* 一书，书中介绍了 50 多种干花制作技艺，实用性很强。日本压花文化普及协会会长、诗情压花艺术风格创始人、著名压花艺术大师杉野俊幸先生出版了多部有关压花作品集的专著，如《九州の自然》等，书中以介绍压花作品的用材和风格为主。由他领导创立的"丽梅子"压花俱乐部（ふしぎな花俱楽部）发行出版了压花用具以及学习制作的压花教材。日本压花艺术协会于 1997 年整理了世界压花展执行委员会提供的资料，出版了世界压花艺术图例《世界押花デザイン図鑑》，以日、英文对照形式详细介绍了近 20 个国家著名压花艺人的作品及所表现的艺术风格，使读者能够全面了解当时世界各国压花艺术的发展现状。

国内直接与干燥花制作有关的书籍有中国农业大学何秀芬教授编著的《干燥花采集制作原理与技术》，该书为我国第一本相关的专业书籍。中国农业大学应锦凯编写的《压花与干花技艺》和东北林业大学张敦方教授编著的《压花艺术与制作》是当时我国较早的有关压花制作的书籍。

以上书籍的详细信息如下：

①ANNE BALLARD. Dried flower techniques book. North Light Books, 2001.

②MALCOLM HILLIER & COLIN HILTON. The Book of Dried Flowers：A Complete Guide to Growing, Drying and Arranging, 1987.

③LEIGH ANN BERRY & JASSY BRATKO. Basic Dried Flower Arranging：All the Skills and Tools You Need to Get Started. Stackpole Books, 2003.

④杉野俊幸. 道子作品集. 押花绘·九州の自然. 日本ヴォーグ社, 1995.

⑤世界押花デザイン展実行委員会. 世界押花デザイン図鑑. 日本ヴォーダ社, 1997.

⑥何秀芬. 干燥花采集制作原理与技术. 北京：北京农业大学出版社, 1993.

⑦张敦方. 压花艺术及制作. 哈尔滨：东北林业大学出版社, 1999.

⑧应锦凯. 压花与干花技艺. 北京：中国农业出版社, 1998.

此外，在学习与研究干燥花艺术与制作时可参考的书籍还有：

①JOANNA SHEEN. Microwaved Pressed Flowers, Vol. 8：New Techniques for Brilliant Pressed Flowers. Watson-Guptill, 1999.

②PAMELA LE BAILLY. Pressed Flowers. David Porteous Editions, 1999.

③DIANE FLOWERS. Preserved Flowers：Pressed & Dried. Sterling, 2006.

④DEBORAH TUKUA. Making and Using a Flower Press. Storey Publishing, 1999.

⑤LABSURE ARTSSTAFF. How to Do Wreaths If You Think You Cant. Oxmoor House, 1997.

⑥Martha stewart living Magazine. Great American Wreaths：The Best of Martha Stewart Living. Clarkson Potter, 1996.

⑦PAT POCE & DEON GOOCH. Wreath making for the first time. Sterling/Chapelle, 2006.

⑧JUNE APEL & CHALICE BRUCE. Wreaths for Every Season. North Light Books, 2002.

⑨杉野宣雄. 花と绿の研究所. 押花けカシきの作り方. 日本ヴォーグ社, 1995.

⑩杉野宣雄作品集．自然け私の宝物．日本ヴォーグ社，1996.

⑪杉野宣雄．花と緑の研究所．押花額絵作りの基础．日本ヴォーグ社，1999.

⑫陆名文男．押し花カードと季节のぉより．日本ヴォーグ社，2003.

⑬株式会社日本ヴォーグ社．ぁし花こづこつ．日本ヴォーグ社，1992.

⑭小苅米アヰ子．手イ二楽しボ花．株式会社雄鸡所，2000.

⑮陆名文男．私の花生活．株式会社 日本ヴォーグ社，2000.

⑯小林和雄．世界押花デザイ二．株式会社 日本ヴォーグ社，1997.

⑰たけひろ みきこ．押し花額．雄鸡社，2003.

⑱盖伊·塞奇．室内盆栽花卉和装饰．中国农业出版社，1999.

⑲大沢節子．小さな花の押し花カードのデザイン300 日本放送出版協会，1997.

⑳平松美加．リース＆アレンジメント（WREATH ＆ ARRANGEMENT）雄鸡社，2005.

㉑彭惠婉．压花风情书．长圆图书出版有限公司，1995.

㉒古淑正．压花艺术．汉光文化事业股份有限公司，1991.

㉓许慧芬．真爱大地田园压花：许慧芬的压花世界．馨苑田园压花有限公司，2000.

㉔许慧芬．趣味压花：生活压花高手九人特辑．馨苑田园压花有限公司，2002.

㉕大泽节子(日)．圣诞压花．邯郸出版社，1993.

㉖大泽节子(日)．小花朵的押花设计 PART2：珍藏版．邯郸出版社，1992.

㉗张淑惠．押花与干燥花．泉源出版社，1990.

㉘李红娘．李红娘压花艺术．水云斋画廊，1990.

㉙林阮美姝．干燥花的世界．汉光文化事业公司，1987.

㉚袁美云．原色现代押花：基础应用篇．号角出版社，1987.

㉛三采文化．押花生活．三采文化，2000.

㉜干花设计与制作大全．MALCOLM HILLIER（英），COLIN HILTON（英）；罗宁，译．中国农业出版社，2000.

㉝JANE PACKER．插花大全．韦三立，李丽虹译．中国农业出版社，2000.

㉞史建慧．干燥花艺术．重庆出版社，1992.

㉟徐慧如．创意装饰画制作．上海科学技术出版社，2008.

㊱赵国防．家庭简易压花．天津科学技术出版社，2006.

㊲俞路备．压花欣赏与制作．江苏科学技术出版社，2005.

㊳计莲芳．艺术压花制作技法．北京工艺美术出版社，2005.

㊴杉野宣雄押(日)．押花艺术与制作．侯雪峰译．中国轻工业出版社，2005.

㊵中尾千惠子(日)．干花造型设计．陈国平译．浙江科学技术出版社，2004.

㊶栗原佳子(日)．童话押花．董曾珊，吴宝顺译．浙江科学技术出版社，2003.

㊷戴继先．自然干燥花生产与装饰．中国林业出版社，2002.

㊸下田登志江(日)．干花制作．陈彩玲，尚英照译．河南科学技术出版社，2002.

㊹内藤朗(日)著．干花：体验编排的乐趣．龙江，刘苏译．广东科技出版社，2002.

㊺沈蔚．绢花干花装饰．安徽科学技术出版社，2000.

㊻谢明．干花与人造花家庭装饰．浙江科学技术出版社，2000.

㊼陈国菊．压花制作技巧．广东科技出版社，2000.

㊽杨俊平．名花名木栽培与干花制作．远方出版社，1998.

㊾基愉．押花艺术．岭南美术出版社，1995.

0.4.2　期刊

日本压花艺术协会创办了《私の花生活》成为世界上唯一的压花艺术期刊，该期刊主要介绍压花展览信息、最新画作以及压花教学用具介绍等。与干燥花制作技术相关的科研论文（*Scientific Journal*）多刊登在各国的植物科学、食品、营养、园艺等相关的期刊上，如：*Pakistan Journal of Nutrition*（ISSN 1680 - 5194），Asian *Journal of Plant sciences*（*ISSN 1682 - 3974*），*Scientia Horticulturae*（ISSN 0304 - 4238），

Journal of Food Engineering（ISSN 1556 - 3758）等。国内相关联的期刊还有：园艺学报（ISSN 0513 - 353X），中国野生植物资源（ISSN 1000 - 0623），干燥技术与设备（ISSN 1727 - 3080），农业机械学报（ISSN 1002 - 6819），内蒙古农业科技（ISSN 1007 - 0907），云南农业科技（ISSN 1000 - 0488），中国林副特产（ISSN 1001 - 6902），各省（自治区、直辖市）林业科学、农业科学以及各大学学报等。

0.4.3　网络资源

随着互联网的发展和普及，网络上关于干燥花制作技术和商业信息的资料越来越多，也越来越方便于读者查找。其中使用较多的压花制作类网站如下：

http：//www. pressed-flowers. com

http：//www. pressedflowerdesigns. com/

http：//www. pressedflowerfantasies. com/index. htm

http：//www. pressedflower/index. htm

立体干燥花艺术与制作类的网站：

http：//www. cgy. cn/

http：//www. jgny. net

http：//www. naturespressed. com/

http：//www. bna-naturalists. org/kids/flowers. htm

干燥花销售类的网站：

http：//www. ganhuabiz. com/

http：//www. cnghw. com/

http：//www. ghzh. cn/

http：//www. driedflower. com. tw/

http：//www. ganhua. cn/

http：//www. orchidaepressedflowers. com/index. html

http：//www. driedflowerhouse. com/

http：//www. chinaganhua. com/

http：//www. cdnj. gov. cn

压花或干花工作室网站：

http：//fen. idv. tw/

http：//www. guojupressedflower. com/

http：//handicraft. hkheartless. com

http：//www. flowerox. com/

有关压花协会的网站：

英国压花协会 Pressed Flower Guild（UK）网站：

http：//www. pressedflowerguild. org. uk/

成立于 1983 年，由一位备受尊敬的压花艺术家乔伊斯·芬顿(Joyce Fenton)和图片压花法设计人比尔爱德华兹(Bill Edwardes)联合创立，该协会会员现在已经从英国各地发展到世界各地区。

凯特成人压花艺术协会

http：//www. pressed-flowers. com/index. html

成立于 2001 年 7 月，该协会把世界各地的压花艺术家组织在一起，通过信息交流来促进压花艺术和技艺的提高和推广，并通过颁发奖学金等措施鼓励他们探索动植物艺术的创新和发展。

小　结

本章从介绍干燥花的概念和分类入手，分别系统介绍了各类干燥花的特点、起源及发展，并介绍了干燥花的产业概况、发展现状与趋势，归纳并汇总了有关干燥花制作工艺的研究成果。这些内容是认识干燥花艺术的基础，将有助于全面认识和了解干燥花的形式和内涵。通过对本章内容的学习应对干燥花生产应用的优势和存在的问题有所思考，对其未来的发展前景有所分析和展望。通过了解与干燥花生产、应用有关的信息来源，将有助于扩展所学内容，探寻全新的与干燥花有关的研究方向。

思考题

1. 简述立体干燥花的定义和特点。
2. 简述平面干燥花的定义和特点。
3. 根据国外干燥花产业概况分析我国干燥花产业的发展前景。
4. 谈谈你对干燥花艺术的理解和认识。

推荐阅读书目

1. 干燥花采集制作原理与技术. 何秀芬. 中国农业大学出版社，1992.
2. The Book of Dried Flowers：A Complete Guide to Growing, Drying, and Arranging. Malcolm HILLIER & COLIN HILTON. 1987.
3. 压花艺术. 陈国菊，赵国防. 中国农业出版社，2009.

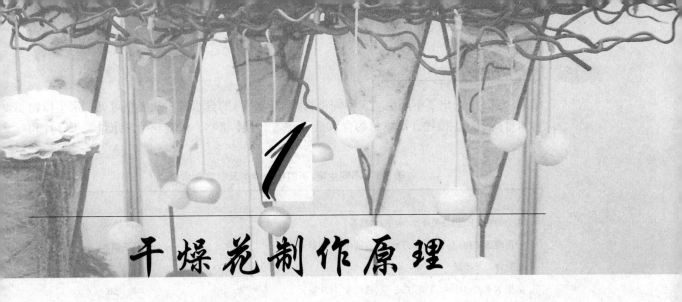

干燥花制作原理

1.1 干燥花制作技术原理

1.1.1 植物材料干燥原理

植物材料的干燥是干燥花制作过程中最为重要的步骤，干燥的质量决定着干燥花制品的品质。不同种类的植物需要使用不同的干燥方法进行干燥，同时，不同的干燥方法对干燥后的植物材料的颜色、形态、质地等影响较大。植物材料的物质组成、存在状态、植物细胞、组织的结构等影响着植物材料的干燥特性，要制作出完美的干燥花产品，就要根据植物器官、组织及细胞的不同结构来制定不同的干燥措施。本节将从植物材料的物质组成与存在状态、植物材料内部的水分状况、影响干燥速度的因子等方面入手，了解植物材料的干燥原理，以便更好地理解植物材料的干燥特性。

1.1.1.1 植物材料的物质组成与结构

(1)物质组成

植物的物质组成总体上可分为两大类，一类为水分；另一类为干物质。其中，在活体植物中水分平均占据90%左右，干物质是植物体内除去水分以外的其他物质的统称，平均占据10%左右。

水分 水分是植物生命活动的重要物质，植物组织水分状况直接反映植物的生理代谢特性和生长发育状况。植物在生长发育过程中，根不断地从土壤中吸取水分，输送到茎，经过木质部中的管胞或导管输送到枝条和叶子，叶内的水分一部分向大气中蒸发，另一部分在叶绿素中参与光合作用。因此，在植物的茎中含有大量的水分，植物枝条或茎秆被采摘并被整理准备制作干燥花材时，大部分水分仍保留在植物材料内部，这即是植物体内水分的由来。

水分的含量 植物种类千差万别，不同种类的植物含水量存在很大差异。无论是含水量高的植物还是含水量低的植物，枝叶组织内所含水分的多少都是其长期适应环境的结果。表1-1列出了不同生境、不同植物种类(器官)的含水量,从表中可见,水生植物含水量高于陆生植物,草本植物含水量一般高于木本植物,植物花朵含水量高于叶片和种子。

表1-1　不同生境、不同植物种类及器官含水量

植物种类或器官	含水量(%)
水生植物(王莲、热带睡莲、水芋、水葱等)	最高达98
沙漠地区植物(百岁兰、罗布麻、蒙古沙冬青、河西菊等)	最低达6
植物种类及器官	
陆生木本植物叶片(丁香、白玉兰、黄刺玫、珍珠梅)	40~50
陆生草本植物叶片(大丽花、美女樱、蓝盆花)	70~85
陆生草本植物花朵(雏菊、萱草、月季、洋桔梗)	75~90
禾本类风干籽粒(小麦、麦冬、谷子、黑种草)	12~14

即使是亲缘关系较近的植物间含水量也各不相同。表1-2显示了菊科中不同属间几种植物花朵的含水量情况,可以看出同科内植物花朵的含水量存在较大的差异,切花菊和非洲菊等鲜切花类含水量高达86%以上,矢车菊和菊芋的含水量仅为50%左右。含水量较高的植物一般不适宜用来制作干燥花,这类植物往往干燥时间较长,干燥后花朵变形严重,且颜色变化也很大,因而很少被用来制作干花。而含水量较低的矢车菊、菊芋均为制作干燥花的绝好材料。

表1-2　几种菊科观赏植物花朵含水量比较

植物名称	学　名	科属(菊科)	含水量(%)
矢车菊	*Centaurea cyanus*	矢车菊属	44
菊芋	*Helianthus tuberosus*	向日葵属	57
切花菊	*Dendranthema × cyanus*	菊属	91
非洲菊	*Gerbera jamesonii*	扶朗花属	86
硫化菊	*Cosms sulphurens*	波斯菊属	85

同一种植物在不同环境条件下、不同发育阶段、不同器官组织的含水量也有很大差异。对生长在不同海拔高度的忍冬科单种属植物七子花(*Heptacodium miconioides*)叶片含水量进行测定的结果表明,七子花叶子含水量随海拔高度的增加呈先高后低的趋势(图1-1),A1~A3无明显差异,但在A4和A5出现明显下降,分别较A1降低9.37%和10.81%。分析叶片含水量在高海拔明显下降的原因,一方面由于高海拔地带光照比较充分,可能造成部分光抑制,以致蒸腾作用减弱,而蒸腾作用是植物吸收水分和促使水分在体内运输的主要动力;另一方面可能与高海拔土壤含水量较低有关(韦福民等,2007)。

表1-3显示了4种祁连山高寒灌丛草地杜鹃属植物不同时期叶的含水量情况,从表

1-3 中可见，千里香杜鹃、头花杜鹃、烈香杜鹃、陇蜀杜鹃 4 种杜鹃在不同生长时期叶含水量有较大区别。

　　水分存在的状态　水分在植物体内有两种存在状态：一种是以游离状态存在，通常称其为自由水（free water）；另一种以胶体或化合状态存在，通常称其为束缚水（bound water）。植物中水分的这两种存在状态与细胞内原生质的性质有密切联系。组成原生质体的主要成分是蛋白质，这些蛋白质分子形成空间结构时，疏水基（烷烃基、苯基等）存在于分子内部，而亲水基（—NH$_3$，—COOH，—OH 等）则暴露在分子的表面。亲水基对水有很强的亲和

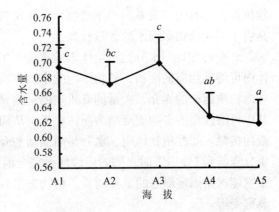

图 1-1　不同海拔高度环境生长的七子花叶片含水量

注：按海拔从低到高分别记为 A1（550～660m）、
A2（700～800m）、A3（900～990m）、
A4（1000～1015m）、A5（1020～1100m）。

力，容易起水合作用，导致原生质胶体微粒具有显著的亲水性，其表面吸附着很多水分子。其中，距离胶粒较远而可以自由流动的水分为自由水，而靠近胶粒而被胶粒吸附束缚不易自由流动的水分即为束缚水。

表 1-3　4 种杜鹃属植物不同时期叶的水分含量比较

植物种类	叶片含水量（%）		植物种类	叶片含水量（%）	
	7月下旬	10月上旬		7月下旬	10月上旬
千里香杜鹃（*Rhododendron thymifolium*）	59.6	30.5	烈香杜鹃（*R. anthopogonoides*）	64.1	49.5
头花杜鹃（*R. capitatum*）	62.6	48.4	陇蜀杜鹃（*R. przew alskii*）	67.1	53.3

　　自由水在植物体内可以自由移动。它存在于原生质胶粒间、液泡内、细胞间隙、导管、管胞以及植物体的其他组织间隙中。自由水主要供给蒸腾消耗的水，补充束缚水，负担营养物质的输导，使植物体维持一定的紧胀状态，其含量随着植物的生理状况和外界条件的变化可以有较大的变化。自由水参与植物体内各种代谢，其数量制约着植物的代谢强度，如光合速率、呼吸速率、生长速度等，自由水占总含水量百分比越大，则植物体代谢越旺盛。

　　束缚水是与细胞内容物（原生质、淀粉等）相结合成的胶体状态水，存在于植物细胞化学物质中，与物质分子结合呈化合状态。束缚水比自由水更为稳定，在低温下不易结冰，不能作为溶质的溶剂，一般情况下也不易蒸发，在高温下才能部分被排除。束缚水一般不参与植物的代谢活动。

　　事实上，这两种状态水分的划分是相对的，它们之间并没有绝对的界限。只是在物理性质上有所不同，两者之间的含量比可以反映植物的某些生理状况。当自由水的含量增加时，代谢活动就比较旺盛，抗逆性减弱；反之，当束缚水的含量提高时，则代谢活动降低，植物在低微的代谢强度下有利于渡过不良的外界条件。因此，束缚水含量与植

物抗性大小有密切关系。旱生植物比中生植物具有较强的抗旱能力,其生理原因之一就是由于旱生植物束缚水的含量较高。

水分的作用　水分在植物体内的重要作用主要体现在以下几个方面:①水分是植物体内可溶性物质的溶剂,植物体内的水溶性物质都以水溶液的状态存在。②水分是植物体内物质运输的媒介,大量的有机物的运输是借助水分的移动完成的。当植物失水后,其中可溶性色素等物质凝结为固体状态,从而减少了酶和其他促进色素分解的物质与色素的接触。③在植物体内,水分是酶活动的介质,水分减少时,酶的活性也就下降,当水分降低到1%以下时,酶的活性便会完全消失。④水分可维持植物细胞的膨压,它是植物能保持固定形态的主要物质。植物失水后,细胞膨压减小甚至丧失,植物体即发生萎蔫变形。

干物质　植物材料内含的干物质是植物体内除去水分以外的其他物质的统称,干物质按其水溶性可分为可溶性物质和不溶性物质。

可溶性物质　干物质中可溶于水的部分,包括糖、果胶、单宁、酶、某些含氮物质、部分色素以及部分无机盐类等。

不溶性物质　干物质中不溶于水的部分,是组成植物体的固态部分物质,包括纤维素、半纤维素、淀粉、脂肪、不溶于水的含氮物质、某些色素、部分维生素、某些无机物质、某些有机盐类等。这些不溶性物质在植物体内的存在状态多种多样,以非定形固体、晶体、油滴、胶体等状态存在。

干物质的特性　将植物干物质放在600℃炉内灼烧时,有机物中的碳、氢、氧、氮等元素以二氧化碳、水、分子态氮、NH_3及氮的氧化物形式挥发掉,硫则以硫化氢和二氧化硫的形式散失,余下一些不能挥发的灰白色残渣称为灰分。灰分中的物质为各种矿质的氧化物、硫酸盐、磷酸盐、硅酸盐等,统称为灰分元素,它们直接或间接地来自土壤矿质,故又称为矿质元素。不同植物的体内矿质含量有很大差异。生活在不同环境中的同种植物,甚至同一种植物生长发育的不同阶段,其体内矿质含量都不同。一般水生植物中矿质含量只有干重的1%左右,中生植物中矿质含量占干重的5%~10%,盐生植物中矿质含量高达45%以上。一般植株年龄越大,矿质元素含量亦越高。同一株植物中不同器官的矿质含量差异也很大,一般木质部约为1%,种子约为3%,草本植物的茎和根为4%~5%,叶则为10%~15%。

(2)植物细胞的组织结构

植物细胞组织结构对于干燥过程中水分蒸发扩散和定型有很大影响,不同的组织细胞结构在干燥过程中的形态变化有较大的不同,从而决定着干花产品的形态和品质。不同种类植物、同种植物的不同器官、组织、细胞,其结构有着非常大的差异,对植物的干燥特性也会产生较大的影响。

植物细胞结构　植物细胞主要由细胞膜、细胞壁、细胞质、液泡、细胞核等结构组成(图1-2)。其中,对干燥花品质影响较大的是细胞膜、细胞壁和液泡。

细胞膜(cell membrane)　是细胞与外界的屏障,将胞内空间形成小区,保障细胞内部环境的相对稳定,有利于进行特定的生化反应。其结构为镶嵌着蛋白质体的流动性双分子层类脂膜,主要成分为蛋白质、脂质和少量的糖类(图1-3)。细胞膜具有高度的选

1970年已了解到的细胞主要组成

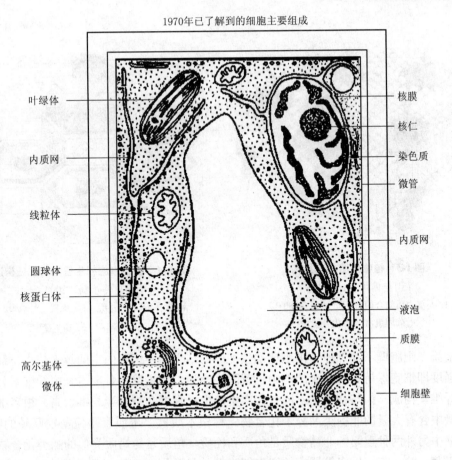

图1-2 高等植物细胞的超微结构示意图
（引自金银根，2005）

择透过性，有利于物质的吸收与运输，当植物体失水时，细胞膜所包围的原生质体收缩，这种收缩作用对仅有初生胞壁的细胞形态有较大影响。

细胞壁（cell wall）　是细胞的骨架，它起着维持细胞形态的作用，可分为初生细胞壁和次生细胞壁两个部分（图1-4）。构成细胞壁的主要成分是纤维素分子。纤维素分子多平行排列，大约100个纤维素分子组成一个晶体状分子团，称做一个微团，20个左右微团组成一条微纤丝。在初生壁中，微纤丝排列的方向不定，一般呈杂乱交织状，在次生壁各层中，微纤丝基本呈规则的平行排列，不同层次的微纤丝走向往往不同。植物次生壁的这种结构组成决定了其具有很大的机械强度，这种机械强度对于干花制作是至关重要的。

初生细胞壁是每个植物细胞都具有的结构，由纤维素分子组成的微纤丝构成其基本骨架，在微纤丝之间的空隙中，充满果胶质和半纤维素的胶体状物质。初生壁含水量较高，弹性较大，可随细胞原生质体的缩胀而有较大的膨胀变化。

有些植物的细胞在生长到一定阶段时，细胞停止继续增大，在初生壁内侧又开始纤维素的沉积，使细胞壁显著增厚，这部分增厚的细胞壁称做次生细胞壁。由于次生壁的

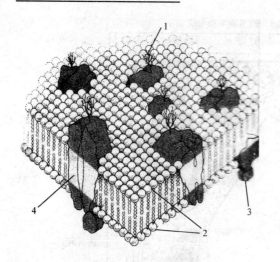

图1-3 植物细胞的膜结构

（引自傅承新，2004）

1. 与蛋白质结合的糖 2. 磷脂双分子层
3. 外周蛋白 4. 内在蛋白

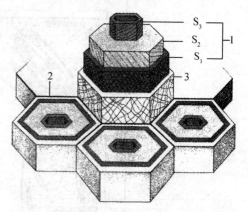

图1-4 植物细胞初生壁与次生壁构造

（引自傅承新，2004）

1. 次生壁(S_1. 外层 S_2. 中层 S_3. 内层)
2. 胞间层 3. 初生壁

不断增添，细胞壁不断加厚，细胞壁次生加厚的结果，使细胞内空间越来越小，细胞的机械强度即细胞保持自身形态的能力也就随之增强。次生壁的骨架也是由纤维素分子组成的纤维丝构成，但与初生壁不同，在次生壁中纤维素含量较半纤维素高，很多细胞的次生壁中含有大量的非糖类高分子化合物，称做木质素，木质素是使植物坚硬的物质。次生壁中另外两种重要的非糖物质是角质和栓质。角质是与蜡质类似的酯类化合物，它存在于茎、叶、花、果实等器官的表皮细胞壁的最外层。细胞角质化后水分很难通透。栓质也是一种脂类物质，同样具有高度的疏水性，在植物组织中有阻止水分蒸发的作用。并非所有植物细胞都具有次生壁，次生壁发达的植物在经干制后更能较好地保持其天然形态，因而这类植物更适合用来制作干燥花。

液泡(vacuole) 是植物细胞中维持细胞膨压的泡状细胞器。幼小的植物细胞(分生组织细胞)，具有许多小而分散的液泡，在电子显微镜下才能看到。以后随着细胞的生长，液泡也长大，互相拼合，最后在细胞中央形成一个大的中央液泡，它可占据细胞体积的90%以上，这时，细胞质的其余部分，连同细胞核一起，被挤成为紧贴细胞壁的一个薄层。具有一个大的中央液泡是成熟的植物生活细胞的显著特征。有些细胞成熟时，也可以同时保留几个较大的液泡，液泡的表面有液泡膜包着，与细胞质分开，液泡膜具单层膜结构和特殊的选择吸收的特性，能使许多物质大量积聚在液泡中，其牢固程度和所起到的屏障作用较细胞膜更强。液泡膜内充满着含有多种有机物和无机物的水溶液，称为细胞液。细胞液处于高渗状态，使细胞处于吸涨饱满的状态，内含无机盐、生物碱、糖类、蛋白质、有机酸以及各种色素等代谢物质。例如，甘蔗的茎和甜菜的根中，积聚有大量蔗糖，具有浓重的甜味；许多果实积聚了丰富的有机酸，具有强烈的酸味；茶叶和柿子等因含大量丹宁而具涩味。液泡中还常含有晶体，是由细胞液中含有的盐类形成的，常见的是草酸钙结晶。细胞液中富集的各类物质参与细胞中物质的生化循环，而且由于细胞液是浓度较高的溶液，对于植物体对水分的吸收、运输以及维持细胞的渗透压都有着直接关系。植物液泡内含物还与植物呈现的颜色密切相关，植物花、叶、果实的颜色，除绿色之外，大多由液泡内细胞液中的色素所产生，常见的是花青素，花瓣、果实及叶片上的一些红色或蓝色，常常是花青素所显现出的颜色。花青素的颜色随着细胞液的酸碱性不同而不同，细胞液呈酸性时为红色，呈碱性时为蓝色。因此植物液泡内涵物的组成和结构影响着植物的颜色，对经干燥后的植物颜色的保持也起着十分重要的作用。

植物的特殊细胞　在植物体中，有许多细胞是具有特殊作用的，如硅质细胞、栓质细胞、晶体细胞、分泌细胞、泡状细胞、石细胞等，这些特殊细胞的存在都会不同程度地对植物的干燥和漂染特性产生影响。

硅质细胞　有些植物叶或茎的表皮常具角质层。角质层是由表皮细胞内原生质体分泌所形成，通过细胞膜，沉积在表皮细胞的外壁上。角质层对植物体起到保护的作用，它可以控制水分蒸腾，加固机械性能，防止病菌侵入。有些植物组织的细胞壁不仅角质化，并且充满硅质，如禾本科植物叶的表皮由一层排列整齐、形状规则的细胞构成，包括长、短两种类型的细胞，短细胞又分为硅质细胞和栓质细胞两种。在禾本科植物的茎、叶表皮中硅质细胞有大量分布，这类组织往往质地坚硬，堆积成粗糙不平的突起，有时，用手触摸易戳破手指就是由于含有硅质。在不同的植物种中，硅质细胞的分布不同，有的主要分布在中脉和侧脉之间，有的则主要分布在中脉。

栓质细胞　栓质细胞是在胞壁内沉积大量木栓质而形成的特异细胞。裸子植物和大多数双子叶植物的根和茎，由于维管形成层和木栓形成层的活动而形成次生结构，处于体表的保护组织，即为木栓层。木栓层细胞呈砖形，排列整齐、紧密，细胞腔内充满空气，有的还含有单宁、树脂等物质。木栓层形成后，其外面的生活组织（如表皮），由于水分和养料的供应被阻断而死亡，并逐渐脱落，茎也由绿色变成褐色。有些植物茎的木栓层可常年积累而不脱落，所以木栓层很厚，如栓皮栎、黄檗等。

晶体细胞　是由大量的钙盐沉积物形成许多细小晶体或单个巨大晶体的特化细胞，它是特化细胞中较常见的种类，大量存在于爵床科、桑科、荨麻科等植物体中，如在穿心莲叶、无花果叶、大麻叶等的表层细胞中。某些植物体内还存在其他类型的结晶，如柽柳叶中含有硫酸钙结晶、菘蓝叶中含有靛蓝结晶、槐花叶含芸香苷结晶等。这些晶体具有多种功能，与细胞内钙库的调控、对重金属的耐受性以及特化的防御机制有关。

分泌细胞　是存在于植物体某些部位的具有分泌功能的腺状表皮细胞，又称分泌细胞。是特化了的能分泌盐、蜜汁、树脂、树胶、乳汁、挥发油、黏液等特殊物质的细胞。植物体表面具分泌功能的表皮毛种类繁多，通常具头和柄两部分，头部由1个分泌细胞（如荨麻属的螫毛）或多个分泌细胞（如薰衣草、天竺葵、薄荷等茎叶上的腺毛）组成。植物分泌蜜汁的腺体结构，一般分布在花瓣、花萼、雄蕊、子房或花柱的基部，亦有位于苞片、茎或叶上的，这类植物亦被称做蜜源植物，如紫云英、油菜、刺槐、枣、椴树、荞麦等。有些植物的叶尖或叶齿部分具有排水结构，其表面为不能闭合的保卫细胞所形成的水孔，内方为不含叶绿体的排列疏松的薄壁细胞。排水过程是水在根压的推动下，从维管束末端流出，经薄壁组织细胞间隙，由水孔泌出的过程。禾本科植物、番茄、虎耳草、凤仙花、油菜等草本植物的叶尖或叶齿都具有排水器。清晨，在温湿的环境中，可以看见这些植物的叶尖或叶齿上悬挂着水滴，这就是植物体经排水器排出的过剩水分。植物结构上的这些特点在干花制作中常有一些特殊的影响，能够分泌较多树脂、树胶、乳汁、挥发油、黏液等的植物一般不属于理想的制作干燥花的材料；分泌盐和蜜汁的植物在制作干燥花时要注意采集时期和部位；具有排水功能的植物在制作干燥花时尤其要注意采集时间，一般不适于在清晨采集。

泡状细胞　有些植物的上表皮中有一些特殊的大型含水细胞，有较大的液泡，无叶绿体，径向细胞壁薄，外壁较厚，这种细胞被称做泡状细胞。泡状细胞通常位于两个维管束之间的部位，在叶上排列成若干纵列。在横切面上，泡状细胞的排列略呈扇形。一般认为泡状细胞和叶片的伸展卷缩有关，即水分不足时，泡状细胞失水较快，细胞外壁向内收缩，引起整个叶片向上卷缩成筒，以减少蒸腾；水分充足时，泡状细胞膨胀，叶片伸展。

石细胞　是维管植物体中的一种厚壁组织细胞。石细胞有各种形状，细胞壁具次生加厚，木质化，壁上具单纹孔，主要起机械支持和保护作用。通常在植物的根、茎、叶、果实或种子中都有石细胞，它们可以形成坚实、完整的一层，也可以分散地成团或单个存在于其他组织中。梨果实里的硬渣就是果肉里的一团团石细胞，蚕豆或其他豆类植物种子外面坚韧的种皮，以及桃等核果类植物坚硬的内果皮等，均由石细胞组成。有些植物的韧皮部和木质部维管束的周围、皮层或髓的薄壁组织中，以及叶片或叶柄内也多有石细胞。根据石细胞形状的不同，一般可分为5种类型：①短石细胞，形状很像薄壁组织细胞，但细胞壁大为增厚，如梨果肉中的石细胞(图1-5A)；②大石细胞，细胞成柱状，如菜豆种皮中的石细胞；③骨状石细胞，细胞两端稍膨大，存在于种皮和叶子中，如豌豆种皮中的石细胞；④星状石细胞，分枝成各种星芒状，多存在于叶片或叶柄内，如睡莲叶子中的石细胞；⑤毛状石细胞，形状像毛发，有些具分枝，如木犀榄叶子中的石细胞。在各种类型的石细胞之间，还常有很多难于划分的过渡类型。石细胞可以直接从分生组织中分化，也可由薄壁组织细胞经过细胞壁加厚和木质化之后形成。

通常认为，硅质细胞、木栓细胞和晶体细胞等上述特化细胞一般均与植物的抗逆性有关，也与植物的机械强度有关，它们对材料刚性效果的维持有一定作用。

(3)植物的组织结构

植物细胞的分化过程中，形成了各类组织，它们组成了植物的营养器官和生殖器官。这些具有相同生理机能和形态结构的细胞群称为组织。根据它们功能和结构的不同，分为分生组织、基本组织、保护组织、输导组织、机械组织和分泌组织。其中除了分生组织外，其他组织都是在器官形成时由分生组织衍生的细胞发展而成的，亦称为成熟组织。

分生组织　分生组织细胞都具有分裂的能力，位于植物生长的部位。根与茎的顶端生长和加粗生长都与分生组织的活动有直接关系。依分生组织的性质来源的不同，可分为3类：原分生组织、初生分生组织和次生分生组织。原分生组织位于根、茎生长锥的最顶端部分，它们是直接从胚遗留下来的。原分生组织细胞分裂能力强，细胞体积小，细胞核大，细胞质浓厚，为等直径多面体形状。初生分生组织是由原分生组织衍生出来

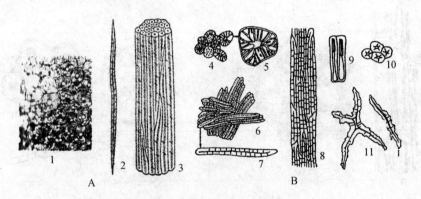

图1-5　植物厚壁组织图解

（引自傅承新，2004）

A. 厚壁组织（纤维）　B. 石细胞图解

1. 纤维横切面　2. 纤维束　3. 纤维细胞　4、5. 梨果肉中的石细胞

6、7. 苹果果皮中的石细胞　8. 蒜瓣外磷片表皮　9、10. 菜豆种皮表

皮层石细胞侧面观（9）和顶面观（10）　11. 山茶叶柄中的石细胞

的细胞所组成的，它们的特点是一方面细胞已开始分化；另一方面仍具有分裂的能力，不过分裂活动没有原分生组织那样旺盛。次生分生组织是由已成熟的薄壁细胞，经过生理上和结构上的变化，又重新具有分裂能力的组织，它们与根、茎的加粗和重新形成保护组织有关。

基本组织　也称为薄壁组织，在植物体内营养器官根、茎、叶和生殖器官花、果实、种子中均有基本组织。这种组织最主要的结构特点是由薄壁细胞组成，这类细胞的细胞壁薄，有细胞间隙，原生质中有较大的液泡。基本组织一般包括吸收组织、同化组织、贮藏组织、通气组织和传递细胞等，它们担负植物体内吸收、同化、贮藏、通气、传递等生理生化功能。

保护组织　植物茎、叶、花、果实、种子等器官表面的表皮即为保护组织。保护组织一般由一层细胞组成，这层细胞排列紧密，没有细胞间隙，而且在与空气接触的细胞壁上有角质，这些脂肪性的角质填充在纤维分子的间隙中，并在外壁的表面形成一层角质层，使水分不容易从细胞壁向外跑出，防止植物体内水分的损失和微生物的入侵。有些植物在表皮的外壁上有蜡质，如甘蔗茎和葡萄、苹果的果实上均有起到保护作用的蜡质。

输导组织　是植物体内运输水分和各种物质的组织。它们的主要特征是细胞呈长管形，细胞间以不同方式相互联系。根据运输物质的不同，输导组织又分为两大类：一类是输导水分以及溶解于水中的矿物质的导管；另一类是输导有机物质的筛管。

机械组织　是支撑植物体保持一定形态的组织，细胞大都为细长形，且都有加厚的细胞壁。植物体能有一定硬度，树干能挺直，树叶能平展，能经受风雨及其他外力的侵袭，都与机械组织的存在有关。在植物的幼嫩器官中，机械组织不发达或无机械组织的分化，植物体依靠细胞的膨压维持直立伸展状态。随着植物器官的生长、成熟，才逐渐地分化出机械组织。植株越高大、粗壮，所需支持力越大，机械组织越发达。常见的机械组织有2种：一种是厚壁组织；另一种是厚角组织（图1-6，图1-7）。

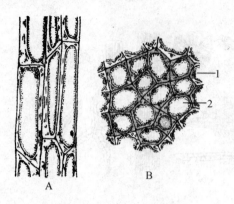

图1-6　植物的厚角组织

（引自傅承新，2004）

A. 纵切面　B. 横切面

1. 不均匀增厚的细胞壁　2. 原生质体

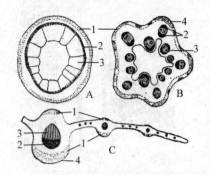

图1-7　植物厚角组织分布图解

（引自傅承新，2004）

A. 在椴属木本茎中的分布　B. 在南瓜草

本藤中的分布　C. 在叶片中的分布

1. 厚角组织　2. 韧皮部

3. 木质部　4. 嵴

　　厚角组织细胞是生活的细胞，它们的结构特点主要是细胞壁在细胞的角隅处加厚，因此叫做厚角细胞。这些细胞壁主要由纤维素组成，因此壁的硬度不强，但具有弹性，甚至超过韧皮纤维的弹性，在植物组织的生长阶段起主要的支撑作用。细胞壁含有大量水分，增厚部分具有层状结构，形成厚角组织。厚角组织广泛存在于双子叶草本植物中，一般分布于幼茎和叶柄内，它们的存在并不影响这些器官的生长。

　　厚壁细胞可分为两类：一类是石细胞，一类是纤维细胞。厚壁细胞的整个细胞壁均匀增厚，且多已木质化，各处有纹孔。这种细胞聚集在一起，则成为厚壁组织的机械组织。纤维细胞存在于维管束和皮层中，胞壁很厚，一般两端尖，成"束"出现。多数植物纤维的长度为0.6~1.2mm，大麻的纤维细胞长1~10cm，苎麻纤维细胞可长至55cm。纤维的作用在于其强大的机械强度，在植物体中有如建筑中的钢筋，起支持加固作用，一般阔叶树的木材中纤维细胞大约占1/2。植物纤维的这种作用在干花的制作中非常重要，纤维素含量高的植物在被干燥后能够维持良好的刚性效果且在漂白、染色过程中具备良好的耐加工性能，如益母草、野亚麻、起绒草、松果等。而纤维素含量低的植物，如芍药、牡丹、洋桔梗等，干燥后刚性效果维持性能较差，易萎蔫变形，不耐漂染加工，也就不适宜用来制作漂染干花。因此，选择漂染干花材料时，纤维素含量是一个最重要的指标，也是干燥花材料研究的重点之一。

　　厚角细胞和厚壁细胞广泛存在于植物体内，厚壁细胞胞壁中纤维素含量比厚角细胞中要高，如亚麻纤维厚壁细胞横切面含有90%以上的纤维素，因此厚壁细胞较厚角细胞的机械强度更高。

(4)植物各器官的组织结构

　　植物的茎逐渐成熟后，由于保护组织、输导组织、机械组织均较为发达，一般都有较强大的机械强度，也比较容易制成干燥花。而植物的叶和花瓣的机械组织不发达，其形态和结构的选择对于干花的制作就显得十分重要了，因此，植物材料刚性效果维持性能和耐加工的程度基本上是由叶和花的形态决定的。

植物茎的结构　茎（stem）是植物体地上部分联系根和叶的营养器官，少数植物的茎生于地下。由于地上部分的生态环境相对变化较大，因而茎的形态结构比根复杂。茎是植物地上部分的轴，上面通常着生有叶、花和果实。由于多数植物体的茎顶端具有无限生长的特性，因而可以形成庞大的枝系。多数植物的茎为圆柱形，有少数植物的茎为三角形（莎草等）、方柱形（蚕豆等）或扁平柱形（仙人掌等）。

植物茎内含木质成分少的称草本植物，木质含量高的称木本植物。茎上着生叶的位置称为节，两个节之间的部分称节间。不同植物茎上节的明显程度差异很大，大多数植物只是在叶着生的部位稍稍膨大，节并不明显，但有些植物（如玉米、又分蘖等）的节却膨大成一圈。各种植物节间的长短不一，有的较长，如瓜类，可达数十厘米；有的则较短，如蒲公英，节间极度缩短，又称莲座状植物。有些同种植物中节间却不等长，如苹果等果树，有长枝和短枝之分。

植物茎的主要功能是输导作用和支持作用。茎向上承载着叶，向下与根相连，其内的维管束使两者联系在一起。叶合成的有机物通过韧皮部运送到根、幼叶以及发育中的花、种子和果实中，而根从土壤中吸收的水分和无机盐则经木质部运送到植物体的各个部分。茎还有支持叶、花、果实的功能，将它们合理地安排在一定的空间，有利于光合作用、开花、传粉的进行以及果实和种子的成熟与散布。

植物茎的初生结构　多年生双子叶草本植物的茎的初生结构主要由表皮、皮层、维管柱三大部分组成（图1-8）。由于多年生草本植物无中柱鞘，所以其维管束内的韧皮及木质纤维虽有一定的支撑作用，但远不如皮层内厚角组织和厚壁组织，因而多年生草本植物茎的皮层结构，对于干花的制作有很重要的意义。木本双子叶植物茎的构造，包括周皮、皮层、韧皮部、木质部和髓等部分。木质部中有大量的木纤维，其机械强度极大。在干花材料中有时使用去皮的树枝，主要就是使用木本植物茎中强度很大的木质部。

表皮：多由单层生活细胞构成，细胞呈砖形，长径与茎的长轴平行，外壁覆盖有角质膜，通常称之为保护组织。表皮细胞内一般不含叶绿体，但有发达的液泡；它们的外切向壁较厚，通常角质化，具有角质层，有时

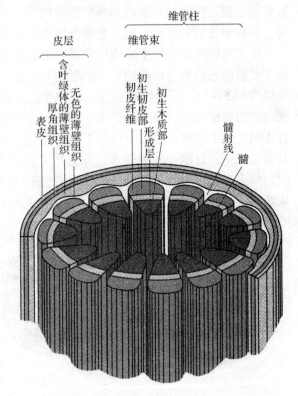

图1-8　双子叶植物茎初生结构的立体图解
（引自叶创兴等，2007）

还有蜡质(如蓖麻、甘蔗),这种结构既能控制蒸腾作用,也能增强表皮的坚韧性。旱生植物茎表皮通常具有增厚的角质层,而沉水植物一般没有角质层或茎表皮的角质层很薄。茎的表皮上具有气孔和表皮毛。

皮层:茎的皮层因植物种类不同而不同,通常由多层细胞组成,而且往往包含多种不同类型的细胞,其中最主要的是薄壁细胞。这些细胞均为生活的细胞,常为多面体、球形、椭圆形或呈纵向延长的圆柱形,细胞之间常有明显的细胞间隙;幼茎中靠近表皮的皮层薄壁细胞还常含有叶绿体,能进行光合作用;多数植物的皮层中还具有厚角组织细胞,这些细胞或成束出现,或连成圆筒环绕在表皮内部;除厚角组织细胞外,有些植物(如南瓜)茎的皮层中还含有纤维细胞。在绝大多数植物茎的皮层中没有内皮层的分化,有些植物茎皮层还存在厚壁组织和通气组织等。

维管柱:是皮层以内的部分,通常包括多个维管束、髓、髓射线。它们分别由原形成层和基本分生组织衍生而来。维管束是由初生木质部、形成层和初生韧皮部共同组成的分离的束状结构,其中,韧皮部含有韧皮纤维,木质部含有木纤维。在多数双子叶植物的茎中,初生维管束之间具有明显的束间薄壁组织,即髓射线;但也有一些植物的茎中维管束之间距离较近,使维管束看上去几乎是连续的。在茎的初生结构中,由基本分生组织分化产生的茎中央的薄壁组织称为髓,伞形科和葫芦科植物茎内髓成熟较早,当茎继续生长时,节间部分的髓常被拉向四周而形成空腔,但节上仍保留着髓。髓射线由维管束间的薄壁组织组成,在横切面上呈放射状排列,连接皮层与髓,有横向运输的作用,同时也是茎内贮藏营养物质的组织。

单子叶植物茎的初生结构与双子叶植物有所不同,这里以禾本科植物为例,说明单子叶植物茎的初生结构的特点。禾本科植物茎的初生结构由表皮、维管束和基本组织组成(图1-9)。从横切面上看,表皮细胞排列比较整齐,在表皮下有几层由厚壁细胞组成的机械组织,起支持作用。幼茎近表皮的基本组织细胞常含叶绿体,可进行光合作用。茎中维管束通常有两种不同的排列方式,一种类型是维管束无规律地分散在基本组织中,且靠近外侧较多,靠近中心处较少,因而皮层和髓之间没有明显的界限,如玉米和甘蔗的茎即属于这种类型(图1-9A);另一种类型是维管束较规则地排成两轮,茎节间中央为髓腔,如水稻的茎即属于这种类型(图1-9B)。虽然这两种类

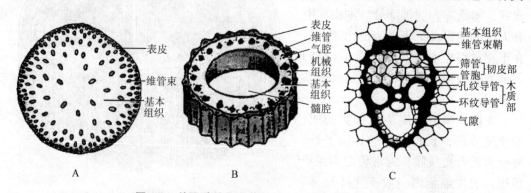

图1-9　单子叶植物茎的构造(引自叶创兴,2007)

A. 玉米茎横切面　B. 水稻茎段横切面　C. 水稻茎中一个维管束的放大图

型茎的维管束排列方式不同，但每个维管束的结构却是相似的，都是属于外韧维管束类型，由木质部和韧皮部构成，没有束中形成层（图1-9C）。韧皮部位于木质部的外侧，且后生初韧皮部的细胞排列整齐，在横切面上可以看到许多近似六角形或八角形的筛管细胞以及交叉排列的长方形伴胞；在后生韧皮部外侧，可以看到一条不整齐的细胞形状模糊的带状结构，这是最初分化出来的韧皮部，也就是原生韧皮部，由于后生韧皮部的不断生长分化，原生韧皮部被挤压而遭到破坏。在木质部和韧皮部的外围通常有一圈由厚壁组织构成的维管束鞘。

植物茎的次生结构　双子叶植物和裸子植物茎发育到一定阶段，茎中的侧生分生组织便开始分裂、生长和分化，使茎加粗，这一过程称为次生生长，次生生长产生的次生组织组成茎的次生结构。侧生分生组织通常包括维管形成层和木栓形成层。大多数单子叶植物没有次生结构，少数单子叶植物的茎也有次生生长，但与双子叶植物和裸子植物的情形有所不同。

双子叶植物茎的茎端初生分生组织中的原形成层分化为成熟组织时，并没有全部形成维管组织，而是在初生木质部和初生韧皮部之间保留了一层具有潜在分生能力的细胞，这层细胞称为束中形成层；另一方面，髓射线中与束中形成层部位相当的细胞也能恢复分裂能力，形成束间形成层；束中形成层和束间形成层衔接后，便构成了完整的圆筒状维管形成层。形成层只由一层原始细胞组成，细胞的分裂包括切向分裂和径向分裂。切向分裂向内形成次生木质部，加添在原有木质部的外方；向外形成次生韧皮部，加在原有韧皮部的内方。在形成次生结构的同时，形成层细胞为扩大自身圆周还必须进行径向分裂或横向分裂以适应内方木质部的增粗，同时形成层的位置渐次向外推移。在双韧维管束中，只在木质部与外韧之间存在形成层，产生次生结构。次生木质部的组成包括轴向系统的导管、管胞、木纤维、木薄壁组织和径向系统的木射线，轴向系统的组成分子由纺锤状原始细胞分化而来，而径向系统的木射线则由射线原始细胞衍生。次生韧皮部同样包括轴向系统和径向系统，轴向系统由筛管、伴胞、韧皮薄壁细胞和韧皮纤维组成，有时也有石细胞；径向系统则由韧皮射线组成。韧皮射线通过形成层原始细胞与木射线相连，合称维管射线。在形成层活动过程中，纺锤状原始细胞可以通过横分裂产生新的射线原始细胞，因而随着次生生长的进行，新的维管射线会不断增加。图1-10表示植物茎初生结构到次生结构的发育过程。

双子叶植物茎的维管形成层的活动使茎中次生维管组织不断增加，茎不断加粗，其结果导致表皮的破坏。当茎中的维管形成层开始活动时，维管组织外围的表皮或皮层细胞也恢复分裂机能，形成木栓形成层。木栓形成层进行切向分裂，向外产生木栓层，向内形成栓内层，构成周皮，代替表皮起保护作用。绝大多数植物木栓形成层活动期较短，往往只有几个月，在茎进一步加粗使原有周皮失去作用前，在茎的内部又会产生新的木栓形成层，以后依次向内产生。由于周皮的形成，木栓层以外的组织因缺乏营养和水分而死亡，在植物茎增粗的同时，不断形成新周皮来加以保护，这样多次积累，就构成了树干外面的树皮。树皮极为坚硬，常呈条状剥落，称硬树皮或落皮层。并非所有双子叶植物的茎都进行次生生长，一些草本双子叶植物茎中的束中形成层很不明显，并且缺乏束间形成层，因此，它们的次生构造极少，或者完全没有；也有些植物束中形成层

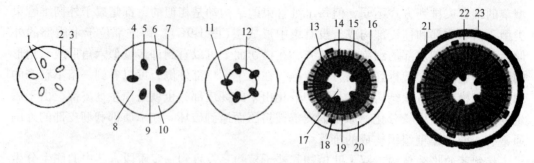

图 1-10　植物茎初生结构到次生结构的发育图解

(引自金银根,2006)

1. 基本分生组织　2. 原形成层　3. 原表皮　4. 原形成层　5. 初生韧皮部　6. 初生木质部
7. 表皮　8. 髓射线　9. 髓　10. 皮层　11. 束中形成层　12. 束间形成层　13. 维管形成层
14. 初生木质部　15. 次生木质部　16. 表皮　17. 髓　18. 初生韧皮部　19. 次生韧皮部
20. 皮层　21. 损伤的表皮　22. 皮层　23. 周皮

明显,但活动有限,形成的次生结构的量也比较少。

少数单子叶植物的茎也进行次生生长,形成次生结构,如生长在热带或亚热带的龙血树、丝兰、朱蕉等。但这些植物的形成层发生和活动明显不同于双子叶植物。在龙血树茎内,维管束外方的薄壁细胞能转化成形成层,并进行切向分裂,向外产生少量薄壁细胞,向内产生一圈基本组织,其中有一部分形态小而长并成束出现的细胞,逐渐发育成次生维管束。从分布式样上看,次生维管束与初生维管束一样,散生在基本组织中,但两者在结构上存在很大差异,初生维管束为外韧维管束,木质部由导管组成;而次生维管束为周木维管束,木质部由管胞构成。

植物叶的结构　叶(leaf)由叶片、叶柄和托叶 3 部分组成(图 1-11)。叶片是叶的主要部分,多为绿色扁平状,是植物进行光合作用和蒸腾作用的主要器官。叶片中分布有叶脉,它们支持叶片伸展,同时负责输导水分和营养物质;叶柄是叶片基部的柄状部分,其上、下两端分别与叶片和茎相连,叶柄中通常有发达的机械组织和输导组织;托叶是着生于叶柄和茎连接处的小型叶状物,通常早落。叶片、叶柄和托叶的形态或有无因植物种类或环境条件变异极大。叶的大小不同,大者如王莲、芭蕉,直径可达 1 ~ 25m,最大的亚马孙酒椰的叶片可达 22m 长,12m 宽;小者如柏树和柽柳的鳞叶,仅有数毫米长。叶的形状各异,通常指的是叶片的形状。叶片的形状主要根据叶片的长度和宽度的比值及最宽处的位置来决定,常见的有下列几种:针形叶,细长,尖端尖锐,如松针叶;线形叶,叶片狭长,从叶基到叶尖全部宽度几乎相等,也称条形叶,如韭菜叶;披针形叶,叶片比线形短而宽,由叶基到叶尖渐次变狭,如桃叶、柳叶等;卵形叶,叶片长与宽的比值大于 2 而小于 3,叶基部圆阔而叶尖处稍窄,如向日葵叶。此外还有心形叶、肾形叶等。叶尖、叶基、叶缘的形态特点,甚至于叶脉的分布情况等,都表现出形态上的多样性,可作为植物种类的

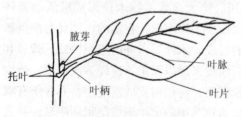

腋芽　托叶　叶柄　叶脉　叶片

图 1-11　叶的结构组成

识别指标。

　　双子叶植物叶的构造　双子叶植物的叶主要由表皮和叶肉两部分组成。双子叶植物叶片结构如图 1-12 所示。

　　表皮：叶的表皮分为上表皮和下表皮，通常都由一层细胞构成，但少数植物叶的表皮由多层细胞构成，外壁有发达角质层，如夹竹桃叶的表皮，这种植物表皮称为具有复表皮。近年来的研究认为，许多植物叶的角质膜上有孔，可通过分泌作用使植物产生蜡质层。在叶的上、下表皮均有气孔分布，通常还生有表皮毛。陆生植物的下表皮上气孔更多一些，水生植物叶片上的气孔仅限于上表皮；沉水植物的叶则缺乏气孔。大量的表皮毛以及它们分泌的脂类物质可以有效地降低植物体叶表面的水分丧失。

　　叶肉：是叶片上、下表皮之间绿色细胞的总称，由含有多数叶绿体的薄壁细胞组成，是绿色植物光合作用的场所。在异面叶中，叶肉细胞明显地分为两部分，近上表皮的叶肉细胞排列整齐，细胞呈圆柱形，且长轴与叶片表面垂直呈栅栏状，这些细胞组成

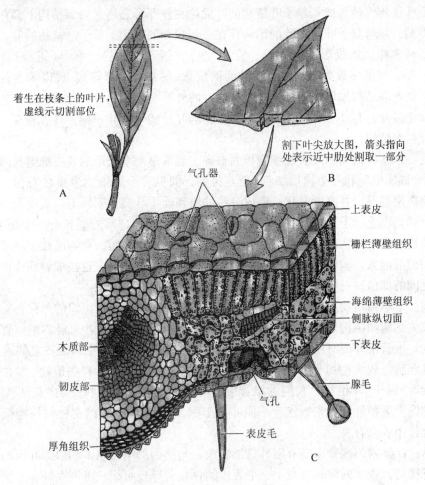

图 1-12　双子叶植物叶片结构

(引自叶创兴，2007)

A. 着生在枝条上的叶片　B. 割下叶尖近中肋处放大图　C. 近中肋部分叶片解剖结构

栅栏组织；在栅栏组织与下表皮之间的叶肉细胞多呈不规则形状，排列疏松，细胞间隙发达，组成海绵组织。由于等面叶在外形上没有背、腹面的区别，叶肉组织也没有明显的栅栏组织和海绵组织的分化。

叶脉：在叶肉中分布有大量的维管组织和机械组织。它们构成了叶肉组织中的各级叶脉。叶脉的内部结构因其大小而不同，中脉和大的侧脉由维管束和起机械作用的厚角细胞或厚壁细胞组成，木质部在近轴面，韧皮部在远轴面，两者之间有形成层；厚角细胞和厚壁细胞多分布在维管束的上、下方。小叶脉的结构比较简单，表现为木质部和韧皮部的组成分子减少，没有形成层，厚角细胞或厚壁细胞减少甚至完全缺乏。叶脉末梢一般只有短的管胞、筛管分子和增大的伴胞。大的叶脉通常被一些含叶绿体较少的薄壁细胞包围。近年来的许多研究都已证实，在小叶脉的附近有特化的传递细胞，它可由韧皮薄壁细胞、伴胞、木薄壁细胞或维管束鞘细胞发育形成，它与叶片中物质的短距离运输有关。

单子叶植物叶的构造　单子叶植物的叶无论在外部形态还是内部结构上都存在许多不同的类型，并与双子叶植物叶的结构存在一些显著的区别。单子叶植物的叶，就外形讲，有多种多样，如线形(稻、麦)、管形(葱)、剑形(鸢尾)、卵形(玉簪)、披针形(鸭跖草)等。叶脉多数为平行脉，少数为网状脉(薯蓣、菝葜等)。现以禾本科植物的叶为例，就内部结构加以说明。禾本科植物叶的外形是叶片狭长，叶鞘包在茎外，在叶鞘与叶片连接处，有叶舌和叶耳。禾本科植物的叶片和一般叶一样，具有表皮、叶肉和叶脉3种基本结构。

表皮：禾本科植物的叶表皮细胞排列整齐，通常是一个长形的表皮细胞与两个短细胞(即一个硅质细胞和一个栓质细胞)交互排列，偶见多个短细胞聚集在一起。表皮细胞外壁角质层增厚，并高度硅化，形成一些硅质和栓质乳突及附属毛。表皮上的气孔一般呈纵行排列，上、下表皮均有；气孔保卫细胞呈哑铃形，其外侧各有一个副卫细胞。禾本科植物叶表皮结构的另一特点是含有一些大型的含水细胞，称为泡状细胞或运动细胞，它们的液泡大，较少或没有叶绿素，径向壁薄，外壁较厚；这些细胞往往位于两个维管束之间的部位，一般认为泡状细胞与叶片的卷曲和开张有关。

叶肉：禾本科植物的叶是等面叶，叶肉没有栅栏组织和海绵组织的分化，除气孔内方有由较大细胞间隙构成的孔下室外，叶肉内的细胞间隙都比较小。叶内的维管束一般平行排列，维管束外围有由1~2层细胞构成的维管束鞘，维管束与表皮之间通常有发达的纤维细胞，较大的维管束有时被纤维细胞所包围。禾本科有些植物(如甘蔗、玉米、高粱等)属于C4植物，它们的维管束鞘与叶肉细胞常形成特殊的"花环式"结构，即发达的维管束鞘外侧紧密毗连着一圈叶肉细胞，C4植物叶片的这种结构特征与它们的高光合作用效率有关。

叶脉：叶脉内的维管束是有限外韧维管束，与茎内的结构基本相似。叶内的维管束一般平行排列，较大的维管束与上、下表皮间存在着厚壁组织。维管束外有一层或二层细胞包围，组成维管束鞘。维管束鞘有两种类型：如玉米、甘蔗、高粱等的维管束鞘，由单层薄壁细胞组成，细胞较大，排列整齐，含叶绿体。水稻、小麦、大麦等的维管束鞘有两层细胞，但水稻的叶脉中，一般只有一层维管束鞘。外层细胞是薄壁的，较大，含叶绿体较叶肉细胞中较少；内层是厚壁的，细胞较小，几乎不含叶绿体。禾本科植物叶脉的上、下方，通常都有成片的厚壁组织把叶肉隔开，而与表皮相接，如水稻的中脉，向叶片背面突出，由多个维管束与一定的薄壁组织组成。维管束大小相间而生，中央部分有大而分隔的气腔，与茎、根的通气组织相通。光合作用所释放的氧可以由这些通气组织输送到根部，供给根部细胞呼吸的需要。

上述不同植物的叶有其不同的结构差异，这种结构差异决定着植物的刚性效果维持能力和耐加工性能。一般一年生草本植物的叶片往往较薄，机械组织、保护组织均不十分发达，耐加工性能较差，适用于制作平面干花。许多硬叶（木本）植物叶片有强大的机械和保护组织，能维持很好的刚性效果，并具有良好的耐加工性能，适合制作干燥花。适合制作干燥花的植物叶在结构上应具备以下特点：

①表皮有很厚的蜡质层及角质膜，如夹竹桃叶的角质膜厚度可达 $13.5 \sim 16.5 \mu m$，由于角质膜厚，致使叶片常常产生光泽。

②表皮细胞壁加厚，甚至发生木质化，使得叶片变硬。如剑麻、蕉麻、苏铁属植物叶片就有明显木质化现象。

③具有复表皮或下表皮的植物，如夹竹桃叶上下两面表皮均为复表皮。

④栅栏组织特别发达的植物，这类植物细胞间隙小、细胞层数多，且叶片上、下两面都存在，如部分旱生植物。

⑤机械组织发达，有些植物的叶脉上下侧机械组织与上下表皮细胞都有连接现象，如黄麻、亚麻、栎等。

花的结构　花是被子植物繁衍后代的生殖器官。花的各部分不易受外界环境的影响，变化较小，所以长期以来，人们都以花的形态结构作为被子植物分类鉴定和系统演化的主要依据。从植物营养生长到生殖阶段，茎干上部分或全部顶端分生组织停止发生营养叶，从无限生长变成了有限生长，花在主茎的顶端或在侧枝的端上发生，或者两处都发生。许多植物的成花，包含着花序的形成。生殖阶段开始时，最容易看到的现象是体轴的迅速生长。在禾本科植物和具鳞茎的植物中特别明显。伸长的轴上产生单个花或花序。如果花是着生在分枝的花序上的，当加速产生腋芽时，即接近成花。花的各部分从形态、结构来看，具有叶的一般性质。

一朵完整的"花"包括了6个基本部分，即花柄（花梗）、花托、花萼、花冠、雄蕊群和雌蕊群。其中花梗与花托相当于枝的部分，其余4部分相当于枝上的变态叶，常合称为花部。一朵4部分俱全的花称为完全花，缺少其中的任一部分则称为不完全花。花的各部分及花序在长期的进化过程中，产生了各种各样的适应性变异，形成了多种多样的形态结构。尽管如此，所有的花仍有共同的结构图式（图1-13）。

花柄（pedicel）　是连接茎的小枝，也是茎和花相连的通道并支持着花，有长有短，或无。

花托（receptacle）　是花梗顶端略膨大的部分，着生花萼、花冠等部分，有多种形状。花托上所着生的不育部分（苞片、萼片、花瓣）可螺旋地或轮生地紧密排列在一起。轮生排列时，上下轮之间，常成交替的排列。有的植物的同一类器官，例如，花瓣，可形成两轮或多轮（重瓣花），如重瓣的碧桃花。

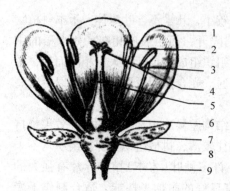

图1-13　被子植物花的结构

（引自傅承新，2004）

1. 花瓣　2. 花药　3. 花丝　4. 柱头　5. 花柱
6. 子房　7. 花萼　8. 花托　9. 花柄

花萼（calyx）　是花最外轮的变态叶，对花的其他部分起保护作用。由若干萼片组成，在形状和构造上十分近似叶子或苞片，有离萼、合萼、副萼之分。花萼常呈绿色，内含叶绿体，表皮层上具气孔（器）和表皮毛，但很少像叶子那样分化出栅栏组织和海绵组织。萼片一般成轮状排列，但有些原始科，如毛茛科为螺旋排列。它们也可成花瓣状，或与退化的花瓣结合在一起。萼片极度退化时，成为细齿、鳞片、刺毛或成小突起。受精后，花萼脱落或宿存，宿存的花萼对果实的发育有重要的保护作用。

花冠（corolla）　在花萼之内，为花的第二轮变态叶，由若干花瓣组成；花瓣一般比萼片大，在形态学中认为花瓣也是一种叶性器官，有离瓣花、合瓣花之分。花萼和花冠合称花被。花瓣的表皮层上，也可有气孔和表皮毛。花瓣的大小和形状有很大变化。有的很大，有的则相当细小，甚至退化成鳞片、刺毛或各种腺体，通常花瓣无类似栅栏组织的细密组织，只有较大细胞间隙的疏松薄壁组织，其保护组织、机械组织一般亦不发达。虫媒花的花瓣常有各种颜色和芳香味，可吸引昆虫传粉，并保护雄蕊、雌蕊。花冠之所以呈现各种鲜艳的颜色，是由于细胞中含有有色体和细胞液中的色素，并受细胞内、外各种因素变化的影响。有些风媒花的花被很不明显，或呈绿色或近乎无色。

根据花瓣分离或连合的情况、花冠下部并合而成花冠筒的长短，以及花冠裂片的形状与深浅等特征，可将花冠的类型分为：筒状（向日葵的管状花）、漏斗状（甘薯）、钟状（桔梗）、轮状（番茄）、唇形（芝麻）、舌状（向日葵的舌状花）、蝶形（花生）和十字状（油菜），如图1-14所示。其中由于筒状、漏斗状、钟状、轮状和十字形花冠，其花瓣的形状与大小较一致，故这类花为辐射对称。而唇形、舌状与蝶形花冠，其花瓣形状、大小不一致，则呈两侧对称。也有些花，如美人蕉的花是不对称的。

雄蕊群（androecium）　是一朵花中全部雄蕊的总称，有多种类型。在各类植物中，雄蕊的数目及形态特征较为稳定，一般较原始类群的植物，雄蕊数目较多，并排成数轮；较进化的类群，数目减少，或与花瓣同数，或几倍于花瓣数。在一朵花中，如有4枚雄蕊，其中两枚花丝较长，两枚较短，称二强雄蕊，如唇形科和玄参科植物；又如一朵花中有6枚雄蕊，其中4长2短的，称四强雄蕊，如十字花科植物。另外，雄蕊中花丝或花药部分，常有并连现象。花药完全分离，而花丝联合成一束的，称单体雄蕊，如蜀葵、棉花等；花丝并联成为两束的，称二体雄蕊，如蚕豆、豌豆等；花丝合为3束的，称三体雄蕊，如连翘；合为4束以上的称多体雄蕊，如金丝桃和蓖麻等。相反，花丝完全分离，而花药相互联合，称聚药雄蕊，如菊科、葫芦科植物。

雌蕊群（gynoecium）　位于花的中央部分，由1至多个具繁殖功能的变态叶"心皮"卷合而成。由1个心皮组成的雌蕊称单雌蕊，如豆类、桃等；由数个彼此分离的心皮形成的雌蕊称离心皮雌蕊，如草莓、芍药等；由2个以上心皮合生的雌蕊称复雌蕊或合心

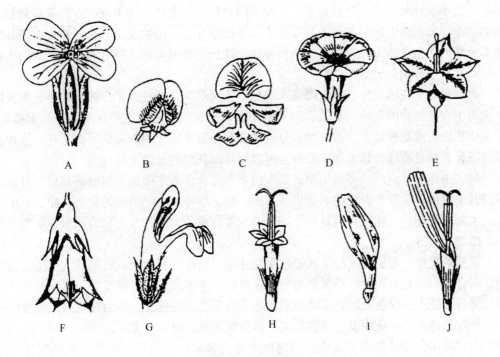

图1-14 花冠的类型
A. 十字形花冠　B、C. 蝶形花冠　D. 漏斗状花冠　E. 轮状花冠
F. 钟状花冠　G. 唇形花冠　H. 筒状花冠　I、J. 舌状花冠

皮雌蕊，如棉、瓜类等。雌蕊常呈瓶状，由柱头、花柱、子房3个部分组成。一朵花中全部雌蕊总称雌蕊群。

　　柱头：是雌蕊顶端接受花粉的部分。通常膨大成球状，圆盘状或分枝羽状。常具乳头状突起或短毛，利于接受花粉。有的柱头表面分泌有黏液(湿性柱头)，适于花粉的固着和萌发。有的柱头表面不产生分泌物(干性柱头)，但覆盖在表面的亲水的蛋白质膜，也有粘着花粉和帮助花粉获得萌发所必需的水分的作用。

　　花柱：是雌蕊柱头和子房之间的部分，连接柱头和子房，是花粉管进入子房的通道。其长度因植物种类而不同。玉米的花柱可达40cm长，水稻，小麦等作物的花柱极不明显。当花粉管沿着花柱生长并伸向子房时，花柱能为其提供营养和某些趋化物质。

　　子房：是雌蕊基部的膨大部分，内有1至多室，每室含1至多个胚珠。经传粉受精后，子房发育成果实，胚珠发育成种子。因花托形状及与子房壁联合与否的不同情况，使子房与花部的位置关系有几种不同类型。

　　植物花朵的结构特征决定了其制作干燥花的特性，一般而言，优良的立体干花材料的花瓣上有较厚的蜡质层及角质层，且有大量的硅细胞和硅质体存在，从而大大增强了其花序的机械强度，使花朵干燥后可以维持很好的刚性效果。如在麦秆菊花瓣状总苞上有较厚的蜡质层及角质膜；有些植物花瓣或萼片的表皮细胞呈纤维状，长形整齐紧密排列，干燥后极容易定型，适合用来制作干花，如八仙花、千日红、卷翅菊、矢车菊等的花瓣；二色补血草、情人草、薰衣草、蓝刺头、一枝黄花、泥胡菜、菜蓟、麦秆菊等的萼片。在小麦秆菊、深波叶补血草、飞廉等植物材料的萼片上还不同程度地观察到复表皮的存在,其表皮下数层细胞的胞壁均有次生加厚现象。植物花朵的这些特点,使其成为了天然的优良立体干燥花材料。植物萼片、花托、花瓣等的这些有利于干制的结构特点与叶片是十分相似的。

对于平面干花的制作,则花瓣含水率低,花朵单瓣,花托或子房体积较小、雌蕊柱头表面少有分泌物的花朵,更适合用来制作平面干花;反之,花瓣含水率高,重瓣花,花托体积较大或花粉量大、多有黏液分泌的花朵一般不适于用来制作平面干花。这种类型的花朵若经过特殊的技术加以处理也可以制作出理想的平面干花。

果实由花发育而成,多数植物的果实由单花发育,并主要由子房壁或花柱发育而来的。其中仅由子房发育而成的叫真果,如桃、梅、李等。有些植物的果实,除了子房以外,大部分是花托、花被甚至是整个花序参与发育成的,这种果实称为假果,如梨、苹果、瓜类果实等。

果实的类型 根据果实的形成是由单花还是由花序发育而来,将植物的果实分为单果、聚合果和聚花果3种。单果是由一朵花中的一个单雌蕊或复雌蕊参与形成的果实类型。聚合果是由一朵花中的许多离生单雌蕊聚集生长在花托上,并与花托共同发育的果实。聚花果是由整个花序发育成的果实,称为聚花果,也称复果。

在对果实分类时也将果实成熟时肉质多汁的果实称为肉果;将果实成熟时果皮干燥,开裂或不开裂的果实称为干果。

根据果实的质地、成熟果皮是否开裂、开裂方式、花的非心皮组织部分是否参与形成果实等又将果实分成以下类型。

浆果(berry):由复雌蕊的上位子房或下位子房发育而来,是一种多肉果、多汁、不分裂的果实,木质外壳的种子深藏在果肉里边,如番茄、葡萄、柿等。

核果(drupe):由单雌蕊或复雌蕊的上位子房或下位子房发育而来,具有坚硬果核的一类肉质果,如桃、梅、杏等。

荚果(legume):由单雌蕊的上位子房发育而来,成熟时沿背缝线开裂,为豆科植物特有的一类干果。

蓇葖果(follicle):由单雌蕊或离生单雌蕊的子房发育而来,成熟时,沿腹缝或背缝线开裂,通常由4或5个蓇葖集合成簇,观赏植物中牡丹、乌头、飞燕草、木兰、耧斗菜等果实为蓇葖果类型。

角果:由2心皮复雌蕊的子房发育而来,果实被隔膜分成两个相互平行的腔,在成熟时常纵向分成两部分,里面包含有一个或若干种子。角果为十字花科植物特有的开裂干果,分长角果(silique,如油菜、甘蓝、野生卷心菜等)和短角果(silicle,如荠菜等)2种。

蒴果(capsule):由复雌蕊的上位子房或下位子房发育而来,由一个或几个均一的小仓室组成的一个小容器,里面通常包含众多种子,果实成熟时有多种开裂方式。如百合、鸢尾、牵牛、曼陀罗、马齿苋、虞美人、金鱼草等。

瘦果(achene):由1～3心皮组成的上位子房或下位子房发育而来。是内含1粒种子的干果,成熟后不开裂,而是逐个掉落。瘦果有钝形、尖形、被羽毛状物或钩状物等几种类型，通常簇生成头状，如白头翁、向日葵、荞麦、毛茛、水杨梅等。

坚果(nut)：由复雌蕊的下位子房发育而来，仅含一颗坚硬的木质外壳种子，为果皮坚硬木质化的一种不开裂干果，成熟后坚果整个掉落到地上。唇形科植物和紫草科植物的每个花萼中通常都有4个坚果。坚果外面常有壳斗(花序的总苞)，如壳斗科植物板栗、栓皮栎等。

翅果(samara)：由单雌蕊或复雌蕊的上位子房形成的，部分果皮向外扩延成翼翅的一种不开裂干果，如臭椿、槭、枫杨、榆等。

果实的结构　果实由果皮和种子两部分组成，其中果皮由子房壁发育而来，果皮又分为外果皮、中果皮和内果皮。外果皮一般较薄，表皮或表皮下面分布数层厚角组织，常有气孔、角质层或蜡被的分化，有的外果皮上还生有毛、钩、刺和翅等附属物。中果皮最厚，其中分布着维管束，不同植物的中果皮在结构上变化较多，有的可能全由富含营养物质和水分的薄壁细胞组成，即俗称的果肉部分，有的则由薄壁细胞和厚壁细胞共同组成。内果皮也有不同的结构变化，可由单层细胞或多层细胞组成，有的革质化形成薄膜，有的木质化形成果核，也有的发育成囊状，其内表皮细胞为多汁毛状突起。

种子由胚珠发育而成，种子成熟后一般外种皮具有很厚的角质或完全木质化，可以用来长期保存。被子植物的种子受到果实的保护，包被在果实中，有的在果实成熟后开裂时散出，有的则一直包被在果实内。裸子植物类的种子裸生于鳞片内表面上，结合紧密，成熟时才散开。许多裸子植物的种序(球果)是直接用来制作干燥花的绝好材料。

在立体干燥花的制作中，有很大一部分原料是使用植物的果实。从上述植物果实的结构特性可知，多汁的肉质果类不宜用来制作干燥花，这类果实主要包括浆果和核果类，干燥后形态变化较大，色泽也不具观赏性。一些假果等具有含水量高的疏松薄壁组织的果实一般也不宜制作干花(瓜类等)。蒴果、荚果、蓇葖果等果壳高度纤维化，较大型瘦果的种子皮壳多为高度纤维化，这些种类都非常适合用来制作立体干花。具坚硬木质化内果皮的坚果以及质地轻盈纤维素含量较高的翅果等都适合制作干花。此外，许多植物果实成熟后形成的种序，是具有高度纤维化的组织，也是制作干花的良好材料。果实的外观可能光滑，也可能开裂，有些果实表面附有羽状物，或钩状物，或尖刺等，这些都能增加果实类干花的观赏性。常见的适合制作干花的果实种类有雪松、侧柏、华北落叶松、白皮松等松科和柏科植物等；以及罂粟、起绒草、益母草、棣棠、木槿、丁香、玉兰、花椒、冬青、卫矛、沙棘、花楸、梧桐、皂荚属植物、观赏葫芦、荷花、风铃花、玉米、黑种草、星花白木、胡桃等。

1.1.1.2　植物材料的干燥原理

植物材料的干燥是指通过使用干燥的介质除去附在植物体内部的水分以及其中少量溶剂的过程。在干燥花的制作过程中，最重要的步骤是植物的干燥过程，植物逐渐被干燥的过程也即为其内部逐渐脱水的过程。植物内水分存在的状态及水分含量决定其干燥的速度和干燥后的质量，此外，植物材料的干燥速度还与传热过程、等速干燥过程、降减速干燥过程以及水分的表面汽化控制和内部扩散控制等过程有关。

(1)干燥过程中植物体内部的水分运动规律

植物材料干燥的动力是植物体内部、表面及干燥介质间存在的温度梯度与湿度梯度。而植物体内水分运动的规律主要是水分的扩散和水分的平衡。

温度梯度　干燥介质的温度高于植物表面的温度,形成温度差,水分在植物表面汽化蒸发,从而降低了植物表面的热量。由于表面水分蒸发,使表面的温度低于内部的温度,形成温度梯度,水分由内部借助温度梯度沿热流方向向外移动至表面。

湿度梯度　当植物材料表面水分蒸发后,表面含水量低于内层的含水量,水分分布由内层向外层逐步降低,使水分在植物材料内部发生移动,水分由含水量高的内部向含水量低的外部移动,这种湿度梯度的差异越大,水分扩散速度就越快,因而是植物内水分扩散的动力。

水分的平衡　在植物材料干燥过程中,植物体中的水分会随着干燥的整个进程而发生变化,在一定温度和湿度条件下,植物体的含水率与周围的空气湿度在一定时间内会达到一个动态的平衡,亦即植物材料内部排出的水分与吸收的水分量相等。此时植物体的含水量称为该温度、湿度条件下的平衡水分,又称平衡含水率。任何一种植物材料在一定的温度、湿度环境条件下其平衡水是恒定的,只要外界的温湿条件不变,植物材料内部的含水量将维持不变,即平衡含水率是在这个温湿度条件下干燥程度所能达到的极限。植物材料的平衡含水率随干燥介质的温度、湿度的改变而改变。介质中湿度升高,植物材料的平衡含水率也升高;介质中湿度降低,材料的平衡含水率也随之降低。湿度不变时,温度升高,平衡水分就降低;温度降低,平衡水分就随之升高。植物材料含水量达到平衡水分状态时,水分的蒸发作用即行停止,同时植物材料的温度与干燥介质的温度相等,干燥进程也就暂时停止。

水分的扩散　在干燥过程中,植物表面水分逐渐蒸发,当表面含水量低于内部时,造成植物内部与表面水分间的水蒸气压差,水分就由含水量较高的内部向含水量较低的方向发生移动。水分从植物体内蒸发到干燥介质中的过程即为水分的扩散。其中,水分在湿度差的作用下,以扩散方式,从植物材料表面蒸发到干燥介质中的过程称为水分的外扩散。水分在植物材料内部,从含水量高的部位向含水量低的部位移动的过程称为水分的内扩散。由于植物体表面水分蒸发,使其内部产生湿度梯度,促使水分由湿度高的内层向湿度较低的外层扩散,植物材料在干燥的介质中经过水分的内外扩散过程,使得内部的全部自由水分向干燥的介质中移动而完成干燥过程。

(2)植物材料的干燥速率

植物材料的表面积、干燥介质中气体流动速度、温度及相对湿度等与水分从植物表面的蒸发速度有着密切的关系。除相对湿度与干燥速度呈负相关外,其他均呈正相关。植物的干燥过程一般分为传热、外扩散及内扩散3个同时进行又相互联系的过程。传热过程是干燥介质的热量以对流方式传至植物体表面,又以传导方式从表面传向植物体内部的过程。植物体表面的水分得到热量由液态变为气态蒸发掉。在干燥条件恒定的情况下,可以将植物材料的干燥过程分为加热过程、等速干燥过程及降速干燥过程3个阶段。

①传热过程　由于干燥介质在单位时间内传给植物体表面的热量大于表面水分蒸发所消耗的热量,因此受热表面温度逐渐升高,直至等于干燥介质的湿球温度,此时表面

获得的热量与蒸发消耗的热量达到动态平衡，此阶段植物体水分减少，干燥速率增加。在对植物材料进行干燥中，对植物材料进行加温处理可以加速其水分的内扩散。

②等速干燥阶段　干燥初期，由于植物体内含水量较高，表面蒸发了多少水量，内部就将补充多少水量，即植物体内部水分移动速度（内扩散速度）等于表面水分蒸发速度，亦等于外扩散速度，植物表面仍维持潮湿状态。在这一阶段中，介质传给植物体表面的热量等于水分汽化所需的热量，所以植物体表面温度不变，等于介质的湿球温度。此时，植物体表面的水蒸气分压等于表面温度下饱和水蒸气分压，植物干燥速度由水分在表面汽化的速度控制，干燥速率稳定，故称等速干燥阶段。植物体排除的水分主要是自由水，故植物体会产生体积收缩，收缩量与水分降低量成直线关系，若操作不当，干燥过快，植物体极容易变形。等速干燥阶段结束时，植物体内水分降低到临界值，此时尽管材料内部仍是自由水，但在表面可能开始出现结合水。

③降速干燥阶段　在降速干燥阶段，植物体内含水量明显减少，内扩散速度赶不上表面水分蒸发速度和外扩散速度，表面不再维持潮湿，干燥速率逐渐降低。由于表面水分蒸发所需热量减少，植物材料温度开始逐渐升高。表面水蒸气分压小于表面温度下饱和水蒸气分压。此阶段主要是排出的是结合水，植物材料不产生体积收缩。当植物材料排水量下降等于平衡水分时，干燥速率变为零，干燥过程终止。此时，即使延长干燥时间，材料水分也不再发生变化，材料表面温度等于介质的干球温度，表面水蒸气分压等于介质的水蒸气分压。降速干燥阶段的干燥速度，取决于内扩散速率，故又称内扩散控制阶段，此时植物体的结构、形状、大小等因素影响着干燥速率。

（3）影响植物干燥速度的因子

在干燥过程中，干燥速度对于干燥花的质量起着决定性的作用。干燥的速度越快，干花的色泽，形态保持越好。干燥的快慢在很大程度上取决于干燥介质的种类、温度、相对湿度以及气体循环速度等的影响，同时植物材料种类、状态、植物材料装载量等也对干燥速度有一定的作用。影响植物材料干燥速度的主要因子概括如下：

①干燥介质的种类　干燥介质可分为直接干燥介质和间接干燥介质两大类。直接干燥介质是指直接作用于植物材料的表面，在介质于植物材料中的水分压差的作用下，使植物材料失水的干燥介质。常用的直接干燥介质是空气和乙醇。在干花制作中最普遍应用的干燥介质是空气，空气是通过自身的温度、压力及流速来影响植物材料的水分蒸发。乙醇是液态的直接干燥介质，它可与水以任何比例互溶，有强烈的改变植物组织透性的作用，具有很强的吸水性，从而使植物材料失水达到干燥程度。

间接干燥介质是指本身不直接作用于植物材料，而是通过对直接干燥介质进行干燥，间接作用于植物材料的干燥介质。目前应用的间接干燥介质越来越多，作为间接干燥介质的物质，应具备一定的吸水性和无腐蚀性的特点。制作干花一般多使用变色硅胶作为间接干燥介质。间接干燥介质需要有直接干燥介质与之配合，方可发挥作用。硅胶是利用其很强的吸水性对直接干燥介质——空气进行干燥，从而对植物材料进行间接干燥。

②干燥介质的温度　在干燥过程中，空气介质所起的作用是向植物材料传导热量，材料吸热后使所含的水分汽化，介质温度因而降低，植物材料内水分通过扩散作用转移

到介质中去。因此，要使材料干燥完全，就应持续提高空气介质的温度，以使材料中水分持续汽化。植物材料在干制初期，一般不宜采用过高的温度，如果温度过高，干燥速度过快会使材料受到一定程度的损伤甚至皱缩变形。造成这样结果的原因有以下几个方面：第一，在植物材料含水量较高的情况下，骤然升温，会使植物材料组织中原生质体迅速膨胀，细胞破裂，内含物流失，导致植物材料形态发生变化。第二，由于植物材料处在高温低湿的环境中，体积较大的材料内部组织膨胀过快，外部结壳失去弹性，造成表面崩裂，影响干花的形态。第三，植物材料中的糖分和其他有机物易因高温分解、焦化而影响干花的质量。

③干燥介质的湿度　当空气介质中水蒸气含量一定时，如温度升高，相对湿度就会减小。反之，当温度降低时，相对湿度就会增大。在温度不变的情况下，相对湿度越低，则空气的饱和差越大，植物材料的干燥速度越快。降低相对湿度，增加植物材料与外界水蒸气压差，可使干燥加速。在干花的干燥制作中，如果温度不变，就需采取通风排湿措施，逐渐降低空气中的相对湿度，使空气中的水蒸汽含量减少。植物材料周围空气中的水蒸气含量越低，空气的吸湿力越强，植物材料中的水分越容易蒸发掉。

④空气流动速度　干燥介质流动速度越大，植物材料表面的水分蒸发也越快；反之，则越慢。加大空气流速有两个作用：一是有利于将空气的热量迅速传递给植物材料，以维持其蒸发热；二是从植物材料周围迅速带走蒸发出的水分，不断补充新鲜的未饱和空气，促使植物材料表面水分的不断蒸发。

⑤空气的压力　在常压下，植物材料内部的气体分压与外界的空气压力处于平衡状态，植物材料内水分以较缓慢的蒸发形式向外扩散。当植物材料周围的空气压力低于常压时，植物材料内水分便加快汽化速度向外扩散，使材料内外的气压向平衡方向转移，这种作用加快了植物材料的干燥速度。在其他条件不变的情况下，介质空气的压力与植物材料的失水速度呈负相关。当介质空气的压力大于常压时，植物材料的失水速度不但不会加快，相反会减慢。将植物材料周围的空气抽出，使材料处于低压介质中，是加快干燥速度的有效办法。

⑥植物的细胞结构与组织结构　植物不同的细胞结构与组织结构，也是影响植物材料干燥速度的重要因素。一般初生胞壁较薄且固形物结构较为松散的植物，含水量较高，对水分的保持作用相对较小，一般干燥较为容易，但有些植物干燥后的刚性效果不理想，如美女樱、三色堇、洋桔梗、迎春等花材干燥容易。具有较厚的次生胞壁，尤其是厚壁细胞的次生壁由于固形物排列较致密且较厚，木质化程度较高，对水分的扩散有一定阻碍作用，这样的植物的干燥速度往往就较慢，但干燥后的植物材料容易定型。如月季、蓝刺头、鸡冠花等较厚的花瓣或叶片干燥速度较慢。

在植物材料的表面分布有蜡质层和角质膜，它们都是由疏水的脂肪类物质构成，是植物体水分散失的屏障，蜡质层、角质膜越厚则植物材料干燥的速度越慢。所以，为使植物材料保持良好色泽可以采用适当的措施，破坏植物材料表面的蜡质层和角质以加快干燥速度。植物材料组织的致密程度，也对植物材料的干燥速度有一定的影响。一般厚重的硬叶类材料，有较发达而致密的栅栏组织和复表皮，干燥的难度较大。许多植物材料具有特化的分泌结构，如一些特化的分泌细胞、腺体、树脂道等，它们通过分泌特殊物质对植物材料的干燥速度产生影响。如松果、松枝较其他树枝就比较难于干燥。

植物材料器官的结构对干燥速度也有一定影响，如重瓣花较单瓣花干燥速度慢，为加快其干燥速度，可采用加温干燥法。在平面干花的制作中，可将重瓣花分解后进行压制，如香石竹、月季、鸢尾、芍药、牡丹等花材可进行分解压制。

⑦植物材料内含物质组成和存在状态　许多植物材料内含有大量的芳香类、脂类等次生代谢物质，这些较难挥发的液态物质往往会减缓植物材料的干燥速度。如菊科植物的花中常含有大量的芳香物质和油脂，其干燥速度就相对较慢。一般的单瓣花 5~7d 即可干燥，而菊花大多数需要 10d 以上甚至 20d 才能彻底干燥。对于这类花材，为制造出高质量的干花材料，可采用干燥剂强制干燥法进行干燥。

⑧植物材料的装载量　单位面积或单位体积内装载花材的数量称为花材的装载量。干燥过程中，植物材料的装载量对花材的干燥速度亦有明显的影响，一般花材的装载数量以不妨碍干燥介质——空气的流动为原则。用自然干燥法制作干花时，每束花量不可太多，每束之间应留有一定空间。采用硅胶包埋法时，各花材之间要留有一定间隔；压制平面干花时，花材不可重叠或放置过密，上下各层花材间衬垫足够的吸水纸，以保证各层的花材干燥均匀。

1.1.2　植物材料保色原理

干燥花的保色主要是指在干燥制作过程中对主要观赏器官即绿色叶和花朵颜色的保持。在加工生产干燥花的过程中，植物的颜色会因为环境和生命状态的改变而发生很大变化，保持干燥花材料的原有色泽或相近色泽是干燥花制作中的难点。其中，花色是干燥花生产中决定其观赏价值的重要指标，目前，除了几种天然干燥花植物种类的颜色在一段时间内可以保持与干燥前相近的颜色以外，大部分植物种类在经干燥加工后均不同程度地发生色变现象。有关植物花色在干燥过程中发生改变的机理研究还尚不明确。本节仅就植物天然色素种类、花色的显色机理、植物材料在干制过程中的变色类型以及不同花卉花瓣发育过程中色素组成对花色的影响等内容加以介绍，同时分析环境因素对花色的影响。

1.1.2.1　植物颜色表现的化学机制

关于花色的研究历史可以追溯到 19 世纪中叶。在近 150 年的研究历程中，发现了许多种色素，明确了大部分色素的化学结构，并在酶学水平上探明了对最终颜色起主要作用的花色素的代谢途径。目前，花色研究已经深入到基因水平，鉴定了两类影响花色素苷生物合成的基因。其中一类是各类植物都具有的结构基因；另一类是与生物合成、色素空间以及时间积累有关的调节基因。目前有关植物颜色表现化学机制的研究结果表明，花色素的生物合成可能既受到发育、组织专一性的调节，而且也受到光照、温度、真菌引发物、紫外辐射、创伤等环境因素的诱导。了解和掌握植物颜色表现的化学机制将对探索干燥花保色原理，制定科学合理的保色方法奠定良好的理论基础。

(1) 植物色素种类及存在部位

植物色素包括叶绿素、类胡萝卜素和酚类色素三大类。其中，叶绿素主要分布在绿色植物的叶肉细胞和暴光的幼茎、幼果的基本组织中。其他色素仅存在于花瓣、叶、果实等的表皮和近表皮的细胞内，并且多在上表皮细胞中，在叶片栅栏组织细胞中几乎没有或很少有色素存在，海绵组织一般也不含色素。

叶绿素(chlorophyll) 为镁卟啉化合物，属于水溶性或醇溶性色素。在高等绿色植物中主要存在的类型有两种，叶绿素 a 和叶绿素 b，其中叶绿素 a∶叶绿素 b = 3∶1，结构如图 1-15 所示。叶绿素参与绿色植物的光合作用，是绿色植物光合作用过程中吸收光能，推动原初光化学反应的主要色素。除大量存在于植物的叶和茎等绿色组织中，花朵的绿色花瓣、绿色瓣化花萼以及绿色佛焰苞的细胞中也均有叶绿素的存在，如菊花、兰花、花烛和马蹄莲的绿色花品种等。叶绿素很不稳定，在光、酸、碱、氧、氧化剂等作用下都会使其分解。酸性条件下，叶绿素分子很容易失去卟啉环中的镁成为去镁叶绿素。叶绿素溶液能发出深红色的荧光，其可见光波段的吸收光谱，在蓝光和红光处各有一显著的吸收峰，吸收峰的位置和消光值的大小随叶绿素种类不同而有所不同。这些性质可用于鉴定叶绿素的种类和数量。

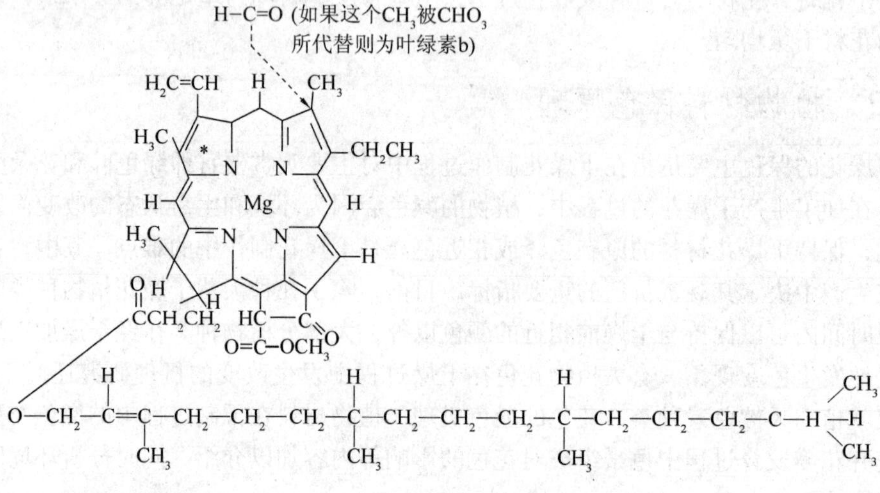

图 1-15　叶绿素 a 和叶绿素 b 的结构式

类胡萝卜素(carotenoid) 是胡萝卜素(carotene)和胡萝卜醇(carotenol)的总称，是以异戊间二烯为基本结构的化合物，其分子主要由碳和氢构成，属于碳氢化合物，基本结构如图 1-16 所示。类胡萝卜素存在于细胞质的色素体内，不溶于水和醇，易溶于乙醚、石油醚等有机溶剂。胡萝卜素也称叶红素，有 α-，β-，γ-胡萝卜素、番茄红素、甜菜红素等类型。胡萝卜醇也称叶黄素(xanthophyll)，其结构是共轭双烯烃的加氧衍生物，以醇、醛、酮、酸的形式存在。胡萝卜醇类色素在绿色叶中的含量是叶绿素的 2 倍。植物中除了花以外，叶、根、果皮等部位也含有类胡萝卜素类色素，呈现黄、橙、红等多种颜色，一般共轭双键越多，越偏向红色。观赏植物中金盏菊、万寿菊、桂竹香、酢浆草、蒲公英、郁金香、百合、蔷薇等许多黄色、橙色花中均含有类胡萝卜素。

类黄酮(flavonoids) 是酚类色素中的主要种类，一类积累在维管植物液泡中的次生代谢产物，是以 2-苯基色酮核为基础的一类物质的总称，为水溶性，包括黄酮、黄

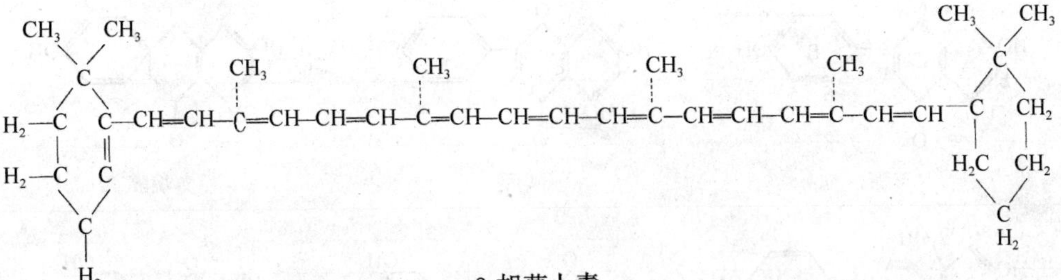

β-胡萝卜素

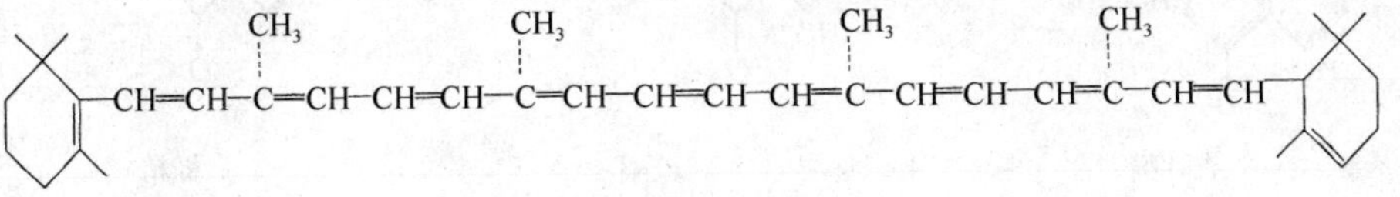

α-胡萝卜素

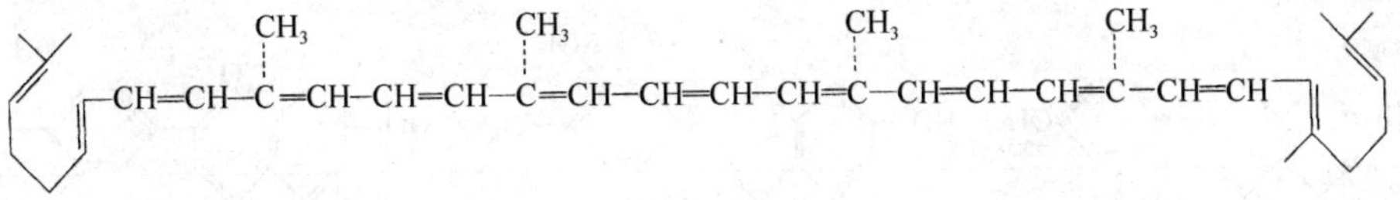

番茄红素

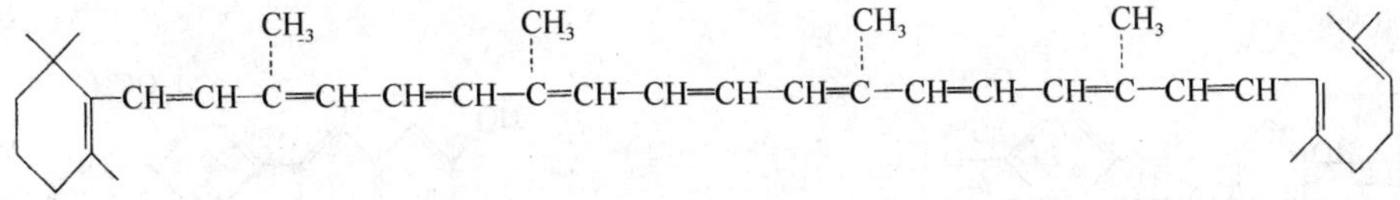

图 1-16 类胡萝卜素的基本结构(引自程金水，2000)

酮醇、黄烷酮、查耳酮、橙酮等。其基本结构由一个 γ- 吡喃酮环(3 个碳链组成)与 2 个苯环组成，基本结构如图 1-17 所示。类黄酮在天然状态下以糖苷的形式存在。各种不同的类黄酮在 R1，R2，R3，R4 位置上可进一步羟化、甲基化、酰化和糖苷化等，形成自然界种类繁多的类黄酮，呈现出从无色至淡黄色，少有橙黄色，一般酸性越强，黄色越淡，而与 Fe^{3+} 等离子结合可变为蓝绿色。大多数白色、象牙白色、奶油色、黄色及橙色花中均含有类黄酮，如报春花、酢浆草、杜鹃花、樱花以及玄参科(如金鱼草)、菊科(万寿菊、大丽花)、豆科、山茶科等植物。

花色素苷类(Anthocyans) 是类黄酮的一个重要衍生物类群，水溶性，存在于植物细胞液内，基本结构与类黄酮相似，如图 1-18 所示。包括花葵素、花青素、花翠素、牡丹色素、矮牵牛色素、锦葵色素、报春花色素等。在花瓣中，花色素苷在总色素中所占的比例很大程度上能改变花瓣的颜色，随着花青素类色素分子结构和环境 pH 值的变化表现为从红色至蓝紫色的变化。在色素分子中若甲氧基数量增加则红色即增加，若羟基数量增加则蓝紫色亦增加，如天竺葵色素(砖红色)→花青素(红色)→花翠素(蓝色)。而甲基花青素(红色)→3′- 甲花翠素(紫红)→报春花色素(紫红)是随着 B 环和 A

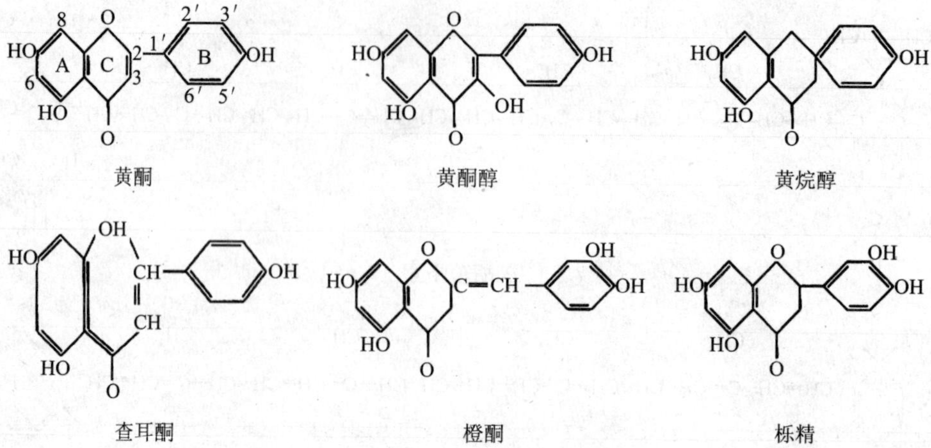

图 1-17　类黄酮色素的基本结构(引自程金水, 2000)

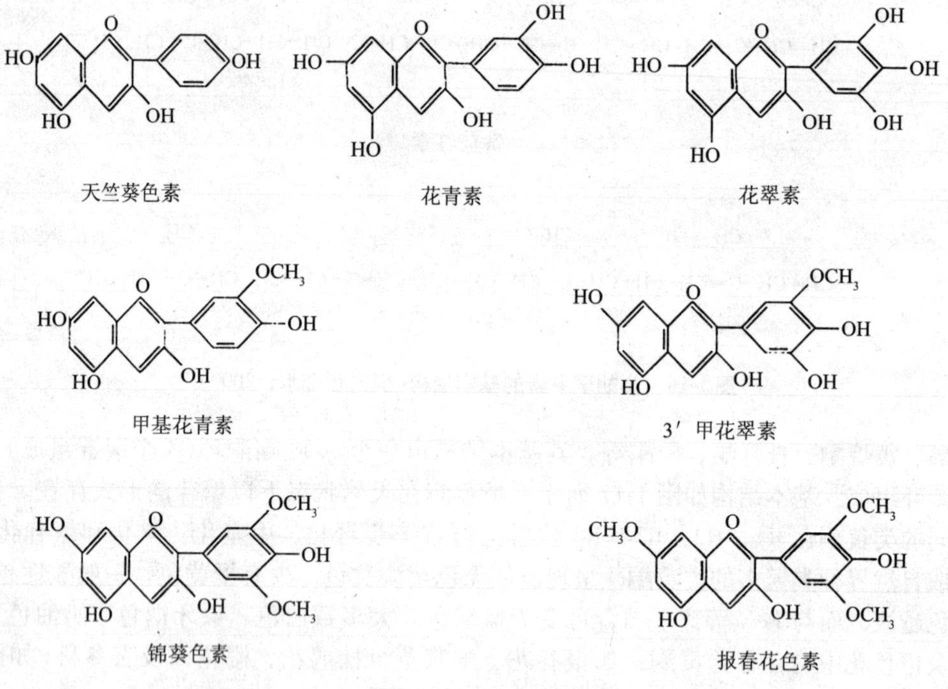

图 1-18　花色素苷的化学结构式(引自安田齐, 1980)

环 7 位羟基被甲基取代程度不同而使红色效应加强。当花青素与 K^+,Mg^{2+},Fe^{2+},Al^{3+} 等金属离子螯合后, 便不再受 pH 值的影响, 如蓝色矢车菊的花青素以 K^+,Na^+ 等盐类形式存在, 在酸性环境中仍能表现低碱条件下的蓝色。实际上花色还取决于色素其他组分的含量(Mikanagi et al., 1994; Wyk et al., 1995; Mitchell et al., 1998)。影响颜色的因子还有其他协同着色作用的色素, 如黄酮和黄酮醇, 它们单独存在时无色, 与花色素苷组成色素复合物时就会影响花的颜色。此外, 其他色素如橙酮和类胡萝卜素,以及金属离子和液泡的 pH 值都在一定范围内影响花的颜色(Nielsen et al.，1997；Kim et al.，1991)。

(2)植物颜色的表现及其物质基础

①植物叶颜色的表现及物质基础　植物叶色的呈现是叶片细胞内各种色素的综合表现，其中主要是绿色的叶绿素和黄色类胡萝卜素之间的比例变化产生的。高等植物叶子所含各种色素的数量和比例与植物种类、叶片的年龄、生育期和季节有关。一般来说，正常叶子中叶绿素和类胡萝卜素的分子比例约为 3∶1，叶绿素 a 和叶绿素 b 的比例也约为 3∶1，叶黄素和胡萝卜素的比例约为 2∶1。由于绿色的叶绿素比黄色的类胡萝卜素多，所以正常的叶子总是呈现绿色。秋季，叶绿素较容易分解，而类胡萝卜素比较稳定，所以叶片呈现黄色。

叶色还和花青素含量有关，如秋季红色叶的形成主要是由于花青素的存在。叶片中花青素的合成与叶片衰老期间糖分的积累有关。秋季日照缩短，温度降低，叶绿素的合成停止并逐渐分解成黄色的小颗粒，同时，较低的夜温又使暗呼吸速率降低，加速了糖的积累，当叶片组织中的糖含量超过了用于生长所需生物合成的量时，花青素就得以积累。如果秋季光照充足，空气湿润，夜晚凉爽，就会加重叶子颜色的彩化。有些植物在春季发出的新叶呈现鲜艳的红色，这也是与花青素的存在有关，此时幼叶中的叶绿体发育尚不完全，叶绿素的含量很低，使液泡中花青素的色泽得以表现，叶片因此呈现出鲜嫩的红色。影响植物叶色的形成有很多因素，但主要是遗传因素，其次是环境因素。

②植物花颜色的表现及物质基础　从广义上来说，植物的花色是指显花植物的整个生殖器官的颜色。由于大多数植物的花是由雄蕊、雌蕊、花瓣、花萼等几部分组成，通常花色并不仅是指整体的花颜色，而是指色彩相对明显的部分，特别是指发育为花瓣状的器官或组织的颜色。花色是太阳光照射到花瓣上，经过花瓣细胞内含色素复合体的吸收以及细胞内一些组织的折射和反射作用后，呈现到人眼中的颜色。花色与花瓣内含色素的种类、色素含量(包括多种色素的相对含量)、花瓣内部或表面构造引起的物理性状等多种因素有关，其中主要是花色素。

花色的表现及其多样性　在自然界中，植物的花色丰富多彩，红、橙、黄、绿、青、蓝、紫等多种色系在野生或栽培植物花中都能找到。自然界植物花色的呈现也表现出多样性，大多数植物花色常表现为单一色相，但从花朵开放到枯萎凋谢，花色常会呈现由深至浅或由浅至深的变化。有些植物花色还具有特殊的表现，呈现出杂色，即植物花色表现为同色系的渐变，或特殊地表现为若干颜色共存于一个瓣状结构并形成图案，也称做植物彩斑(variegation)，这种彩斑的图形有规则的，也有不规则的。植物花的这种呈色多样性与其成色机理的复杂性密切相关。

色素种类与花色　不同色素种类及其含量的时空组合最终决定了花色(安田齐，1989；Harborne，1993)。花瓣中所含色素主要包括存在于细胞质体内的类胡萝卜素和溶于液泡液中的类黄酮两大类。其中参与花色形成的类黄酮主要有两类，一类是产生红色或紫色的花色素苷；另一类是黄色的 2 - 苯基吡喃酮和苯基苯乙烯酮类物质。

大多数情况下，花色与花瓣所含色素的颜色并不完全相同(苏焕然，1996)。花色的种类很多，一种花色由一种或多种色素来决定。如黄色樱草、橙色百合、绯红色一串红分别只含有黄酮醇、类胡萝卜素、花葵素一种；而黄色万寿菊中含有类黄酮醇和类胡萝卜素两种；橙色金鱼草中含花葵素和橙酮两种；绯红色郁金香中含花青素和类胡萝卜素两种。此外，植物细胞内色素的含量也会影响花色的深浅，如花青素含量高时，四季秋海棠呈深红色，含量低时为粉红色。

　　Harborne(1965)研究了代表性花色的色素组成(表1-4)，从表中可以看出各种花色与色素组成的关系。不同花色的呈现机理不尽相同。

表1-4　花色与色素组成(引自 Harborne，1965)

花色	色素组成	花卉种类
奶油色和象牙色	黄酮,黄酮醇	金鱼草,大丽花
黄　色	1. 纯胡萝卜素	黄色蔷薇
	2. 纯黄酮醇	樱草类
	3. 橙酮	金鱼草
	4. 类胡萝卜素和黄酮醇或查耳酮	牛角花,荆豆
橙　色	1. 纯类胡萝卜素	百合
	2. 天竺葵色素 + 橙酮	金鱼草
绯红色	1. 纯天竺葵色素	天竺葵,一串红
	2. 花青素 + 类胡萝卜素	郁金香
	3. 花青素 + 类黄酮	*Chasmanthe* 及 *Lapeyrous*
褐　色	花青素 + 类胡萝卜素	桂竹香,蔷薇,西洋樱草
品红或深红色	纯花青素	山茶,秋海棠
粉红色	纯甲基花青素	牡丹,蔷薇(rugosa 系)
淡紫色或紫色	纯花翠素	南美马鞭草,大鸳鸯茉莉
蓝　色	1. 花青素 + 辅色素	藿香叶绿绒蒿
	2. 花青素的金属络合物	矢车菊
	3. 花翠素 + 辅色素	蓝茉莉
	4. 花翠素的金属络合物	飞燕草,多叶羽扇豆
	5. 高 pH 值的花翠素	藏报春
黑　色	高含量的花翠素	郁金香'Queen of the Night',三色堇

　　各色系花卉种类与所含色素类型的关系如下：

　　奶油色、象牙色和白色的花　具有这几种花色的花，大多含有无色或淡黄色的黄酮或黄酮醇类色素。一般所指的白色花实际上都是一些非常淡的黄色花，因此，不含这些色素的纯白色的花非常稀少。据 Harborne 对植物各种类的调查，野生白色花中86% 含有黄酮醇，17% 含有栎精。少数白色花种类中含有毛地黄黄酮和芹菜配基，这些色素对紫外光强烈吸收，而对可见光几乎没有吸收带。

　　黄色花　黄色花中，有些种类只含类胡萝卜素，而另一些种类只含类黄酮，也有的是类胡萝卜素和类黄酮两者共存。一般认为大多数黄色花是由类胡萝卜素与类黄酮两者所决定，其中类胡萝卜素对黄色显色所起的作用比类黄酮更大。黄色花中起重要作用的类黄酮是查耳酮、橙酮、六羟基黄酮等。查耳酮、橙酮其色素本身就呈深黄色。大丽花和金鱼草等的黄色花是以这些色素为母体的。

橙色、绯红色、褐色 这些花色有的是由胡萝卜素形成，有的是由花色素苷形成，有的是由花色素苷和橙酮及其他黄色的类黄酮共同形成，也有的是由花色素苷和类胡萝卜素共同形成的等。花瓣所呈颜色的深浅、色调随所含色素的种类不同而发生变化。花色以纯类胡萝卜素显现橙色时，类胡萝卜素本身的颜色即能代表那种花色。但当花色素苷与其他色素共存而呈现橙色时，则由于花色素苷及共存色素的种类不同而变得复杂化。例如，金鱼草中黄色的橙酮若和显深红色的花色素苷共存则花色呈橙红色；若和显橙色的花色素苷共存，则花色呈橙黄色。无论是单纯含有天竺葵色素系的花色素苷，还是花青素系的花色素苷和水溶性黄色色素共存，花色均为橙色。当花色素苷和黄色类胡萝卜素共存时则呈现红褐色。而以类胡萝卜素为主要色素的花一般由于胡萝卜素的存在而呈现深橙色。

红色、紫色、粉色、蓝色、黑色等 这些花色基本上都产生于花色素苷，仅花色素苷能出现这样宽幅度的花色变异，是由于花色素苷化学结构上羟基数量不同，使花色存在由橙色、红色至紫色系的各种颜色。即使是同一种花色素苷，由于其含量的不同，会出现由粉红色、经由红色变为黑色的变化趋势。蓝紫色大多是花色素苷与细胞液内的 Fe^{3+}、Al^{3+} 等金属离子形成蓝色络合物所致。

色素结构与花色 色素分子在液泡或质体中的具体存在状态源于色素分子自身的几何学和化学特征。以花色苷类色素为例，这类色素常均一地溶解于细胞液中，其在液泡中稳定存在的关键是要以 4 种机制来实现：①花色苷可能与液泡的内膜或液泡中的某固态物质发生物理性吸附，从而阻止因水分的参与而引起的失色（Brouillard，1983）。②花色苷常积累于类似晶态的花色苷体（anthocyanoplast）结构中，并导致颜色的蓝化（Brouillard，1983）。花色苷体以蛋白质为基质，无膜结构，仅结合特定结构的花色苷从而加强花色的明度和蓝化（Markham et al.，2000）。③花色苷分子与一类非花色苷类化合物（共色素）非共价结合形成复合物，发生共色作用（copigmentation），加强花色苷的呈色，并导致花色苷在可见光范围吸收波长外移，且表现从紫到蓝的色系（Mazza and Brouillard，1990；Mazza and Miniati，1993）。④在 pH 值为 3～4 或高浓度的中性水溶液中，具有 C_4 羟基和 C_5 糖基的花色苷分子间以甲醇假碱（carbinolpseudobase）等形式聚合，导致可见光范围的吸光值剧增。

色素在化学结构上的差异，也会使植物花朵的颜色发生变化；即使色素的化学结构相同，但溶液的物理、化学条件不同时也会使得花瓣的色调发生变化。Harborne（1965）对代表性栽培植物的花色素类型和花色的关系进行了研究，总结了羟基数对不同的花色素型和花色的影响，结果见表 1-5，这一结果具有和上述野生植物的情况完全相同的趋势。

一般存在这样的倾向，色调随着花色素 B 环上羟基数的增加而蓝色调加深。B 环上只有 1 个羟基的天竺素呈橙调，B 环上有 2 个羟基的花色素色调为深红色，B 环上有 3 个羟基的飞燕草素呈蓝色系，如图 1-19 所示。

花色素 B 环上的羟基如果被甲基化，即变成甲氧基，随着甲氧基数量的增多，又使花的颜色向红色变化。如飞燕草 B 环上的一个羟基变成甲氧基，使花的颜色由蓝紫

表1-5　栽培花卉的花色素型和花色的关系(引自 Harborne,1965)

植　物	花　色	调查品种数	出现频率(%)			共存的黄酮醇类
			Pg	Cy	Dp	
香豌豆	粉红色,玫瑰色,橙红色	7	100	0	0	Km
	深红色,洋红色	5	0	100	0	Km,Qu
	淡紫色,蓝色	9	0	0	100	Km,Qu,My
南美马鞭草	淡粉红色	2	100	0	0	Km,Qu,Ap
	深红色	1	95	5	0	
	粉红色	1	80	20	0	
	大红色	2	85	10	5	
	绛紫色	1	40	30	30	
	紫蓝色	2	0	15	85	My,Qu,Km,Lu,Ap
	红紫色	2	0	10	90	
	白色	1	0	0	0	Lu,Ap
李氏好望角苣苔	粉红色	—	100	0	0	Ap,Km
	橙红色	—	80	20	0	Ap
	蔷薇色,深红色	—	0	100	0	Ap,Lu
	淡紫色,蓝色	—	0	0	100	Ap,Lu
风信子	深红色	—	90	10	0	Ap,Km
	粉红色	—	60	40	0	
	淡紫色	—	20	80	0	
	淡紫色	—	0	100	0	
	蓝色	—	0	10	90	
	淡蓝色	—	0	0	100	
藏报春	橙色,珊瑚色	—	90	10	0	Km
	绛紫色,淡紫色,蓝色	—	0	0	100	Km,Qu,My
多叶羽扇豆	粉红色,红色	3	40	60	0	Qu,Km,Lu,Ap
	红紫色,淡紫色,蓝色	3	0	20	80	Lu,Ap
郁金香	红色,橙色	48	46	48	6	Km,Qu
	粉红色,深红色,浓红色	38	36	56	7	
	黑色,红紫色,紫色	21	6	32	61	Km,Qu,My

　　注：Pg，天竺葵色素；Cy，花青素；Dp，花翠素；Km，4′,5,7-三羟黄酮醇；Qu，栎精；My，杨梅黄酮；Lu，毛地黄黄酮；Ap，5,7,4′-三羟基黄酮。

色变成紫色(紫蓝色是蓝色＋红色，红色增加变为紫色)，若2个羟基变成甲氧基时，颜色就会变成淡紫色。

　　植物体内的花青素类、黄酮类、甜菜红色素等都是与糖结合成糖苷形式存在的。尽管糖类物质与三类色素结合时的位置、数量及种类有所不同，但其对花色的变化并无直接影响。通常，随着这三类色素上结合糖类数量的增加，其水溶性增强，仅会对花色的变化产生间接的影响。

　　色素的数量效应与花色　色素含量的多少会直接影响花色的变化，色素的颜色表现具数量效应。含花青苷的花，一般当色素含量较低时花色为粉红色系，随着色素含量的增加，花色由红色系向黑色系转变(黄明，1992)。以两种主要色素均为花青苷的粉红

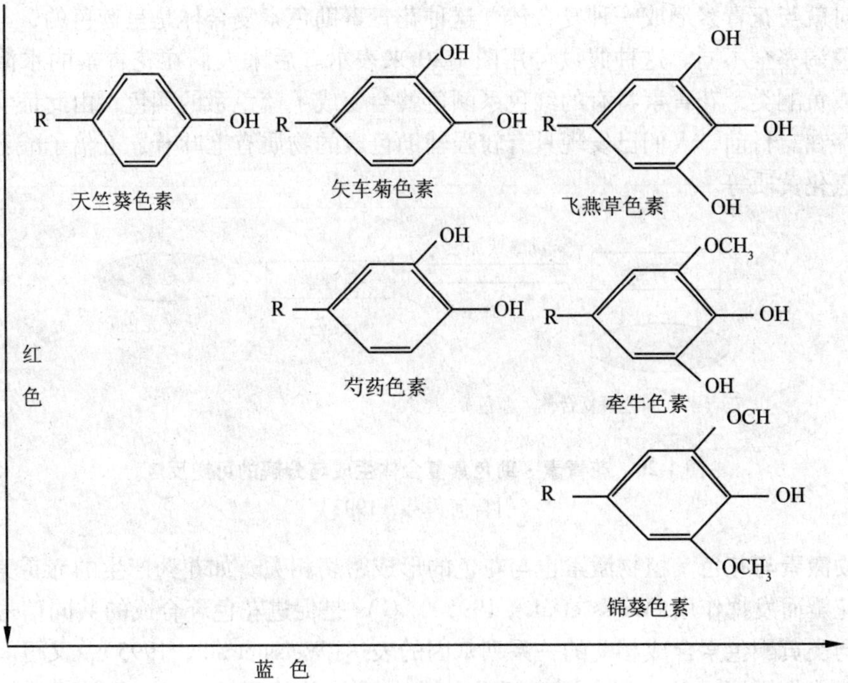

图 1-19 花青素取代基对花色的影响
（引自何秀芬，1999）

色蔷薇品种和红色品种为材料调查了不同开花阶段花青苷的含量。其结果，花青苷含量随开花阶段和花瓣位置不同而变化，任何一种情况均为粉红色品种色素含量低于红色品种，均为红色品种的（Ahuja et al.，1963）1/10。

pH 值与花色 花色素苷多数情况在酸性环境下呈红色，在碱性环境下呈蓝色，这是 H^+ 对花色素分子结构影响的结果：酸性时呈现锑盐正离子，碱性时呈酚盐负离子，因此，花瓣细胞液内 pH 值的变化可以导致花瓣的颜色发生变化。由于花瓣衰老时，细胞内不断进行物质的合成与分解，使得细胞液内 pH 值发生改变，从而导致花色的深浅变化。例如，月季、飞燕草、天竺葵等的花瓣衰老时，常因细胞液 pH 值提高而由红变蓝。pH 值提高可归因于蛋白质降解而释放出氨。用含糖保鲜剂处理切花可延缓蛋白质水解，也延缓了 pH 值上升和花色变蓝（Halery 和 Mayak，1979）。另外有些花如锦葵、牵牛花、倒挂金钟和牛舌草等，花瓣衰老时却由蓝色或紫色变成红色。这可归因于有机酸，如天冬氨酸、酒石酸等含量增加而降低了 pH 值（Yazaki，1976）。还有一些花衰老时，花瓣明显变褐或变黑，这是类黄酮色素和其他酚类化合物和单宁积累所造成的（Singleton，1972）。但也有例外的情况，如前文提到的花瓣内花色素苷与某些金属离子形成络合物一类蓝紫色花，如矢车菊等，虽然细胞液内 pH 值处于 4.9 的酸性条件，但它仍表现为蓝色。由此可以推测，有些花的颜色深浅、红蓝互变还受花色素苷和其他无色类黄酮色素之间形成的复合物的影响。

助色素与花色 有学者通过初步的研究认为在花瓣的细胞中含有一种被称为助色素的物质。当这种物质单独含于细胞中时几乎是无色的，但是，当它与花青素同时存在于细胞中时就与花青素形成一种复合体。这种花青素助色素复合体是呈蓝色的，与花青素本来的色调完全不同。这种假设可用图1-20来表示。后来人们在花青素的水溶液中加入单宁或黄酮类，花青素特有的红色系颜色就会变成了蓝色系的颜色，由此证实了辅助色素的存在。目前，人们已发现具有较强辅助色素的物质有七叶苷、五倍子酸乙酯、单宁、二氢化黄质等。

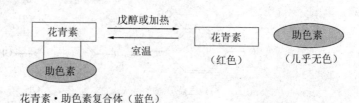

花青素·助色素复合体（蓝色）

图1-20　花青素·助色素复合体生成与分解的可逆反应
（引自何秀芬，1993）

植物激素与花色　植物激素也与花色的形成密切相关。如花药产生的赤霉素（GAs）转运至花瓣而发挥作用（Weiss et al.，1995）。GAs是促进花色苷合成的共同信号，既直接诱导与类黄酮色素合成相关的一系列基因的表达（Weiss et al.，1995），又可间接地诱导某些反式作用因子的合成，再激活花色苷合成相关基因的表达（程龙军等，2002）。如 GA_3 可专一性地以间接方式诱导和维持矮牵牛花冠查耳酮合成酶基因 CHS 的转录（Weiss et al.，1992）。类黄酮基因的转录也受 GAs 的间接调控（陈永宁，1994）。脱落酸（ABA）能颉颃 GAs 对色素合成的诱导效果（Weiss et al.，1995）。乙烯可促进八氢番茄红素合成酶（phytoene synthase，PSY）基因的表达（Bartley and Scolnik，1994），也影响类胡萝卜的合成种类（Pcrucka，1997）。

（3）花色形成的生理生化与遗传基础

植物花色的发育主要受其遗传特性的影响，同时也与花朵开放进程有关。

花色形成的生理生化基础　花色发育的物质基础是色素，不同植物种类的花色发育的生理生化基础不同，这些不同主要表现为色素上的差异。如唐菖蒲共有24种花色的变化，花瓣中有6种花色素（天竺葵色素、花青素、芍药色素、翠雀素、矮牵牛素、锦葵素）、2种糖（葡萄糖、鼠李糖）和4种构型［葡萄糖（＋，－）、鼠李糖（＋，－）］的变化。在牡丹品种群中花色素也有差异，暗红色或深紫红色的日本牡丹品种群含芍药素、花青素、天竺葵素等6种色素；鲜红色品种含有大量天竺葵素，而缺少花青素；粉色品种缺少芍药素、天竺葵素和花青素；中国牡丹缺少天竺葵素因而没有鲜红色花种类。

茶花的色素也比较复杂。日本学者偶健一曾对246个茶花品种的色素进行了研究，证明茶花中有24种花青素，都是花色素的诱导体，其中核心色素是花青素，但各品种中的色素含量差异很大。有些植物的花色仅与一种色素有关，如金花茶的黄色是由一种特殊的色素栎皮素-7G（Uercetin-7 glucoside）决定的。

月季的花色极为丰富，花瓣中含有5种花青素（花青素、菊胺、天竺葵双苷、菊翠胺、芍药素）和14种类黄酮（四羟基黄酮-3葡萄糖苷、栎精-3-鼠李糖苷、四羟基黄酮-3-芸香糖苷、四羟基黄酮-3-槐糖苷、四羟基黄酮-7-葡萄糖苷、四羟基黄酮-4′-葡萄糖苷、栎精葡萄糖苷、栎精-3-葡萄糖苷、栎精-3-葡萄糖苷酸、栎精-3-鼠李糖苷、栎精-3-芸香糖苷、栎精-3-槐糖苷、栎精-7-葡萄糖苷、栎精4′-葡萄糖苷）。多彩的月季花色由这些色素组合而形成。

花色形成的遗传基础　花色的形成受到色素相关合成酶基因的控制。Forkmann 将花色基因分为 7 类：①控制黄酮类生物合成单个步骤的基因；②与黄酮类修饰有关的基因；③启动或关闭全部或部分合成途径的调节基因；④影响黄酮类浓度的基因，如增减色素合成、阻止色素积累、引起酶促或化学褪色等相关基因；⑤与花朵细胞结构有关的基因，如花瓣特定部分色素的产生和积累、花嵌合体的形成等基因；⑥影响花色的基因，如共着色、调控黄酮类与金属离子作用、调控液泡 pH 值等基因；⑦控制花瓣毛、乳突、色素细胞的形状分布、角质层类型等形态特征的基因等。到目前为止，已经定位了许多与类黄酮生物合成有关的基因，部分花色素合成酶基因也已经从金鱼草、矮牵牛等模式植物中分离出来，其中多属于结构基因或修饰基因，调节基因仅见于金鱼草的 Pr 因子和香石竹的 G 因子。另外，花色基因之间经常有互作，花菖蒲中控制黄酮类合成的互补基因，使得 F_1 和双二倍体品种的花色素含量分别为亲本的 2.45 倍和 2.85 倍；耧斗菜萼片着色由 FW 与 Mw 两对基因互作调控；天竺葵的红色由 R1/r1 和 R2/r2 互补产生。同一朵花中的花瓣通常有多种色彩分布，有的还带有斑点、条纹、镶边等，这种现象是由于在同一朵花中有不同种类色素分布引起的，并且是在不断的进化过程中通过基因的遗传实现的，因而，基因是控制色素分布的根本。

花朵开放进程中的花色变化　观赏植物的各器官在发育、成熟和衰老过程中，内部的化学成分要发生很多变化。衰老的叶片发生黄化便是叶片内叶绿素逐渐减少的表现。花从花蕾开放到凋谢，花瓣内部花色素的组成和含量均发生不同程度的改变，花色也多数发生变化。引起花色变化的原因很多，但主要受花瓣衰老时细胞内部环境条件改变的影响，以及花朵开放后，外部光照、水分等环境的影响。

与其他细胞的组成物，如碳水化合物、蛋白质和核酸的变化不同，衰老时不同花的花色素变化是不同的。Simpson 等（1975）用电镜在鹤望兰有色外花被（萼片）中观察到，质体发育从小的白色体经过叶绿体至浅黄、深黄和橙红有色体共有 5 个时期，伴随衰老的一个典型变化是已氧化类胡萝卜素（包括至少 19 种类胡萝卜素）的含量增加。在月季花中类胡萝卜素含量也随花瓣的衰老而增加（Valadon 和 Mummery，1969）。但在衰老的菊花中，总类胡萝卜素含量却是下降的（Stickland，1972）。花朵衰老时，花色素苷的含量变化规律尚未找到，在有些花中明显降低，甚至消失；有些花则急剧合成，花色加深，例如，木槿的花在盛开时为深粉色，衰老时则为蓝紫色；玫瑰花 'Masquerade' 瓣初放时为橙黄色，衰老时转为深红色，花色素苷增加约 10 倍；兰花中花色素苷随着花朵萎蔫而增加。有些植物的花，如矮生菊苣，破晓时呈亮蓝色，由于分解花色素苷的酶活性增加，下午逐渐褪色，甚至变成白色；另一矮生植物木芙蓉花的颜色变化正好相反，清晨花开时是白色，随后颜色不断加深，傍晚凋谢前变成深红色。菊花花瓣在衰老时褪色或变白，是因其花色素苷含量减少的缘故。

植物花色变化有 3 种类型，即花色不变型（从开放到花凋谢，花色不变化）、花色微变型（从开放到花凋谢，花色细微变化）及花色巨变型（从开放到花凋谢，花色发生巨大变化）。花色微变型的多见于红色花，常呈现由鲜红→浅红→蓝色的变化。这多发生在以花青素为主要色素的花，如月季、郁金香、菊花等。其中，月季表现得最明显，当花开放五至八成时最艳丽，之后逐渐变暗。这种现象早已引起人们的关注，但蓝变的机理至今尚不完全清楚，防止蓝变的方法也未建立。此外，多数黄色花会发生由黄→浅黄→白的变化，如月季、郁金香、菊花；还有一些花则会发生由黄→红的变化，如菊花、丰花月季'金玛丽-82'；另有少数花会由白变黄，如忍冬，这是由于花瓣衰老时释放的氨元素使 pH 值增高而使类黄酮的黄色加深；还有的由绿变白，如绿色的菊花等。

花色巨变型的多见于由白→粉或由白→红的转变，菊花的白色品种就有类似的变色现象。由黄→红色转变的有大花曼陀罗、月季'十样锦'和'加尔斯'品种，在花蕾和初开时期是黄色，不久变成粉色，最后变成红色。呈现乳黄→浅红→深红变化的有水芙蓉，早上4：00~9：00为奶油色，之后红色增加，傍晚17：00呈红色，这是因为有些类黄酮是花青素类生物合成过程中的中间产物，花朵中最初是类黄酮起作用，之后是花青素起作用。五色梅则呈现复杂的白→黄→橙→红→紫的变化。还有的花色由蓝→白转变，较典型的有鸳鸯茉莉。由于有些植物在开花期整株的花朵是次第开放，因此巨变型的品种在整株或群体水平上表现为各种颜色共存的现象，可同时欣赏到多种花色。

（4）外部环境对花色的影响

观赏植物花朵颜色的呈现还受到光照、温度、水分、土壤等外部环境因子的影响，不同种类植物对这些环境因子的反应又不完全相同。

光照对花色的影响　光照对花色素苷的生成有利，花色素苷的形成是与植物组织中糖的积累有关。花色素苷的产生需要直接由光合作用提供足够的可溶性糖，因此光对花色素苷的形成有促进作用。光照充足时糖分供应得到满足，花色素的含量就增高，花朵的色彩也就艳丽。另外，花色素苷的形成以吸收蓝光、红光和远红光的光波最为有效，高山植物的花朵要比平原地区植物的花朵看起来更加鲜艳，这主要是由于高山上云层薄，阳光中的蓝色光、紫色光的成分偏多，从而有利于植物花朵中花色素苷形成的缘故。但对于一些耐阴性植物，如兰花、杜鹃花等，在阳光下暴露过久，色彩就变差甚至过早凋萎，这除了由于植物内含色素的种类不同外，也与植物本身生长对光的适应性有关。

温度对花色的影响　无论是原产于何地的植物，在其适宜的温度条件下均有利于光合产物的积累和运输。相对的低温会使花瓣增厚，使滞留于花瓣中的碳水化合物增多，从而促进花青素的合成，使花色鲜艳。例如，夏季开放的月季花朵不如春季开放的颜色浓艳，而秋季的花色最鲜艳，这与多数现代月季的品种是在欧洲育成有关，这些月季比较适合欧洲夏季冷凉干燥的气候。这其中关键的因素是温度，夏季温度高，月季花瓣中海绵组织薄而疏；春、秋季温度低，海绵组织厚而密，色素含量有显著差异，从而影响花色的鲜艳程度。又如，黑紫色月季，夏季色素含量少，花瓣表面天鹅绒构造也不发达，花色趋向变成红色。干旱和高温，对于光合产物的积累和运输等过程不利，甚至还会抑制花色素苷的形成或达到破坏的程度。温室内栽培的蔷薇，室温在 10~15℃ 时，花朵颜色最鲜艳，当室温高于 15℃ 或低于 10℃ 时，花朵的色泽就会变得浅淡。多数植物花色在温度稍低时显现出鲜艳色泽，且维持较长时间。一些喜温植物是例外的，如荷花，在高温炎热的开花季节，花朵依然鲜艳夺目。同种植物花色可因温度而异，如樱草

（*Primula obconica*）在20℃左右开粉红色花，30℃左右开纯白色花（黄蓉，1990）。

水分对花色的影响 植物处于花期时，水分的供给对花色的影响很大。适度的水分使植物显示固有花色，且花色维持长久。如果水分供应不充足，便会引起花朵色泽的减褪，这是由于花色素苷是溶于细胞液的一种色素，当细胞内水分不足时，液泡收缩变小，细胞的显色面积减少而最终造成花色的浅淡。水分的匮缺还容易使花色转深，花瓣缺少光泽，甚至皱缩。湿度主要通过植物蒸腾而影响到花色，湿度偏高时，花朵有相对高的含水量和水分膨压，花色相对就鲜艳些。

土壤养分对花色的影响 土壤中的矿质离子主要通过影响花色素的代谢而改变花色。氮肥过多抑制花色苷形成并导致花朵着色不良。K^+本身使花色苷合成的增加不显著，但提高K^+浓度可增强低氮对花色苷合成的促进效应（Saure，1990）。牦牛儿基焦磷酸合成酶（GGPS）的活性依赖于Mn^{2+}，Mn^{2+}是决定GGPP是否用于合成类胡萝卜素的关键因子（Dogbo et al.，1988）。土壤中的矿质离子还通过提供金属离子与特定花色素产生螯合效应而影响花色。Al^{3+}和Mg^{2+}等能与花色苷B环上的O-二羟基螯合，常使花色苷更稳定（王镜岩等，2002），且花色偏蓝而稳定（郑志亮，1994；Tanaka et al.，1998），如鸭跖草花中Mg^{2+}与花色苷的螯合（Harborne，1988；李绍文，2001）。八仙花因花瓣内翠雀素-3-葡糖苷与Al^{3+}络合，以3-绿原酸为共色素而表现出从红变为蓝的花色（Takeda and Itoi，1985）。此外，土壤pH值通过影响类黄酮和花青素类的花色表现或通过改变对辅助色素的吸收而使观赏植物的花色发生变化，如八仙花等。

1.1.2.2 干燥植物材料的颜色变化

在干燥过程中，由于植物细胞内水分以及一些溶质含量的减少，细胞内会发生色素浓度增加以及色素分解等一系列复杂的变化，使得植物材料在干燥后出现色泽上的改变。依据各种植物材料在干燥过程中的颜色变化特点，分为褐变、褪色、颜色迁移，以及颜色加重等现象。在干燥花制作中，需要根据各种植物叶和花朵内含色素的呈色特点，在实施植物材料干燥前进行适当的保色处理，有助于保持材料的原有色泽，提高干燥花的观赏品质。

（1）植物在干制过程中的色变现象

植物在干燥过程中会发生色变现象。引起植物色变的内部因素有植物细胞内的水分、酸碱性等因素。此外，引起植物材料色变的外部因素还包括温度、水分、光照、空气、微生物等，正是由于内部因素和外部因素的综合作用引起了植物在干燥过程的颜色变化。

褐变现象 植物在干制后，颜色由原有的鲜艳色转变成褐色的现象称为褐变现象。褐变现象在白色或淡黄色花瓣的干制过程中较为常见。如白玉兰、苹果花、梨花、黄刺玫等花瓣，这些花瓣在被干燥后极易由白色或黄色变为褐色。常见的还有橘红色的旱金莲、红色的美人蕉、红色的丽格海棠等花瓣在干燥后变为褐色或红褐色。发生褐变的因素很复杂，其中一个主要的原因是，植物中的酚类或醛类物质在氧化酶和过氧化物酶的作用下氧化生成了黑褐色的醌类物质而导致植物材料呈现褐色。

花朵发生褐变的速度及褐变的程度与其内部的氧化酶和过氧化物酶的活性及底物酚

类物质的含量有关。白玉兰和雏菊花瓣中酚类物质含量及过氧化物酶的活性存在差异，白玉兰花瓣中酚类物质含量高于雏菊1倍以上，过氧化物酶活性也大大高于雏菊，这与白玉兰花瓣在干制过程中的褐变速度快于雏菊花瓣的现象是相关的(何秀芬等，1993)。从酚类色素如黄酮类、花青素类、单宁类色素的结构来看，在色素遭到破坏时会发生不同程度的褐变反应，而酚类色素含量高的植物则更加容易发生褐变。在干花制作中易发生褐变的植物花朵还有浅色月季、非洲菊、金鱼草、旱金莲、蔷薇等。

褪色现象 有些植物的花瓣在干燥后常出现颜色消褪的现象。如黄色的迎春花、蓝色的洋桔梗、紫色的耧斗菜等花瓣在干制后往往会变为无色。容易发生褪色现象的花瓣大多含有黄酮类和花青素类色素。在干燥过程中，花瓣内稳定性较差的色素由于细胞内外环境的改变而逐渐被分解，使花瓣渐渐失去原有颜色。许多植物的花朵在刚干燥完成时或干燥初期可以保持与鲜活状态时相近的颜色，但这样的颜色却难以保持，随着时间的推移，干燥花瓣的颜色会逐渐褪去，这主要是因为花瓣在被快速干燥后，花瓣内大量色素成分得以暂时保持，但在不利的环境条件下，花瓣内色素仍然会逐渐分解掉。因此，对干燥后的花卉材料的保存是干燥花制作中的重要内容。

颜色迁移现象 许多植物花朵经干制后，颜色发生了较大的变化，即变成与其鲜活状态是完全不同的颜色，这种现象称为颜色迁移现象，如紫红色的美女樱变成蓝色，深粉色的木槿变成蓝紫色，粉色的桃花变成淡紫色。表1-6列出了一些植物花朵在干燥前后的颜色变化。

干燥后花朵发生颜色迁移的这一类植物的花瓣内所含的色素基本稳定，在干燥过程中不受外界因素影响而发生变化。发生颜色的迁移推测为干燥过程中由于细胞内 pH 值以及内容物状态的变化所造成的。例如，水分含量降低使细胞内含物胶体状态增强，从而使花青素类色素在细胞内由游离状态转变为胶体状态，外观颜色由红色向蓝色转变。

表1-6 部分植物干燥前后花朵的颜色变化(引自何秀芬，1993)

植物名称	鲜活花朵的颜色	干燥后花朵的颜色
千日红(*Gomphrena globosa*)	紫红	蓝紫
月季(*Rosa chinensis*)	粉红	淡紫
香石竹(*Dianthus caryophyllus*)	粉	淡紫
千屈菜(*Lythrum salicaria*)	粉	淡紫
锦葵(*Malva sylvestris*)	粉红	淡紫
紫薇(*Lagerstroemia indica*)	粉红	淡紫
木槿(*Hibiscus syriacus*)	深粉	蓝紫
美女樱(*Verbena hybrida*)	紫红	蓝
桃花(*Prunus persica*)	粉	淡紫
八仙花(*Hydrangea macrophylla*)	粉	蓝紫

颜色加重现象 植物在干制过程中基本保持原色，只是由于水分的丧失，色泽往往变暗，在视觉效果上表现出来的是颜色由浅变深，发生颜色加重的变化。如红色月季的

花瓣、粉色大花飞燕草花瓣、鸡冠花、孔雀草等。发生颜色加重变化的这一类植物的花瓣内所含色素多为比较稳定的胡萝卜素类和与金属离子络合的花青素类。在干制过程中这些花青素的稳定性受外界因素影响较小，基本保持了其固有的性质和状态，而颜色变深的主要原因是干制过程中，单位面积上色素含量的增加和组织结构的变化。这类花朵还有紫藤、金盏菊、香豌豆、叶子花、樱花、天竺葵等。

（2）植物色变的外界因素

水分变化的影响　水既是植物材料干制过程中引起色变化学反应的底物，又是多数反应过程中的介质。水分含量的多少往往与植物材料在干制过程中发生色变现象的速度和强度呈正相关，这以褐变、褪色现象最为突出。水还是植物内源微生物以及干燥后保存期间外源微生物赖以生存的物质，水分存在与否直接关系到这些微生物的活跃程度。此外，水分含量的多少还是影响细胞的形态、结构和细胞内胶质状态的重要因素，并进而影响视觉上光学效果的变化。植物材料呈现鲜艳颜色的视觉效果，往往是水分参与了光的反射、折射和散射所致。干燥花的鲜艳程度不如鲜花也是因为失去了水分这一重要物质的原因。

温度变化的影响　温度对于植物材料干制过程中色变现象的影响是多方面的。当温度升高时，酚类色素的稳定性下降，微生物活跃程度和酶活性显著增强，化学反应加速，使植物材料的色变加剧。在干燥花制作的实践中，干燥所需时间在很大程度上决定干燥花颜色的品质。往往较短的干燥时间需要较高的温度来完成。而低温有很强的抑制酶活性的作用，低温下的干燥花材虽然具备保持花材较好颜色的条件，但由于水分蒸发慢，耗时太长，如果缺乏良好的通风排湿的设备也很难达到保色要求。

氧气含量的影响　空气中的氧气是细胞内各种化学反应的重要底物，氧含量高则反应速度加快。吡咯色素和酚类色素均易被氧化，从而破坏原有的颜色并伴随着褐变和褪色现象的发生。影响色变速度的氧含量主要是指干制介质中的氧含量，它是使色素发生氧化反应并彻底分解的氧的主要来源。经干制后的花材最好保存在密封的塑料袋内，即为了避免空气中的氧气对植物色素进行进一步的分解，破坏花材的色泽。

光照强度的影响　光是促成光敏氧化反应和光解作用的主要因素，特别是紫外光。许多富含酚类色素的植物，如牡丹花等，在被干制和保存过程中会发生光氧化反应而使色素分解出现褐变和褪色现象。需要说明的是，通常情况下，光敏氧化反应和光解作用的速度比酶促氧化反应的速度慢得多，因此受光的影响造成的褐变现象常出现在干燥花的保存过程中或是在装饰应用以后。

微生物的影响　在植物材料中，微生物的来源可以分为两类，一类是内源微生物，存在于植物的细胞间隙中；另一类是外源微生物，存在于植物表面、干燥介质以及干燥器具中。微生物的存在不仅会引起材料的变质腐烂，而且微生物的代谢活动产物还会参与色素的降解反应。即使是不参与反应的部分代谢产物，也会对色素的降解起间接性作用，如有机酸类代谢产物对细胞内 pH 值和胶体状态的影响，以及合成的酶类、氨基酸类也会加速色素的变性和降解。微生物常因水分含量较高而变得活跃，因此在湿度较大的环境下，花材内色素比较容易被降解。

综合上述 5 种影响花材色变的外界因素，可以看出这些因素往往不是单独作用于花材色变的过程中,而是综合作用的结果。朱文学等(2007)研究了品种为'洛阳红'的牡丹花立体干燥过程中的色变机理。结果表明,干燥过程中紫红色的牡丹花瓣出现了较明显的颜色变化,干燥后的花瓣呈现红褐色;红褐色的干燥花朵在自然条件下存放一段时间后,红色逐渐褪去,呈现出黄褐色。在对花瓣细胞呈现酸性的牡丹花进行干燥时,随着花瓣内水分的不断减少,花瓣细胞内的可溶性物质的浓度逐渐增大,细胞液的酸性逐渐增强,pH值逐渐降低,花瓣内花色素的颜色向红色偏移。因此,在对牡丹花进行干燥的过程中,由于水分的丧失而导致的花瓣细胞内 pH 值的变化是引起牡丹花瓣发生颜色变化的一个重要因素。在牡丹干花自然存放的过程引起花瓣发生色变的主要因素是光和氧气。在保存牡丹干花时,应存放于密闭、避光的环境,并与潮湿空气隔绝(朱文学,2007)。牡丹花色素在不同 pH 值条件下显现的颜色变化见表1-7。

表1-7　牡丹花色素在不同 pH 值条件下显现的颜色(引自朱文学,2007)

pH 值	颜　色	pH 值	颜　色
0.9	鲜红色	1.9	鲜红色
3.07	淡紫红	4.9	淡紫红
6.02	微紫红	6.9	紫色
8.0	淡紫色	9.0	草绿色
10.0	深草绿	11.0	深草绿
12.0	黄绿色	13.0	黄绿色

有时为了控制一种因素的影响而制约或增强了另一种因素的影响。如利用提高温度的办法可以加快水分蒸发的速度,加快花材干燥的进程,有利于保色。但是温度升高又加快了微生物和酶的活跃程度,并使得一些热稳定性较差的色素受到破坏,而造成褪色与褐变。所以在选择保色途径时,应充分考虑到多种因素的综合影响。

1.2　干燥花制作艺术原理

干燥花艺术是以干燥的植物器官(花、枝、叶、果等)为素材,通过一定的技术加工(修剪、捆扎、粘贴)和艺术加工(构思、造型、配色),来表现装饰美的一门造型艺术。干燥花艺术是园艺艺术的升华与延伸,极大地丰富了人们的精神生活,陶冶人们的审美情趣。由于干燥花可以人为地进行脱色和染色而达到色彩的任意需求,使干燥花艺术品色彩更加丰富,更能表现自然的无穷变换。同时,干花材料以其浓烈、粗犷的线条感加之自然淳朴的造型设计,渲染独特的原始风情与亲近之感,具有独特的艺术魅力。

若要使干花作品具备较高的艺术性,在进行制作前必须掌握干花制作的基本艺术原理。首先需要了解干花材料的色彩、形态、韵律、质感和寓意等;其次,熟练掌握造型的手法、技巧,善于利用花材在自然中的形态美,最终创作出既赏心悦目又畅神达意、陶冶情操的干花艺术作品。

1.2.1　造型基础

干燥花艺术作品造型基础包括作品造型的基本要素、环境要素以及造型的基本理论3个方面。作品造型主要由花材的色彩、质感、姿态3个基本要素组成，在立体干燥花插花作品中还包括容器的形状、大小、颜色等辅助要素。环境要素包括环境的主色调、空间大小、明暗程度、布置风格等，也是影响干花作品设计的重要因素。造型的基本理论则由作品的均衡、统一、和谐、韵律等美学理论构成。

1.2.1.1　作品造型的基本要素

(1) 花材的颜色

在艺术设计中，色彩是功能和情感的融合表达，在功能的表现上具有一定的共同认知个性。色彩是视觉最响亮的语言，不仅给人的印象反应迅速，更有使人增加识别记忆的作用；它还是最富情感的表达要素，可因人的情感状态产生多重个性，所以在设计中，色彩恰到好处的处理能起到融合表达功能和情感的作用，具有丰富的表现力和感染力。

干燥花色彩的深浅、明亮程度等不同，在构图中所起的作用也不同。干燥花除具有植物的自然色彩外，可以通过漂染获得人们需要的各种颜色，使其艺术品色彩表达更加丰富。就世界各地不同区域的干燥花植物资源而言，自然干燥花的颜色可分为红色系、粉色系、橙色系、黄色系、绿色系、褐色系、蓝紫色系以及白色系等8个色系。人工漂染的颜色则包含了金色、银色、灰色、墨色等自然植物世界没有的颜色，干燥花的多色彩增大了干花艺术的创作空间。

红色花材　红色是位于颜色温度尺度的顶端，给人以富有、喜庆、崇高和热情奔放的感觉，大量使用耀眼的红色花材对营造热烈的环境氛围极为有利，同时还让人感受到黄昏的宁静和黎明的亮丽。常见的红色花材主要有红千层、红色香水月季、大丽花、红袋鼠爪花、青铜色叶桉、鸡冠花、铜色水青冈、红麦秆菊、风铃石楠、草莓等。

粉色花材　粉色的热度与红色相比有所减弱，但仍处于颜色热度的高端。鲜艳的粉色能给人以视觉的冲击感，甚至粉色能营造一种华丽的气氛。浅的粉色则显现出妩媚迷人之感。许多月季的花色呈现这种颜色，常见的粉色花材还有粉色蔷薇、粉色羊茅草、粉色月季、粉色芍药、朝鲜蓟、雀麦草、凌风草、卷翅菊、麦瓶草、千日粉、飞燕草、粉色麦秆菊等。

黄色和橙色花材　黄色和橙色在色谱上彼此相邻，都是具有力度的颜色。黄色令人联想到春天，给人以蓬勃向上的感觉。黄色的花材在作品中总能透射出活泼与生机。橙色是另一种活泼的颜色，令人联想到秋天的收获季节和晚夏的温馨。橙色、黄色、金色等相互结合可形成极具活力的、阳光明媚的干花作品。常见的黄色花材有麦秆菊、金黄蓍草、金绒球、金色卷翅菊、月季、黄袋鼠爪花、黄花补血草、金合欢、非洲雏菊、羽衣草、一枝黄花。橙色花材有金盏菊、艾菊、毛茛酸模、橙红色补血草、红花、玉米、糙苏等。

绿色花材　绿色被认为是自然界中真正的染色，是乡村的主导颜色，而且以变化着的色调和数量贯穿所有的季节。绿色是叶子和草的颜色，寓意活力和成长。绿色丰富多彩,从嫩绿色到成熟的深绿色应有尽有。有时,绿色也是一种黯淡的色调,如森林和原野。常见的绿色花材有沼生栎、凌风草、莳萝、水葱、梯牧草、狗尾草、青篱竹、苔藓、藜、常春藤、卷柏、欧洲鳞毛蕨、雪桉、澳洲赤松等。

褐色花材　褐色也和绿色一样,体现着广泛存在于自然界的真实与和谐,褐色是大地、树木的枝条、松果、种子的染色,它代表着充满生机和自然的情感,是一种可靠、值得信赖的颜色。褐色作为一种颜色的存在只有在更亮的颜色对比下才显得出来,当颜色由浅褐色逐渐加深时,一种真实的感觉也逐渐变得清晰。褐色也可以令人感到难过、沮丧,同灰色相比,褐色给人较暖的色彩感觉。在冬天,乡村大部分地区是土壤形成的田园景观,树木与整个灰色天空相比变成了褐色的轮廓。种穗、松果、谷物、芦苇秋天褐色的叶子、冬天落叶后裸露的枝条都是褐色的干花资源。常见的褐色花材有八仙花、银树、灯心草、松果、香蒲、省藤果、洋蓟、黑种草、苔草、风箱果等。

蓝紫色花材　蓝色和紫色位于色谱的末端,是冷色系的范畴。蓝色是相当冷的颜色,令人想起海洋和冰山。但是蓝色亦令人想起晴朗的天空,阳光明媚的日子。在夏季,蓝色最具吸引力,因其使人感觉到凉爽,在阳光充足的房间摆放蓝色系的干花,会有自然柔和的感觉。

紫色比蓝色稍暖一些,但仍属于冷色调。紫色象征着朦胧、神秘和往日的辉煌。由于紫色趋向于黯淡,在干花插花中较难运用。但是紫色中的紫罗兰色和深紫色调与蓝色调、绿松石色调及天蓝色调配,再搭以同色系容器会得到相得益彰的效果。常见的蓝紫色花材有紫色补血草、飞燕草、落新妇、矢车菊、苋、滨川乌头、八仙花、紫菀等。

白色花材　总体上说白色代表了纯洁、简洁和高雅。白色象征着纯洁,然而白色亦能创造出一系列不同的情感。白色与黄色搭配寓意春天的到来、万物的苏醒和鲜花的开放。白色是夏季丰富色彩的衬托色,它给人以平静和凉爽的感觉。完全相反的是,白色又是寒冷冬天的象征。奶油白色是一种极其雅致的色彩,给人以高雅优越和与众不同的感觉。奶油白色有温暖感,白色却没有。银白色亦是一种雅致的色彩,令人想起纯粹的贵重金属,银白色还寓意安详和克制。常见的白色花材有情人草、蒲苇、白千层、棉毛水苏、银色麦秆菊、棉花、白色大花飞燕草、蜡菊、满天星、柳香桃、白色补血草、卷翅菊、夏至草、玉簪果、虞美人果枝、雏菊、葱花、铁线莲、桉树等。

(2)花材的质感

质感是物品的表面特性,是设计中最重要的元素之一。花材的质感是指干燥的植物器官表面所表现出的自然特质,如柔软、厚实等。干花艺术品造型所用的材料是植物,而植物的种类繁多,天然的质感各异。根据植物材质的不同,质感表现或粗犷、或细致、或光滑、或粗糙、或娇嫩、或苍劲、或亮丽、或暗淡。创作时选用不同质感花材插制的作品风格迥然不同,情趣各异。如柔顺和飘逸的花材表现出优美和轻快,挺拔厚重的花材表现出刚劲和活力,由各种植物的果实制成的饱满圆润的花材则表现出丰收和殷实。不同的植物材料的叶片、花朵所表现出的不同的质地和光泽通过巧妙运用,都能在干花创作中获得意想不到的成功。

植物材料除了具有天然的质感,经过人工处理,还可表现出特殊的质感,如剥除了粗糙的树皮,就会呈现光滑的枝条;鲜嫩的叶子风干后也会变得硬挺粗糙。同一种花材，不同部位会有不同的质感，如小麦的麦穗表面粗糙，而麦秆则光滑油润。因此，在创作时必须掌握花材的质感特性，才能灵活地进行协调搭配，产生自然流畅的艺术效果。

(3)花材的形状和姿态

干燥花材的形状多种多样，有线形、团块形、分散形、点形以及特殊形状等。线型花材可使花型挺拔、伸展、扩散或飘逸，产生多种多样的优美姿态与空间。线型花材的种类十分丰富，如香蒲、带枝秆的刺果、蓝刺头、芦苇、银柳、黄葵、益母草、兔尾草、带秆的莲蓬头、带秆的丝瓜、曼陀罗、柳枝、桑枝、松枝、藤条、风毛菊、珍珠梅、蕨叶、百草等。团块形花材在作品中以一朵朵的色彩鲜艳的花头出现，常见的有月季、麦秆菊、松果、梧桐果等。分散性花材可填补线型花和块状花之间的空隙，充实作品的层次感和灵动感，使整个作品丰满、完美，达到上轻下重，上散下聚的美学效果，并增加色彩的层次感。干花艺术中常见的分散形花材有满天星、千日红、勿忘我、干枝梅、补血草、小枝杈高粱等。特殊形状的花材是指具有独特或不规则形状的花材，在干花作品中经常起到点睛的作用，如鹤望兰、鸡冠花等。

花材的不同形状是构成造型的基本形态。不同形状的花材表现出的姿态也是千差万别，有的精巧生动，有的细致优雅，而有的则刚劲挺拔。花材的姿态不仅是干花艺术品造型的表现形式，也是作品内涵的媒介，作品的意境可通过花材和花器组成的形象来表达，形象与意境融为一体可产生强烈的艺术效果。

干花艺术作品造型的基本形态是由点、线、面3个要素组成。点，是造型中最小、最简洁的元素，可以把无方向性的、圆形的花朵看做是一个点，一个点在构图中的不同的位置会给人以不同的感觉，多个点不同的排列也会产生不同的效果。当空间只有一个点时，注意力完全集中在这个点上。在干花作品中，这个位置称为焦点，也就是重心位置所在的花。如空间同时存在两个大小不等的点时，视觉方向常依"由大而小"或"由近而远"的顺序产生心理上的移动效果。多点聚合则可连成线甚至是面。线是造型中的重要元素，不同的线型有着不同的美的表现，如水平线代表平静、无垠、开阔；垂直线有上升、挺拔、力量和尊严的感觉；放射线有光芒四射的感觉；斜线会产生动感，表现动态美；弧形曲线代表柔和、流畅、细腻与活泼。此外，两段等长的直线，粗线感觉近且长，而细线感觉远且短；垂直放置的线视觉上感觉长，而水平放置的线视觉上感觉短；若位于不同的对比角度中，也有不等长的视觉感。在同一干花作品中长短不同、粗细不同的线型花材的运用特别能表现出长短线、粗细线所表达的直立凝重感及跳跃的节奏感，同时又表现出大自然中植物生长的飘逸和蓬勃向上的活力。干花作品中常利用线型花材(如银柳、风毛菊、蓝刺头等)的线条做出架构。面是由线条围合而成的，若面是规则的，则给人以有序、稳定的感觉；若面是不规则的，则表现为对自然的向往、意态的天然与随意。干花作品正是点、线、面组成的综合体。

(4)容器的种类和形状

几乎所有的干花作品都需要一个具有装饰性的容器。用于干花艺术品创作的容器种类多种多样，因而也就形状各异。概括起来可包括瓶、罐、坛、篮、杯、盘、碗、盆、钵等，形状主要有圆形、筒形、方形、喇叭形、锥形、扇形以及其他一些不规则形状。

在进行干花作品创作时，对于一个成功的作品来说，选择容器非常重要，容器和植物材料的配合表现出来的组合艺术效果远远大于单一的容器或干花的效果。容器和干花材料应在比例、形状、颜色及质地上达到协调，搭配起来十分自然，宛若天成。

(5) 容器的颜色和质地

在立体干燥花艺术创作中，容器和干燥花材一起构成制作容器的材料往往决定了容器的质地和颜色，一般而言，木制的容器和干花之间有着特殊的密切关系，用藤、柳编织的容器多在棕黄色到深棕色之间变化，其中不乏规则的花纹和图案。其他木制的容器无论如何加工，看上去仍然自然而不唐突，在古式木器上插制的干花，在色彩上与木器的颜色相配时是非常协调的。这些容器具有植物的属性，与干燥花材更容易形成浑然一体的艺术效果。

陶制的容器有很多不同的种类，经高温烧制成的陶器具有石材般的质地，多为暖色调，且表面粗糙，使用这种陶制的略带远古气息的容器特别有助于表现花卉的自然属性。

瓷制容器则显得精致很多，颜色也最为丰富，或洁白如玉，或色彩斑斓，各地区不同民族出产的瓷器的特色鲜明。可根据不同瓷器的特点设计干花作品，值得注意的是表面平淡的瓷器更易于插做干花艺术品，精美的瓷器则更适合用于规则式的作品。

用石头材料制成的容器多表现为自然的纹理和色泽，很少人为着色，能与植物材料形成质地上的巨大反差又不失自然和谐的搭配。使用石制容器时，越是经过简单加工的，可能越会取得意外的艺术效果。中性颜色的石容器可以与任何颜色的花和叶相配。

金属的容器包括生锈的、简朴的铁器、铝器或褪色的铜器等，一般造型典雅，色彩鲜明，多有光亮，在作品中尽显雍容高贵之气。简朴的金属器皿可插制任何干花。看似冰冷的金属材料经过植物柔美的棕色枝条的衬托，给人以不寻常的深刻印象。

玻璃容器的种类由于现代烧造工艺的改进而五花八门，从廉价的日常器皿到精致的工艺花瓶都可应用到干花艺术品的创作中。工艺花瓶本身就代表了插花的风格，但在应用于干花作品的创作时，如果玻璃是完全透明的，则需要干燥的百花香、苔藓或彩纸等饰物进行填衬，这样才能使干花的茎秆难以显现，色彩艳丽的玻璃器皿会限制对干花材料种类的选择和使用。

容器的色彩要注意与花材的主色调的变化统一，容器颜色的深浅变化，容易使人产生轻与重的感觉，在构图中对重心稳定起重要的作用。图案活跃的或色彩亮丽的容器一般用来制作简单醒目的，或非常有戏剧性的干花作品，否则鲜艳色彩容器将喧宾夺主。相反，造型简单、色彩平淡的容器特别适合创作色彩绚丽、结构复杂的干花作品。选择容器时还要依据室内的装饰环境和色调来选择适合的颜色、样式和质地，明确插花作品将要放置的位置后，充分考虑作品与环境的依存关系，包括墙面和地板的颜色、质地、干花作品将放置的空间情况，以及从一面观赏作品还是从四面观赏作品等因素，做到作品风格与环境的统一。

1.2.1.2 作品造型的环境要素

干花艺术作品总是置放在环境中来美化环境，这就需要用环境的衬托来彰显作品的生命力。因此环境是影响干花作品设计的重要因素。首先，环境的主色调与作品色彩的调和与对比的关系是对立统一的，作品的色彩既要与室内环境和谐、融为一体，又要突出作品的个性，强调其装饰的作用。室内光线明暗程度不同，选用的花材的色调也应与其对应，在光线较暗的地方，花材应以明快的色调为主；在光线明亮的地方，花材应以偏暗的色调为主。此外，要根据室内环境布置的风格，房间的大小来设计作品的艺术风格和大小。干花作品应与所处的环境巧妙有机地融合在一起，才能使人在视觉上得到最大的享受。

1.2.1.3　造型的基市理论

造型是把艺术构思通过所使用素材的点、线、面的有机结合而变成具体的干燥花艺术形象。干花艺术品的创作活动应遵循一般艺术创作的原理，造型时应尽量选择线条美、姿态美的花材，并符合美学的创作原则。

(1) 造型的均衡

均衡是造型艺术美的主要原则之一。在干花的作品中，均衡是指造型各部分之间相互平衡的关系和整个作品形象的稳定性。均衡、稳定是欣赏一件艺术作品最基本的标准。干花造型的均衡大致分为对称平衡和非对称平衡。

对称平衡　要求质地、形态、体量等因素相同或相近的花材呈对称性的配置。

在干花造型中，图案式构图的球形、半球形、塔形、放射形、扇形、倒梯形、等腰三角形、椭圆形等都能达到形态上的对称平衡，其视觉效果简单明了。质地的平衡体现在花材的应用上，如金盏菊、雏菊等花材与纤弱的文竹配合，给人以质地平衡的视觉感受。对称平衡的造型要求花材多、花形整齐、大小适中、结构紧凑而饱满，体现热烈、欢快的艺术特色，或表现出雍容华丽、端庄典雅的风格。

非对称平衡　要求花材的数量、形态、重量、质感以及色彩浓淡等呈不对称性的配置。如插花造型中的新月形、"S"形、"L"形、弧线形、各种不等边三角形等，其视觉效果更加显得生动、灵活多变，更富自然情趣和神秘感。插花中常利用花材组合的高低、远近、疏密、虚实以及花色的深浅等方法，取得不对称均衡的艺术效果。非对称平衡的造型选用花材的面广，要求花材相对较少，花形不求整齐但体态不宜过粗过大，表现出植物自然生长的线条美、色彩美和姿态美，具有秀丽别致、生动活泼的风格。

稳定也是均衡的重要因素，前面所述的花材的形态、色彩、质感、数量乃至空间设置等都对稳定性有影响。一般重心越低，越易产生稳定感。因此，作品的中心位置应直接设计重量感强的花材，给人以稳定感。花材的质量通过花材的色彩、长度、体量、质地等因素体现出来，一般色彩浓艳（或暖色）、体量大、数量多、茎枝粗、质地厚、姿态繁密的花材给人以重的感觉，而色彩淡、体量小、数量少、质地薄软、姿态纤细稀疏的花材给人以轻的感觉。因此，在干花造型实践中，必须综合花材和花器的色彩及形态等方面的特征，合理地利用和配置各种不同的花材，以达到均衡稳定的效果。

(2) 造型的统一

在干花造型中，花材与花材之间、花材与容器之间、整个作品与环境之间均要求协调统一。

花材之间的统一　花材之间在形状、色彩、质地上均不相同，但必须协调统一，否则会显得杂乱无章。当选用少量花材时，特别是只选用一种花材时，应力求变化，以免单调。在花材的选择上可选取姿态不同的花材，如在花材的长短、花朵的开放程度等方面力求变化。在制作时注重枝条插入角度、位置高低等方面的变化，使整个作品具有层次感或动感的效果，但整体作品造型必须协调统一。

花材与容器的统一　花材和容器是作品造型中的两个重要元素。在处理花材与容器之间的关系时，应以花材为主，以容器为辅，且花材的形状、质感要与容器的形状和质地相协调统一。一般线状花材与高身瓶类容器搭配会显得更协调。如在质感轻盈的容器中插入粗壮坚实的花材，或在粗犷的容器中插入轻盈飘逸的花材，在视觉上均难以协调和统一。

作品与环境的统一　环境同样是影响作品效果的重要因素。在色调较暗的环境下，干花作品的主色以淡雅为宜；若在简洁明亮的环境下，作品的主色调可以用得浓郁鲜艳一些。在考虑环境与作品的风格关系时，应力求作品风格与环境的协调统一。

(3)造型的调和

"调和"就是在造型中将不同单元联系起来，成为相互协调的整体。干花造型中的调和包含着许多因素，主要包括色彩的调和与形态的调和。

色彩的调和　是指将各种颜色和谐地调和使用，包括同色系间的调和、对比色间的调和、中性色的调和等。干花作品中所追求的色彩调和就是要使总体色调自然而和谐，给人以舒适的感觉。在同一作品中，如果只使用一种颜色的花材，则色彩较容易处理，只要用相适宜的绿色材料相衬托即可，因为绿色可以和任何颜色取得协调感。但是，若使用几种花材，涉及多种花色时，则需对各色花材审慎处理，合理配置，才能充分发挥色彩效果，提高作品的艺术性。

形态的调和　是指构成干花艺术作品基本造型元素形态之间的调和，包括花材之间形态的调和、花材与容器形态的调和、花材性质的调和等。花材之间形态的调和是指在同一作品造型中，所配置的各种花材之间在形态上要互相协调，包括花朵与衬叶形态的调和、主花材与陪衬花材形态的调和等。花材与容器形态的调和是指花材花朵的大小、枝条的长短、粗细等均应与容器的高低、大小、形状等特征互相协调，包括花材与容器尺寸的调和、花材与花器形态的调和、花材与容器质地间的调和等。

(4)造型的韵律

干花艺术品中的韵律是指通过一个设计主题而体现出的外在形式的节奏规律。表现韵律的方法有连续韵律(即有组织排列地重复出现)、渐变韵律(即有规律地增减)等。韵律可以借助线条、形式、空间、色彩或简单的枝叶、弧度等，通过有层次的造型、疏密有致的安排、虚实结合的空间、连续转移的趋势来表现节律的美感，它使干花作品富有生命活力和动感。

以上各项造型原理是互相依存、互相转化的。疏密布置得当，高低错落、遥相呼应不仅产生统一的整体感，也出现层次和韵味的美感，只要认真领会其中道理应用于干花作品中，即可创作出优美的干花作品造型。而一个优秀的艺术造型，除了具有外表的形体外，更要透过形体注入作者的情感，通过形体表达一定的内涵，令造型和意境交织融合才能扣人心弦。

1.2.2　色彩基础

自然中存在的色彩的种类、色彩的属性、色彩成色的原理、色彩的表现机能以及色彩调和的理论等构成了色彩的基础理论。在运用颜色进行艺术表现时则应遵循这一色彩的基础理论。自然界物体的颜色千变万化，我们所以能看见物体的颜色，是由于发光体的光线照射在物体上，使光的辐射能量作用于视觉器官的结果。物体的颜色一般分为表面色和光源色，表面色即不发光物体的颜色。不发光物体的颜色只有受到光线的照射时才被呈现出来，物体的颜色是由光线在物体被反射和吸收时的情况所决定的，它受光源条件的影响。

绿色物体在日光下看为绿色，这是由于将日光中绿色范围的波长反射出来，而光谱的其他成分则被吸收了，当这个绿色的物体放在红光下看就变成黑色了，这是由于红光中无绿色的成分被反射。由此可以看出，物体的可见颜色是随光照光谱成分而变化的，物体在不同光照条件下对色光的反射和吸收就构成了这个物体的颜色，若物体全部反射来的光线，一般达70%以上，看来就是纯白的；若全部吸收射来的光线，一般仍可反射5%～10%，看来就是黑色的。

1.2.2.1　颜色的种类

颜色分为非彩色和彩色两大类。而彩色又可分为原色、中间色、复色以及补色等。

(1) 非彩色

非彩色是指黑色、白色以及这两者间黑色和白色按不同比例混合产生的一系列灰色。白黑系列上非彩色的反射率称为物体的明度，即人眼对物体的明亮感觉，反射率越高越接近白色，反射率越低越接近黑色。

(2) 彩色

彩色是指除了白黑系列以外的光谱色彩中的其他各种颜色，即红、橙、黄、绿、蓝、紫等，这几种不同波长的光色就是可见光的标准色，一切物体的色彩都以此为标准。光谱上不同波长在视觉上的表现称为色调，即在作品表达思想、情感时所使用的色彩和浓淡，如红、黄、绿等。描述一个颜色必须考虑到色相、纯度、明度3个颜色的基本属性。非彩色只有明度的差别。

1.2.2.2　色彩的属性

干花艺术作品既要有优美的造型，又要有明艳色彩，两者均是构成优美形象的主要因素。然而，在一般的审美中往往会偏重于色彩，或者说，色彩的美最易被人们所接受。要理解和运用色彩，必须掌握色彩的属性。色彩主要有3个基本属性，即色相、明度、纯度(彩度)。

(1) 色相

色相是各种具体色彩的名称，可以理解为色彩的相貌。例如，太阳光中的红、橙、黄、绿、青、紫等，每个名称都表示一种颜色的色相。色相主要是用来区分各种不同的颜色，满足人们对色彩的辨别的需要。客观世界色彩丰富，变化万千，肉眼所能识别的十分有限。因此，在观察色相时要善于比较，培养识别能力，以便于在插花时正确认识和利用色彩。色相的种类包括原色：红、黄、蓝；中间色：橙、绿、紫、橙红、蓝绿、紫红色等；复色：橙绿、橙紫、绿紫等色。

(2)明度

明度是指色彩的明暗与深浅程度。包含两种含义，其一是指颜色的本身明度，如红、橙、黄、绿、蓝、紫6种标准色互相比较的深浅度；其二是指同一色相受光后由于光的强弱不同而产生的不同的明暗层次。明度的标准是白色和黑色之间的色彩感觉，明度越高，色彩越浅。明度最高的为白色，明度最低的为黑色。标准色中明度次序依次为黄、橙、绿、红、蓝、紫。黄色的明度较高，仅次于白色。插花时，不同明度的色彩相配，能使画面富有变化，增强层次感。不同明度的同一色彩(如明绿、绿、暗绿)配合在一起，也能使插花的整体感增强。

(3)纯度(彩度)

纯度指色彩的饱和程度，即彩色中混入无彩色(黑、白、灰)量的多少。纯度越高，色彩越清纯鲜明；纯度越低，则色彩越晦暗。纯度最高的为纯色，纯度最低的为无彩色。纯度高的素材组合成的干插花作品色调比较活泼，纯度较低的素材组合成的干插花作品色调比较深沉。

每一色相都有不同的明度和不同的纯度。一般原色的明度和纯度最高，间色次之，复色最低。明度、纯度越高，则颜色越明亮、鲜艳，反之则越灰暗。

1.2.2.3　颜色的混合成色

(1)三原色

将红、黄、蓝3种颜色按不同比例混合，就能产生各种色彩，故红、黄、蓝3种颜色被称为色彩的"三原色"，用"三原色"可以调和出多种色彩，但任何色彩都无法调和出"三原色"，见彩图1A。

(2)中间色

用三原色中的任意两色等量混合而成的颜色称为中间色，也称为二次色。如橙色是红色与黄色的间色；绿色是黄色和蓝色的间色；紫色是红色和蓝色的间色，见彩图1B。用三原色中任何一色与另外两种中间色相混合而成的颜色被称为中间色中的三次色，见彩图1C。

(3)复色

复色指三种中间色中任意两色混合而成的颜色。如橙绿色是橙色与绿色的复色；紫绿色是紫色与绿色的复色；橙紫色是橙色与紫色的复色。复色是强烈色彩间的过渡色，具有缓冲调和作用。

(4)类似色

以三原色为基础，各色混合叠加出二次色和三次色而形成系列颜色的圆环，在这个颜色圆环中，任意三个相邻的颜色，被称为类似色。通常认为，将类似色组合在一起视觉上会感到很和谐，见彩图2A。

(5) 互补色

一原色同其他两原色的中间色之间为互补色。如红色和绿色为互补色；黄色和紫色为互补色；蓝色和橙色为互补色。通常以三原色为基础，各色混合叠加出二次色和三次色而形成系列颜色的圆环，在这个颜色圆环中，对角线上的两种颜色，即为互补色，见彩图2B。组合中常利用过渡色调和干插花作品的整体色彩感觉，而补色之间都为一明一暗、一冷一热的对比色，将互补色组合在一起会形成强烈的对比效果，对感官起刺激作用。在组合时，为了衬托主题与气氛，有时可以将互补色素材同时运用，但不能随心所欲，否则色彩效果会适得其反。

此外，如果要寻找三种互相平衡的颜色，可以选择颜色圆环上任意三个三角对立的颜色，见彩图3A。而如果要寻找三种颜色，其中二种互相类似，另一种与它们形成对比，则可以选取互补色两侧相邻的颜色，见彩图3B。同样，色相明度次序为原色最亮，间色次之，复色最暗。

在呈色的基础上，任何一种彩色加入白色将得到深浅不同、彩度不同的复色，加入黑色将得到明度不同的颜色，如红＋黑＝紫棕色，黄＋黑＝墨绿色，白＋黑＝灰色等。

1.2.2.4 色彩的表现机能

色彩的表现机能体现在色彩的感觉和象征意义上。色彩具有温度感、轻重感、距离感、兴奋感，同时，不同的色彩还具有其特定的象征意义。

(1) 色彩的感觉

不同色彩会对人的视觉和心理产生影响，给人以不同的感受，如色彩的冷暖、远近和轻重等。

色彩的温度感　这是一种最重要的色彩感觉，通常称为色性。色性的产生主要在于人的心理因素，让人感觉温暖的色彩是暖色，让人感觉冷的色彩为冷色。若将光谱色系进行冷暖区分，则光谱中近于红端区的颜色为暖色系，如红、黄、橙等，近于蓝端区的颜色为冷色系，如蓝、紫。而绿色温度感居于暖色与冷色之间，温度感适中，为中性色。暖色调作品使人感到温暖、兴奋、活泼、愉快、动感等，冷色调作品使人感到安详、沉静、凉爽、纯洁、深沉、萧瑟。干花创作时可根据不同设计理念来选择具不同温度感的色彩。

色彩的轻重感　主要取决于明度和彩度。明度越高，彩度越低，感觉越轻盈；而明度越低，彩度越深，则感觉越沉重。如红色、青色较黄色、橙色为沉重；白色的重量感较灰色轻；灰色较黑色轻。同一色相中，明色调重量感轻，暗色调重量感最重。轻而明亮的色彩给人以柔软、安静的感觉，重而暗淡的色彩给人生硬、厚重的感觉。创作时要善于利用色彩的轻重感来调节花型的均衡稳定。颜色深、暗的花材宜放在低矮处，而明度高的浅淡颜色花材宜放在高处，使花型有稳定感。

色彩的距离感　色彩能在视觉上引起远近的变化，被称为"前进色"和"后退色"。一般红、黄、橙等暖色系颜色属前进色，在色彩距离上有向前及接近的感觉。一般蓝、紫等冷色系颜色属后退色，在色彩距离上有后退、疏远的感觉。

明度对色彩的距离感影响很大，明度高的感觉近而宽大，明度低的感觉远而狭小。

几种标准色的距离感按由近而远的顺序排列是：黄、橙、红、绿、青、紫。干花创作时可利用这些特性，适当调节不同颜色花材的大小比例，以增加作品的层次感和立体感。

色彩的兴奋感　如果将红色与蓝色的两朵花一起观察，势必感到红色的花有兴奋和活跃的意味，蓝色的花则有沉静和严肃的意味，这便是色彩的兴奋感所致。色彩的兴奋程度也与光度强弱有关，如光度较高的黄、橙、红各色均为兴奋色；光度较低的蓝、紫各色，都是沉静色。稍偏黑的灰色以及绿、紫色光度适中，兴奋与沉静的感觉亦适中，在这个意义上，灰色、绿色及紫色是中性的；而光度最低的黑色则感觉最沉静。色彩的兴奋感，与其色性的冷暖基本吻合。暖色为兴奋色，以红橙为最；冷色为沉静色，以深蓝色为最。创作中应充分利用花材颜色的这些特性。

(2) 色彩的象征

对色彩美的感受主要是人情感的表现，要领会色彩的美，就要领会一种色彩所表达的情感。但是，色彩的感情是一个复杂而又微妙的问题，它不具有绝对的固定不变的因素，而是因人、因地及情绪状况等不同有所变化。人们往往对色彩有一种特殊的心理联想，久而久之，几乎固定了色彩的专有表达方式，逐渐建立了色彩的各自象征。了解色彩的心理联想及象征，有助于创造出符合人们心理的，情调上有特色的干花作品。如白色，代表高雅、纯洁、简朴；给人以平静和凉爽的感觉；白色可使其他颜色淡化而产生协调之感，在暗色调的花卉中，加入大量白花，就可使色调明快起来；在色彩对比过分强烈的颜色中加入白色，可使对比趋向于缓和；但单独成片的白色，有时因过于素雅而有冷清甚至孤独、肃然之感。因此，干燥花装饰应尽量避免使用纯白色，而带有微黄的白色可给人以温暖的感觉，如白色微黄的月季干花，白色微黄的麦秆菊等。另外，带有光泽的银白色给人以一种古老和贵重的感觉，寓意着安详和克制，亦为理想的干燥花颜色。表1-8中列出了各种颜色在人们心中产生的象征意义。

表1-8　各种颜色的象征意义

颜色	代表的含义	在干燥花艺术创作中应用
白色	高雅、纯洁、简朴，给人以平静和凉爽的感觉	在暗色调的花材中，加入大量白色花材，可使色调明快起来
红色	温暖、热烈、激情，给人以喜悦、幸福、兴奋的感觉	红色花朵置于其他枝叶和背景、前景之中时，对人心理易产生较强烈的冲击
粉色	温馨、甜蜜，鲜艳的粉色会使人感到热情，浅粉色会使人感到妩媚动人	粉色是干花装饰中最为理想的颜色之一
黄色	温馨、柔和、纯净，给人以朝气蓬勃、华贵、尊严的感觉	黄色可使作品色彩明亮丽起来，且在空间感上起到小中见大的作用
橙色	温情、华丽、喜悦，给人以明亮、成熟和丰收的感觉	在干花作品种具有活泼、不造作的亲切感
蓝色	幽静、深邃、凉爽，给人以安宁、清凉、稳重的感觉	是花卉中最冷的颜色，干燥花中的飞燕草、翠雀、蓝色补血草等均具有良好的装饰效果
青色	沉重、宁静，给人以希望、坚强、庄重的感觉	多为漂染干花，干花作品中用量较少
紫色	华丽高贵、柔和、娴静、典雅、忧郁、神秘的感觉	在干花作品中大量的紫色趋向于暗淡，适合于将深紫色调与天蓝色调配和使用，效果独特

（续）

颜色	代表的含义	在干燥花艺术创作中应用
褐色	自然、质朴、浑厚,给人以严肃、亲切、温暖的感觉	褐色的松果及种子在干插花均有大量应用
灰色	平静、沉稳、消极,给人以稳重、静邃、憔悴的感觉	多为漂染花材,用量较少,起到颜色间的平衡作用
黑色	庄重、肃穆、神秘,给人以沉默、忧伤、恐怖的感觉	多用于圣诞主题的花艺作品中,与红、绿、灰、白等色配合使用
绿色	自然、和平、清新,给人以健康、希望、充满生机的感觉	在干燥花插花制作艺术中,特别注重绿色,将不同绿色的植物搭配在一起,能形成美丽的色感

色彩的象征和联想是一个复杂的心理反应,受多种因素的影响,并不是绝对的,在干花创作时只能作为色彩运用的参考,应按题材内容和观赏对象的不同进行色彩设计。

1.2.2.5　色彩的调和

色彩的调和是将原色、二次色、三次色和谐地调和使用。干花作品中所追求的色彩调和就是要使总体色调自然而和谐,给人以舒适的感觉。

（1）单一色系调和

使用同一色彩中不同的浅色调、灰色调、深色调组合而成。如橙黄色非洲菊、黄色百合,淡黄色香石竹、黄绿色巴西木叶等的搭配。如果能利用同一色的深浅浓淡,按一定方向或次序组合,会形成有层次的明暗变化,产生优美的韵律感。

（2）类似色的调和

黄、绿、青三色配合在一起极易调和,故又称调和色,在色彩学上也称类似色。类似色的调和是指同一色(如深红、大红、浅红)或类似色(如黄与橙、橙与红、红与紫)之间的组合。大自然的景色经常是类似色的最完美组合,在自然界中经常看到绿野与青天,黄花与绿叶,会感到一种平静、和谐之美。

类似色的色彩接近,同时使用易于取得自然调和效果,具有柔和感。若配置得当,显得素雅别致。例如,粉色菊花与粉红色秋海棠配置、紫色蛇鞭菊与玫瑰红色铁线莲相配置、粉红色的杜鹃花与红山茶花相配置、黄白色的百合与黄色的败酱花相配置等均能表现出这种类似色的调和效果。但是,类似色花材同时配置,虽然易于取得调和效果,但同时也缺乏变化而易于出现单调感。为此,应利用花材色彩浓淡不同、质感不同、花朵大小及形态不同等,以求得构图的变化;或利用小体量、色彩对比强烈的花材加以适当点缀,以丰富构图中的色彩变化,从而打破单调感,增加作品构图的活跃性。

（3）对比色（互补色系）的调和

两种色互为补色时就是对比色。将对比色组合在一起时(如红与绿、黄与紫、蓝与橙),由于对比作用而使彼此的色相都得到加强,产生强烈的视觉效果,但对比强烈的色彩并不能引起感官上的美感。由于色彩相差悬殊,可使作品产生热烈、明快、活泼的效果,但对比太强烈,会失去协调感。可选用不同明度、不同纯度的花色加以调和,也就是使用对比色相组合时需要注意色彩的浓度,一般减弱色彩浓度较易调和,如用浅红、粉红、浅绿等,其中点缀深色,效果较好,可取得既对比又和谐的艺术效果。对比色调和时，除了通过调整主次色的数量达到和谐统一的效果外，还往往选用一些中性色加以调和。比如黄色和紫色、红色和绿色、橘黄和蓝色、黄绿色和红紫色的组合表现的是一种非常鲜艳的华丽印象。在使用花材时要注意其中的一种色彩要少一些，巧妙地保持两个色彩的平衡以达到一种立体的艺术效果。

(4)中性色的调和

黑、白、灰三种颜色属于中性色。中性色能和其他任何一种颜色相调和，具有缓冲和协调的作用。因此，若选用中性色的花器，最便于选配花材，可减弱其他色彩过于刺激的作用，并使整体构图色彩既素雅又鲜明。当两种花材的色彩对比强烈、刺激性过强时，若直接同时配置往往产生不协调感，在这种情况下，若用白色花材配置其间或周围，均可缓和两种对比色互相排斥的矛盾，使对比强烈的两种色彩变得明快、协调而柔和。干燥花材中，纯白色花材很少，一般多为乳白色或黄白色花材，这些白色调花材在作品中往往发挥重要的调和其他色彩的作用。如墨红月季与白色霞草相配置、银芽柳与金合欢相配置、红枫与白菊相配置、白色马蹄莲与红色郁金香相配置等，均有使色彩既调和又鲜明的效果。再如，红色香石竹间以翠绿色的文竹叶片，显得花更艳、叶更翠，对比鲜明，若在其周围再配置一些白色霞草则可缓和红绿强烈对比的刺激感，又增添了柔和感。

大自然中的色彩虽然千变万化，但确是色彩调和美的最佳体现，是干燥花艺术创作中色彩运用的灵感源泉，为了创造和谐自然的干花作品，需仔细观察自然界中丰富的色彩变化，掌握各种构景要素的色彩调和，才能大胆而有创造性地进行色彩构图，使作品更具艺术性和感染力。

1.2.2.6　色彩的构图

干燥花艺术是一种视觉艺术，作品的色彩最引人注目。可以说干花艺术作品的构图，是关于形与色的设计。因此，色彩构图在干花艺术中具有举足轻重的作用。

(1)色彩构图要确定基调

作品色彩的基调决定于创作的主题，其中重要的是选择主色调。配色调对主调起陪衬或烘托作用。在考虑和确定作品构图的主题色调时，要以自然界的色彩变化为依据，遵循自然色彩的变化规律，才能使作品色彩自然逼真，富有感染力。反映季相特征的作品应根据不同季节自然界中植物的主要色彩特征，确定作品的主题色调并适当发挥。

色彩的配调要从两方面考虑，一是用类似色或调和色从正面强调主色调，对主色调起辅助作用；二是用对比色从反面强调主色调，使主色调由于对比而得到加强。用于主色调的植物，如果花色的明度和纯度都不足的话，则该色植物的量应用得多些；如果花色的明度和纯度都很强，则该植物的应用数量可以适当减少。重点色在空间色彩构图中所占的比重应是最小的，但其色相的明度和纯度应是最高的，具有主导优势。例如，用两三种色彩的花材构图时，首先，要确定构图的主体色彩，也就是能反映这个作品主体思想的主要色彩；其次，将主要色彩的花材配置于构图的重心位置，而且无论是花朵大小、数量及色调浓淡等均应占主导地位，其他色彩的花材只起陪衬和点缀作用，且花朵宜小，色调宜淡，配置于构图的左右两侧或前方下侧，以突出主色调。主体色彩和陪衬色彩之间相互协调，浑然一体，产生一种整体色彩效果。

（2）色彩构图的种类

色彩构图的种类包括单色或同类色构图、多色构图、对比色构图、类似色构图、冷暖色构图等。

单色或同类色构图　指同一种颜色和同一种颜色不同深浅变化的色彩构图，在干花造型设计中常有应用。花材与容器的色彩有适度的对比，以增加整体的生动感。这类色彩构图给人以简洁、单纯、协调、雅致的感觉。

多色构图　花材有多种花色，且有深浅变化。多色构图必须注意多种色调的调和。多色中要有主色，配色必须衬托主色，才能形成主次分明、生动调和的色彩构图。多色构图较单色构图更为生动活泼，但其最忌五色杂陈，互不相关，缺乏美感。

对比色构图　对比色构图也称补色构图，在作品中橙色花色块的旁边点入少量蓝色花、在黄色花色块旁边插入少量紫色花等，均可增加作品色彩的鲜明度，活跃作品的气氛。对比色构图，由于色彩对比强烈，容易失去调和感，可采用改变对比间色彩的深浅程度加以调和，也可用改变对比色间花材数量的多少加以调节。

类似色构图　是一原色与含有该原色的间色之间的色彩构图，有红与橙、红与紫；黄与橙、黄与绿；蓝与紫、蓝与绿6组类似色构图。因为它们都含有共同的色彩成分，配合起来容易取得调和，常给人以柔美高雅的感受。类似色构图应适当增加类似色间的对比和变化，以免色彩显得单调乏力，缺乏生动感。

冷暖色构图　按照作品主题和季节的要求，利用色彩的温度感进行适当搭配，可取得良好的艺术效果。如表现喜庆、欢快的主题，多以暖色调花材为主进行色彩构图；而表现沉静、哀悼的主题，则以冷色调花材为主进行色彩构图。表现季节的主题，春、秋、冬季多以暖色调花材为主布局；夏季则宜多用冷色调花材。

小　结

本章从干燥花艺术制品制作的技术原理和艺术原理两方面，介绍了干燥花设计与制作的基本理论知识和艺术设计原则，这是学习制作干燥花的基础，在实践应用中应掌握并遵循。技术原理中所包含的干燥原理和保色原理是干燥花制作过程中合理制定植物材料干燥和漂染两项技术措施的保障，是本章学习的重点。艺术原理是创造具有大众审美认情趣的艺术作品的依据，属于精神层面的理论，应灵活掌握，切不可拘泥于形式。在学习中还应注意借鉴其他艺术门类的美学元素，力求艺术创作中的创新与改进，创作出具传统韵味又不失时代生命力的理想作品。

思 考 题

1. 适合制作干燥花的植物叶在结构上应具备哪些特点？
2. 天然的优良立体干燥花植物的花朵具备哪些结构上的特点？
3. 影响植物材料干燥速度的因子有哪些？
4. 一般情况下花朵开放进程中的花色是如何变化的？
5. 影响花色的外部环境有哪些？
6. 植物材料在干制过程中存在哪些色变现象？

7. 什么是干燥花的艺术内涵?

8. 干燥花艺术作品造型的基本要素有哪些?

9. 什么是干燥花作品构图原则中的多样统一理论?

10. 在干燥花艺术创作中怎样考虑色彩上的调和?

推荐阅读书目

1. 干燥花采集制作原理与技术．何秀芬．中国农业大学出版社，1992.

2. 花色的生理生物化学．安田齐著．傅玉兰译．中国林业出版社，1989.

3. 植物解剖学．E·G·卡特．科技出版社，1986.

4. 植物花发育的分子生物学．孟繁静．中国农业出版社，2000.

5. 植物学．王全喜等．科学出版社，2004.

6. 色彩的文化．爱娃·海勒著．吴丹译．中央编译出版社，2004.

7. 色彩．马一平．西南师大出版社，2008.

8. 观赏植物生物学．赵梁军．中国农业大学出版社，2002.

2 立体干燥花制作工艺

2.1 立体干燥花植物材料采集和整理

植物制作干花的采集是一个非常基础而又重要的环节，应建立在充分了解植物的生物学特性和生长习性的基础上进行。采集时需遵循两条原则：第一，在植物材料的最佳状态下采集；第二，采集的植物材料应当便于干制操作。本节将介绍植物采集所需要的容器和工具、植物采集适宜的时间和正确的采集地点、植物材料的整理方法以及采集过程中的注意事项等内容。

2.1.1 植物材料采集

2.1.1.1 采集植物需用的容器和工具

采集植物材料前应提前准备必要的工具及容器，其中工具包括枝剪、高枝剪、花铲、镰刀、绳索、细金属丝等，用于采切和捆扎花材；容器包括塑料袋、塑料桶、背篓、背筐、纸箱等，用于临时存放和包装花材。还要挟带备用的防治蚊虫叮咬或刮伤、划伤、扭伤等临时处理用药品，如风油精、碘酒、绷带、药棉、创可贴、止痛膏、跌打药等。野外采集或考察资源时，出发前要充分了解当地的气候和地理环境，要携带当地地图和植物名录，绘制采集路线图，必要时还要携带指南针和路标等用具，以免在采集途中迷路，保证人员安全。

2.1.1.2 采集时间

采集时间因采集目的和对象不同，会有很大差异。一般说来，一年四季只要有鲜花开放或成熟的植物，都可以进行采集。采集鲜花时，要根据不同种类植物花朵开放特点进行。采集的对象有两种，一种是鲜艳盛开的鲜花；另一种是带宿存花萼、果实、果壳或种子的成熟花枝或果枝。以观花为主的植物采集与鲜切花的采集时期大致相同。具有天然干燥花特性的植物花枝最好在 1/3 ~ 2/3 的花枝开放时或花朵含苞待放时采集,这时花枝的观赏效果最佳,如二色补血草、中华补血草、千日红、麦秆菊等。采集宿存的花萼、果实、果壳或种序的花枝和果枝时,应在植物的果实成熟以后,待果实、果壳等充分干燥后采集。但要注意,当果实成熟和种子散出后,要尽快采收,以免因风吹、日晒、雨淋、霜冻和雪压而造成植物材料的破损。需要茎吸染的植物要根据植物的特性和观赏部位,分种类确定适时采集期。一般农作物要在籽粒从绿色将要变为黄色时采集,如小麦、高粱、谷子等。这个阶段的植物本身具有较强的活力,易于茎对染液的吸收,且籽粒趋于成熟,干燥后易于成型。禾本科草类植物应在植物完全吐穗之后立即采集。

采集工作最好在晴朗干燥的天气进行,阴雨天不利于采集后对植物材料的干燥,且不便贮藏和运输。一天当中,上午 9:00 ~ 11:00 采集的植物质量最好,此时的花朵色彩鲜艳、姿态完好,便于整理和干燥。清晨,植物材料上往往会带有露水,应在露水散尽后进行采集,否则会不利于鲜花的干制。中午过后,植物花朵充分开放,采集的植物花朵颜色会变暗或变淡,且含水量下降,容易萎蔫,影响花朵及枝干的鲜艳程度。此外,采集植物时还要考虑采收的季节,野生和室外栽培的植物可根据其生长成熟的季节适时采集,保护地栽培的植物应尽量选择在花朵开放最旺季采集,以保证干燥花的产品质量和观赏效果。

需要茎吸染的花枝或果穗以清晨带露水时采集为最佳。用盛有半桶水的塑料桶做容器,采后立即将基部浸入水中,以免植物失去活力,影响茎吸染的效果。如不便带水,则应在清晨就近采集,并在日出之前立即进行茎吸染处理。

下面以月季、满天星、菊花等以观花为主的植物为例,说明干燥花采集的最适时期。表 2-1 列出了其他一些种类花卉的采集时期,这类花材的采集一般不作蕾期采切,也不在花朵完全开放后采集。这是因为采集过早,不能得到应有的干花姿态;而采集过晚,花朵开放过度,待干燥处理后,花瓣往往外翻、脱落且色彩暗淡,失去了干花应有的观赏价值。

(1)月季(*Rosa hybrida*)

参照鲜切花的采收标准,一般将月季花朵开放进程划分为 6 个等级,如图 2-1 所示。各等级花朵开放的形态描述如下:1 级,萼片紧抱;2 级,萼片略有松散,花瓣顶部紧抱;3 级,花萼松散,适合于远距离运输后干制;4 级,花瓣伸出萼片,可以兼做远距离和近距离运输后干制;5 级,外层花瓣开始松散,适合于近距离运输和就近立即干制;6 级,内层花瓣开始松散,采收期已过。一般除特殊要求外不作蕾期采切,采集时尤其注意避免花朵完全开放露心。

(2)满天星(*Gypsophila elegans*)

一般将满天星花朵开放进程划分为 6 个等级,如图 2-2 所示。各等级花朵开放的形态描述如下:1 级,小花未见盛开,不适于采收;2 级,小花出现盛开,但盛开率低于 10%,不适宜采收;3 级,小花盛开率 10% ~ 15%,适合于远距离运输后干制;4 级,小花盛开率 16% ~ 25%,可以兼作远距离和近距离运输干制;5 级,小花盛开率 25% ~ 35%,适合于近距离运输或就近干制;6 级,小花盛开率 36% ~ 45%,采收期已过。

(3)菊花(*Chrysanthemum morifolium*)

一般将菊花花朵开放进程划分为 6 个等级,如图 2-3 所示。各等级花朵开放的形态

图2-1 月季花朵开放的6个等级(引自高俊平，2002)

A. 单头月季 B. 多头月季

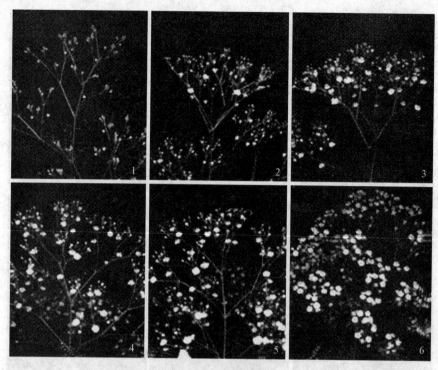

图 2-2　满天星花朵开放的 6 个等级

（引自高俊平，2002）

A

图 2-3 菊花花朵开放的 6 个等级

（引自高俊平，2002）

A. 单头菊花 B. 多头菊花

图 2-4 补血草花朵开放的 6 个等级

（引自高俊平，2002）

描述如下：1级，舌状花还未长成，不能采收；2级，舌状花基本长成，外层花瓣未伸展，不适宜采收；3级，舌状花紧抱，其中有1~2个外层花瓣开始伸出，适合远距离运输的；4级，舌状花开始松散，近距离运输；5级，最外两层都已展开，适合立即加工的；6级，舌状花大部分展开，采收期已过。

(4)补血草(*Limonium* spp.)

将补血草花朵开放进程划分为6个等级，如图2-4所示。各等级花朵开放的形态描述如下：1级，花朵刚露色，小花未开放，不能采收；2级，花朵初步着色，盛开率低于30%，不适宜采收；3级，花朵充分着色，盛开率30%~40%，适合于远距离运输；4级，花朵充分着色，盛开率40%~50%，近距离运输的最佳采收期；5级，花朵充分着色，盛开率50%~70%，适合立即加工的采收；6级，花朵充分着色，盛开率71%以上，采收期已过。

(5)小苍兰(*Freesia refracta*)

将小苍兰花朵开放进程划分为6个等级，如图2-5所示。各等级花朵开放的形态描述如下：1级，基部第1朵花苞紧实，不能采收；2级，基部第1朵花苞紧实，但开始膨胀，不适宜采收；3级，基部第1朵花苞微开绽，但较紧实，适合于远距离运输；4级，基部第1朵花苞充分膨大，但还紧实，近距离运输的最佳采收期；5级，基部第1朵花苞开始松散，适合立即加工的采收；6级，基部第1朵花苞完全松散，采收期已过。

图2-5　小苍兰花朵开放的6个等级(引自高俊平，2002)

2.1.1.3 采集地点

采集地点取决于植物材料的来源。采集栽培的植物材料需建立种植基地，在植物收获期进行采集。应选择运输便利的地点建立种植基地，以避免长途运输对材料质量产生不利影响。野生的干燥花植物资源极其丰富，许多植物随处可得，如乡野、坡地、水塘边等。但大多数植物则有着特定的分布地点，应了解它们的分布地点、在自然状态下的生长发育规律、开花习性、果实成熟期等，依路途的远近按计划在其分布地进行采集。许多野生植物分布在较高海拔地区，如华北蓝盆花（*Scabiosa tschiliensis*）、唐松草（*Thalictrum aquilegifolium*）等植物分布在海拔 1000m 左右的山地上，采集前要查清具体分布地点，便于集中采集和运输，并做好山区作业的工作准备。

表 2-1　几种常见花卉的采收标准

植物种类	采收标准
香石竹（*Dianthus caryophyllus*）	花朵中间露出花瓣
郁金香（*Tulipa gesneriana*）	花蕾显色、膨胀、开绽状况
香豌豆（*Lathyrus odoratus*）	三或四轮小花开放
鸢尾（*Iris tectorum*）	花瓣略呈展开状态
百合（*Lilium* spp.）	基部第一朵花蕾完全显色但未开放
马蹄莲（*Zantedeschia aethiopica*）	佛焰苞展开并几乎完全开放 1~2d
火鹤花（*Anthurium scherzerianum*）	佛焰苞色彩鲜艳、花葶充分硬化
鹤望兰（*Strelitzia reginae*）	第一朵小花开放
银芽柳（*Salix leucopithecia*）	开花前 3d
情人草（*Limonium sinuatum*）	小花盛开率 16%~25%
落新妇（*Astilbe chinensis*）	花序基部 1/3 小花开放
八仙花（*Hydrangea macrophylla*）	花瓣完全变色
草原龙胆（*Eustoma ressellianum*）	花序中花朵三或四轮充分展开
卡特兰（*Cattleya hybrida*）	花蕾裂开后 3~5d 采收

（引自 GB/T 18247.1—2000）

2.1.2　植物采集后整理

采集来的植物材料无论是自然生长或是在采集运输过程中都会存在病弱、破损等问题，干燥前，要将这些病弱、破损的枝叶疏除。为便于提高干燥速度，达到理想花枝的形状，还需要对植物材料进行整理，如去除多余叶片、疏除掉多余的侧枝和侧蕾。在此基础上还要进行分类和分级等工作。

（1）避免采集病弱花枝

采集时要仔细观察植物枝叶的生长状况，不可贪图数量和追求速度而良莠兼收。避免采集虫蛀、虫咬、染病以及茎秆严重弯曲变形的花枝。在相同的环境条件下，即使是同一植物品种，由于其个体生长特性的不同，也会存在生长势上的强弱差异。因此，必须选择生长健壮的植株进行采集。一般来说，生长弱小的植株不但观赏性差，可保存的时间也短，采集时良莠兼收会降低整体花枝的商品价值。

(2)去除侧枝、侧蕾

采集过程中，有时为了采集方便，常保留侧枝、侧蕾以及多余的叶片。在整理花材时要将多余的枝叶去除，以保持优美花枝。此外，在采后的运输过程中，由于花材间相互的挤压、碰撞，也会使一些枝条折断或叶子掉落，在干燥、漂染前还要再对花材进行整理。去除侧枝和侧蕾时要用枝剪在分枝处剪下，不要用手掰，以免将花枝、茎秆撕裂、折断，影响其观赏性。

(3)疏除过密的花枝和果枝

为了使干燥后的花枝保持优美、生动的姿态，整理植物材料时需保留部分叶片。有些植物材料的花、花序、果枝等生长得比较密集，而过密的花枝、花序和果枝既影响干燥速度，又影响美观，在干燥前应将过密的花枝或果枝疏除。此外，有些植物材料还带有枝刺或皮刺(如月季、山楂、野酸枣等)，在干燥前也应将它们去除，为后续的干燥加工提供方便。

(4)分类和分级

植物材料在干燥、漂白后往往变脆、易碎，因此在干燥前需对采集回来的干花材料进行分类，按所要求的花枝形状和标准长度进行剪切和分级。花枝形状指花枝上的整体布局、花茎的粗度以及挺直程度等。标准长度指用于生产的产品花枝的最短长度，这些指标直接影响到干花材料的观赏性和用途。分级时，将相同长度的符合形状要求的花枝捆扎在一起。对于栽培生产的植物，如月季、香石竹、二色补血草等切花材料，一般以10枝捆扎成一束；分枝较多的切花植物，如情人草、满天星等，则最好将其5枝捆成一束；而容量较大且含水量较高的植物，如八仙花等，最好将其3~5枝捆成一束。对于野外采集的植物材料而言，其花枝形态、茎秆的粗细、长短很难达到一致，但也要尽量将形态和长短一致的花枝分组。若将不同种类的花材或长短不同的花枝捆扎到一起会给加工生产带来不便，同时也会直接影响到干花产品质量。

(5)包装和运输

在生产基地采集的植物材料按采集到的品种和花枝的长短大小进行分类、分级后就可以进行包装和运输。包装材料最好采用纸箱，以免因材料间的挤压影响花材质量。纸箱上最好设置通气孔，使花材保持通气状态，避免因炎热天气长途运输造成植物的霉变。包装后要在纸箱上做好种类和级别的标记，便于后续的加工生产。采集野生的花枝或果穗时，由于采集地在野外或山区，离生产加工地均比较远，且一般而最佳采集时期大多在夏季，夏季气温高、湿度大，采集后如在野外放置时间过长，会影响干燥花的品质。所以，采集后最好当天运到加工地，放到干燥、通风的环境内暂存。如果离加工地太远，当天难以运回，要尽量放在不着露水的地方，如林中树下、山坡下等，并且要全部散放，避免花枝挤压过紧而使花朵变色。在野外已经半干的花材在包装、运输过程中易折断受损，为保护花材，要尽量减少包装运输工序。可以预先备好包装箱，采集时一次性包装和运输，以减少消耗，提高干花的商品价值。

2.1.3　植物采集注意事项

（1）注意采集质量

采集栽培植物时，应严格按照各种花材的采收标准进行，避免过早或过晚采集，影响干花的观赏质量。采集的花材在容器中盛放不宜过多，挤压不要过紧，以免损伤花材。野外采集时，避免采集病弱花材、昆虫为害严重的花枝以及茎秆弯曲不整的花枝。采集后要根据种类、颜色、长短进行分类包装。

（2）讲究公共道德，具有环境资源保护意识

野外采集时，对宿根植物不要连根拔起，要用剪子或镰刀剪取枝条部分；对一年生植物，要注意留有种源，一般每簇留 1 枝或每 $10m^2$ 留 1 簇。在山场面积较大的地区，最好实行轮封轮采，以保证干燥花自然资源开发利用的可持续发展。进入森林公园和自然保护区的经营区采集自然干燥花，必须经当地主管部门的批准，并交一定数量的资源保护费方可采集。切忌采集国家濒危保护植物，以免触犯国家有关法律条文。有经济能力的企业要建立大型野生植物驯化基地，既满足广大消费者对自然干燥花产品的需求，又充分保护自然资源。

（3）注意人身安全

到山区或野外采集自然干燥花，要结伴而行，彼此相互照应。穿着要轻便，最好配戴手套、帽子等防护服装。进入深山或少人区还要带上防身器具，防止野生动物的袭击，必要时要携带指南针、海拔表、路标等用具，防止迷路出现意外。在雨季还要带上雨具，如遇雷电雨天，切忌在大树下避雨，以防发生人身伤害。

2.2　立体干燥花植物材料干燥

对植物材料进行干燥的目的是将其含水量减少到干燥花花材所要求的程度。干燥的过程是植物材料本身水分蒸发的过程，是干花制作过程中最为重要的一个环节，它直接关系到干花的品质。在进行干燥时，应根据植物的特点来选择相应的干燥方法。植物材料的干燥方法有很多，本节将介绍几种常用的方法。

2.2.1　植物材料干燥方法

常用的干燥方法有自然干燥法、变温干燥法、减压干燥法、液剂置换法、干燥剂埋藏法等。每一种干燥方法都有其优缺点，使用何种干燥方法可根据现有设备条件和制作干燥花的具体要求决定。

2.2.1.1　自然干燥法

自然干燥法是指利用自然的空气流通，除去植物材料中水分的方法。这是最原始、最简单的干燥方法，也是制作干花时普遍采用的方法。根据各种植物的花期，选择晴朗、干燥的天气，用橡皮筋将采集来的植物材料成束绑好，可悬挂、平放或竖立于避雨、避光、干燥、通风的场所，待一段时间过后植物材料彻底干燥即可。自然干燥法简单易操作，适合于中度或低含水量，且花型小、茎较短、含纤维素多、花瓣较坚韧的植物材料，如波形叶补血草、千日红、苏铁、狗尾草、麦秆菊、向日葵、鸡冠花、高粱、谷穗、豆荚、松果、飞燕草、薰衣草、蜡菊、大凌风草、芒麦草等。虽然自然干燥脱水后易造成植物材料的收缩，但这类植物材料的形态不会受到很大的影响。自然干燥法又可以分为以下几种：

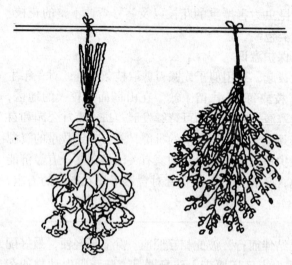

图 2-6　悬挂自然干燥法

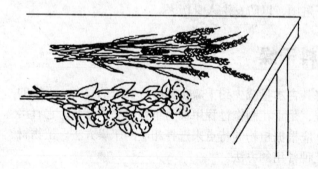

图 2-7　平放自然干燥法

（1）悬挂干燥法

选择干燥、通风、避光、避雨的场所，可以在室内也可以在开放的荫棚内，每隔 30 ~ 50cm 挂一道铁丝。将整理好的花材一束一束地扎好，每束花材不宜过多，以花穗向下的方式挂于铁丝之上，如图 2-6 所示。悬挂时每束间应有适当的间隔，待完全干燥后取下花束进行包装。悬挂干燥法适用于枝干较柔软、花朵较大的植物材料，如月季、千日红、麦秆菊、鸡冠花、补血草类、狭叶香蒲、芦苇、向日葵等。此外，经过茎吸染色的植物，因迅速干燥容易导致其形态发生较大变化，因此多采用悬挂干燥法进行干燥。此干燥法保留了花朵和花枝原有的颜色，色调自然，观赏价值较高。但要注意用此花装饰居室时，一定要摆放在阳光照射不到的地方，否则花朵和花枝均易褪色。

（2）平放晾晒干燥法

平放晾晒干燥法是将花材平放于具有相当面积大小的平台上，让花枝或果穗自然展开，使花材自然干燥的方法，如图 2-7 所示。使用此法时，干燥用平台应放置在干燥、通风、避光、避雨的环境。花材摆放要稀疏，不宜过密，期间可轻微翻动 1 ~ 2 次，待花材完全干燥即可。该方法适用于茎秆较软、花穗较重的植物材料，如高粱、谷穗、稻穗等禾本科穗类植物以及豆荚、松果类体量较重的植物材料。

平放晾晒法还适用于茎吸染色的农作物，如谷穗、黍穗、稻穗、芝麻等。将经茎吸染色的花材平放在干柴草、干木板、粗筛或纱窗上，置于阳光下晾晒，使花材迅速干燥，并破坏植物原有的叶绿素，将染色后花材的不同色彩充分显示出来。

(3) 竖立干燥法

竖立干燥法是将植物材料插于空的容器中，放置在干燥、通风、避光、避雨处进行自然干燥的方法，如图 2-8 所示。该方法适用于枝、茎较硬或多花头、较软的植物材料，如千日红、麦秆菊、稻穗、八仙花等。这种方法可制作出有下垂效果的干燥花材，在干花插花应用时效果很好。

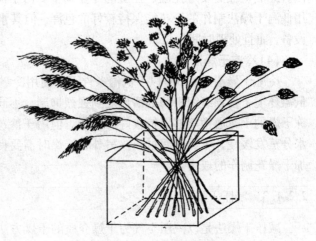

图 2-8　竖立自然干燥法

2.2.1.2　变温干燥法

变温干燥法是通过改变环境温度对花材进行干燥的方法。主要有加温干燥法和降温干燥法两种。加温干燥法是通过提高环境与花材间的温度梯度而使干燥速率加快的方法。降温干燥法是通过降低温度，利用低温冷空气除去花材中水分的方法，这种方法可以较好的改善花材的褪色问题。目前，规模较大的干燥花生产企业大多使用变温干燥法对花材进行干燥。

(1) 加温干燥法

加温干燥法是给花材适当加温，提高环境与花材间的温度梯度以促进水分加速蒸腾的干燥方法。加温干燥可缩短干燥时间，完好地保持花材的自然形态和自然花色，提高干燥花的质量。大多数可以用自然干燥法制作干燥花的植物材料都可采用加温干燥法。对于含水量较高的植物材料用此法有明显的优点。常用的加温干燥设备有干燥箱、干花烘干机、微波炉等。

(2) 微波干燥法

微波干燥法是使用微波设备对植物材料进行加温干燥的方法。微波通常是指900MHz 以上的超高频电磁波。微波干燥原理是利用微波的振荡频率迅速振荡植物体内的水分子，使其相互摩擦、碰撞产生热量而蒸发掉。根据其原理制造的微波炉可对非金属物质进行加热、干燥、脱水、灭菌和消毒。由于微波对植物体加热是从里向外加热，所以干燥速度快，能量利用率高，且保形、保色效果好。但应注意的是，有些植物材料由于各个部位的含水量不同，在微波的作用下会容易发生含水量高的部位还未完全干燥，含水量低的部位因温度过高而碳化的问题。家用微波炉的频率为 2450MHz，对植物进行干燥时要注意对干燥温度和时间的控制，避免植物材料碳化或燃烧。工业上用的微波炉频率为 915MHz，用来干燥花材一般相对较为均匀，缺点是如果操作不当，微波干燥后的物料质量比较差。有些植物色素不耐微波辐射，在微波炉加温下易变色，不适合采用微波加温干燥法。

(3) 低温干燥法

低温干燥法是以 0℃以上、10℃以下的干燥冷空气作为干燥介质干燥植物材料的方法。此法一般需要可控温、控湿的专业设备。由于低温有很强的抑制酶活性的作用，采用低温干燥法制作的干花能保持较好的色泽，但其水分蒸发较慢，需要良好的通风排湿设备，而且处理时间较长。

（4）冷冻干燥法

冷冻干燥法是在0℃以下低温条件下，使用冷空气将植物花朵逐渐干燥的方法。在低温环境下植物组织中酶的活性受到强烈抑制，不同程度地避免了色素的分解，因而冷冻干燥的干花通常能够保持较好的色泽。但由于冷冻干燥使用低温空气作为干燥介质，水分蒸发缓慢，干燥时间过长。另外，干燥时需要良好的通风排气设备，能耗较大，增加干燥花制作的成本。

2.2.1.3　减压干燥法

减压干燥法是以减压空气为干燥介质的干燥方法。将植物材料放入具有一定真空度的密闭容器中，促使植物材料体内水分蒸腾而干燥。这种方法干燥速度快，保色效果好，适合制作大型干花。还有一种结合减压和降温两种处理的干燥方法，称为真空冷冻干燥法，是一种能最大程度地保持物料的颜色、形状和组织成分的干燥方法。真空冷冻干燥法适合于干燥热敏性物料，并能获得高品质的干花原料。但此法耗能大，生产周期长，一次性投资巨大，维修和维护费用高，常用于高附加值花材的干燥。

2.2.1.4　液剂置换法

液剂置换法是利用具有吸湿性、非挥发性有机溶剂置换花材内水分的一种干燥方法。其原理是利用有机溶剂置换植物材料中的部分水分，并保持其中的部分水分，使花材处于一种相对干燥的状态。操作中，将花材插于或浸泡在液剂中，让植物材料吸收液剂而替代材料中的水分，如图2-9所示。由于液剂的非挥发性和持久性，使植物材料组织中保持较多的液态物质，增加植物材料组织内部的膨压，从而起到一定程度的维持植物材料刚性效果的作用，使其能较好地保持新鲜时的状态。这种方法适用于各种类型的植物材料，制成的花材具有柔软、光亮的质感及独特的人工色彩，避免了一般干花易碎、易损的缺点，十分优雅美观。此法的缺点是花材在高湿环境中易出现液剂渗出或霉变等现象，且色彩较暗。常用的非挥发性有机液剂有甘油、福尔马林、聚乙二醇等。

2.2.1.5　干燥剂埋藏干燥法

干燥剂埋藏法是用细粒状定型干燥剂如硼砂、明矾、珍珠岩、硅胶等，将植物材料埋没起来进行干燥的方法。操作时将花材的花头剪下，在花梗断处插入一根细铅丝或竹木等硬质细枝，放入纸质、木质或塑料容器内，再将完全干燥过的干燥剂慢慢倾入容器将花材埋没，然后将容器放到阳光下暴晒或放入烘干箱内烘干，直到花材内水分被定型材料吸收而干燥后取出即可，如图2-10所示。这种方法适用于月季、玫瑰、山茶、芍药、金莲花、翠雀、香石竹、丁香、非洲菊、牡丹等含水量高、干后不易成型的大型花材。这类花材用一般干燥方法会使枝叶收缩，难以保持花材的优美形态。用此方法干燥时要注意，用于定型的干燥剂必须干净，而且颗粒不能过粗也不能过细，因为过粗会损

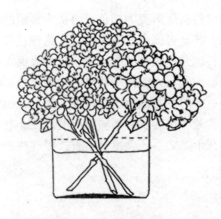
图 2-9　液剂置换干燥法

图 2-10　干燥剂埋藏干燥法

伤花瓣，过细不易透气，影响干燥效果。

2.2.2　干燥植物材料贮存

对于自然干燥花材的贮存一般没有特殊要求，贮藏室只要通风、干燥、避光即可。其中，避光保存尤为重要，因为一些花卉的色素和叶绿素在光照作用下，会迅速分解。如二色补血草花萼色素在光照条件下，不到 3 个月便开始褪色；而二色补血草枝干上的叶绿素在光照条件下仅能保存 45d 左右。另外空气湿度过大，花朵及枝干吸水会发生褐变，一旦出现褐变，花材原有的自然色彩就很难恢复。

2.2.3　植物材料在干燥过程中的变化

植物材料在经干燥处理后，由于体内水分的丧失会在外部形态、内部结构以及颜色、气味等方面发生较大的改变，不同种类植物其变化程度和特点有所不同。在干燥花制作过程中应了解植物材料在干燥过程中的变化特点，以便采用科学合理的干燥方法，制作出优质的干燥花材料。

2.2.3.1　形态的变化

不同的植物材料有着不同的结构特点，在干燥过程中，由于水分的大量蒸发，造成植物材料内胶体状态的改变，大量固形物凝集成团，挥发性液体和一些酯类芳香物质丧失，使得材料发生不同的形态变化。大多数花瓣、草本植物的叶等，其厚角组织和厚壁组织均不发达，在干燥过程中，由于细胞失水引起原生质体收缩，对细胞起支持作用的膨压下降，此时较薄的细胞壁受到外界大气压和原生质体收缩所产生的牵拉作用而逐渐缩小，并发生皱缩等形态变化，使干花的外观形态发生了改变。在压制平面干花时应注意压力适当，以避免压力过小使细胞在干燥失水过程中出现皱缩等变形。

2.2.3.2　色彩和香气的变化

植物材料在干燥和干燥后贮存过程中，由于花材内环境的变化，其色彩和香气也会发生不同程度的变化。在液剂干燥过程中植物材料会逐渐变为棕色，再变为鲜明的淡紫色，最后变为黄褐色。如再继续浸渍植物材料，甚至可能会变为黑色。在这种色彩变化过程中，如果在其中一个变色时期取出植物材料，并用吸水纸吸去植物材料表面多余液剂后保存，就能基本上保持材料在该时期的色彩。利用人工控制从浸液中取出植物材料的时机所造成的色彩差异，使干花成品产生了更多的色彩。植物材料经干燥后，由于一些酯类芳香物质的变性或丧失，植物原有的各类芳香也会发生不同程度的改变。有些植物在干燥之后香气会完全消失，多数芳香植物在干燥之后还会留有余香，但这些香气会变淡。

2.2.4 维持植物材料刚性效果方法

有些植物在干燥加工后，能较好地维持自身形态，如二色补血草、月季、情人草、满天星、鼠尾草、小麦等。但许多含水量高、纤维素含量低的植物，经干燥后却较难维持其自身的状态，如芍药、牡丹、洋桔梗、马蹄莲等。由于干燥的植物水分含量很低，当空气中的水蒸气压大于花材内部的水蒸气压时，水蒸气就会从空气中进入干花内部，干花从空气中吸收水分后会变软从而失去刚性，失去原有的优美形态。一般厚壁细胞发达的植物，其厚壁细胞的次壁内纤维致密，不易吸水变形；厚壁细胞不发达的植物，其结构较松散的薄壁细胞初生壁内的纤维在水分的作用下易发生变形。造成干花软化的原因主要有以下两点：一是干燥花材料放置在空气中对水分的重新吸收；二是干燥花材自身缺乏维持刚性效果所必需的厚壁(纤维)组织。在干燥花制作中需要对干花进行维持刚性效果的人工处理，其中主要采用真空密闭法、酒精松香法、聚氨酯法、浸蜡法、涂漆法等防止空气中水分侵入干花材料中；采用醋酸乙烯酯法来增强干花的机械强度。

(1)真空密闭法

通常使用的真空密闭法是将干花装于干燥、密闭的玻璃、塑料等透明容器内，使干花制品与外界隔绝，不能吸收外界的水分，从而保持干花的干燥状态，维持其刚性效果。利用这种方法制成的干花装饰品有"钟罩花"或"玻璃容器花"等。

(2)酒精松香法

将具有良好拒水性的有机物质均匀的涂于干花表面或散在干花材料中，可以防止水分侵入干花。操作时，将生松香溶于酒精中制成处理液，再将处理液涂于干花表面，待酒精挥发后，松香在干花表面形成一层固态拒水薄膜，可以防止水分侵入干花。松香不仅有拒水作用，还有一定的增加干花强度的作用。酒精松香法的缺点在于会使干花体积缩小，且易在干花表面产生一层"白霜"，使用时应加以注意。

(3)聚氨酯法

聚氨酯对干花也具有拒水和支持加固的双重作用。将聚氨酯用聚氨酯稀释剂稀释后均匀涂于干花表面，聚氨酯经聚合作用后在干花表面形成一层拒水膜。此法适用于中小型干花制作中的刚性维持处理。使用聚氨酯法时，花材表面会呈现较强的光泽，使干花自然质朴的特点受到影响。

(4)浸蜡法

将石蜡和地板蜡按一定比例熔解成液态，再将干花浸入蜡液中并立即取出，蜡液凝固后在干花表面形成保护层，同样具有拒水和支撑的双重作用。浸蜡法的缺点是操作中对浸蜡的技术要求很高，如操作不当会使附着在花材表面的蜡层过厚，使花材表面发乌变白，影响花材的观赏效果。

（5）涂漆法

漆为拒水性黏稠态混合物，因漆溶剂易挥发而成为干燥的不溶固体，用漆涂于干花表面，使漆在干花外形成一层拒水膜，保护干花不会吸湿软化。漆的种类很多，主要包括醇酸类漆、硝基漆、无光漆等。从色彩上分为无色清漆和有色漆两种，用于干花保护剂的主要是无色清漆。使用涂漆法的干花拒水效果好，形态保持长久，但干燥速度慢，花材表面发亮，人工化痕迹较重。

（6）醋酸乙烯酯法

将醋酸乙烯酯、氯化钠、明矾及水混合为处理液，均匀涂于选好的花材表面，待液体干燥后再涂第二层，如此反复涂几次，保持花朵形态，直至醋酸乙烯酯变硬成形，使醋酸乙烯酯在花材表面聚合成有一定强度的固体膜，从而对干花起到支持的作用。此法处理的花材并无防水性，但能维持较好的形态。但制作过程较费时，且干燥后花材表面发亮，影响花朵质感。

不论用何种维持干花刚性的处理方法，都会影响干花的质感效果，同时这些处理方法都给干花的加工增加许多难度，所以这些方法目前仅在小型加工场或个人手工制作中使用。不同的植物种类也需摸索适宜的维持植物刚性效果的方法。针对月季花瓣纤维化程度低、易吸水、受潮后花瓣变软下垂、花形改变且容易长霉等问题，选择无色透明、无毒、容易成膜、对花材外观影响小的聚乙烯醇、固体石蜡、清漆3种覆膜材料进行了月季干燥花表面保护的研究。3种覆膜材料覆膜处理后效果比较见表2-2。最终选定清漆为月季花朵保护材料。具体方法为，用清漆与天那水配制成5%的清漆溶液，覆膜前用光油在花瓣表面涂上一层底漆，再喷一层清漆溶液。解决覆膜后花材光感较强问题，可以通过在清漆溶液中加入适量二氧化硅，通过降低清漆反光性来加以改善（刘文利，2005）。

表2-2　3种覆膜材料对月季花朵保护效果的比较

覆膜材料	保护效果	
	优　点	缺　点
聚乙烯醇	易成膜，膜均匀	处理后花瓣易粘连，花材原有花型被破坏，观赏性下降；膜的亮度较高，对花外观有明显的影响
固体石蜡	易成膜，花瓣机械强度增加，膜的隔离性好	成膜过程不易控制，膜的厚度较大，但均匀度较差，花瓣基部和边缘容易出现石蜡堆积；固体石蜡的透明度较低，对花材质感影响比较明显；加热时间长，易引起花瓣透明
清漆（不涂底漆）	花材花型改变小	在花瓣表面形成白色不规则斑块，分布不均匀，视觉效果独特
清漆（涂底漆）	易成膜，膜均匀，花瓣机械强度增加，花材花型改变最小	花材处理后光亮感较强，花瓣硬度增加，韧性降低

2.3　立体干燥花植物材料漂白

　　许多以观赏花朵、花萼为主的天然干燥花,如二色补血草、中华补血草、大叶补血草、金色补血草、麦秆菊、金莲花、千日红、天仙子等,在完全干燥后其原色即有较高的观赏价值,但大多数立体干燥花的颜色会变暗、变淡或完全褪变成褐色,失去观赏性和商品价值。有些红、蓝、黄、紫等色调的花卉,即使干燥后的颜色也可以满足插花应用的需要,但经过一段时间后,特别是摆放在温度、湿度较高的环境中,花材仍然会出现褪色现象。因此,在立体干燥花的生产制作中,大多是将花材经过漂白染色制成漂染干花。市场销售的立体干花的主流产品也是这类漂染干花。下面将介绍立体干花材料的漂白技术与方法。

　　植物材料大多含有丰富的天然植物纤维素,其组成元素为碳、氢、氧。在干燥后的植物中还含有脂肪、蜡质、果胶、天然色素、含氮物质、灰分物质等。这些组成成分与纤维素一起组成干燥后的植物材料。对植物材料进行漂白的目的是去除或破坏纤维素以外的天然色素以及其他有色杂质,赋予花材必要的和稳定的白度,同时,使植物纤维本身不受损伤,以利于花材的着色,从而染制出合乎要求的颜色。因此,漂白的工艺质量直接影响染色的效果。

2.3.1　植物材料整理和脱色

　　首先要对已经干燥的花材进行漂白前的整理,去掉多余的部分或造型不合格的枝条,通过修剪、分类、分级、捆扎,整理成统一规格的束状花材。每一束的花材不易太多,不同种类植物要有规定的数量,如体量小的线状花材,可5~10枝一束;体量大的团块状花材,可3~5枝一束。将经整理捆扎成束的花材,挂于向阳的晾晒架上,令其接受阳光照射,使之脱色。夏季天气干燥,水分蒸发快,可适当给花材喷水提高湿度以加快脱色速度。注意喷水量不能过大,以喷水后花材很快将水吸入、表面无浮水为宜。待花材完全干燥后再进行新一轮喷水。在花材的自然脱色过程中,可采用多次喷水处理。花材经过自然脱色后,大多呈黄褐色,这时就可以开始着手进行漂白处理。

2.3.2　植物材料漂白

　　植物材料漂白的方法有次氯酸盐漂白法、亚氯酸钠漂白法、过氧化氢漂白法等。通常采用的漂白剂有次氯酸钠($NaClO$)、亚氯酸钠($NaClO_2$)、过氧化氢(H_2O_2)等。这些漂白剂均有不同程度的腐蚀性或毒性,在干花的生产或家庭制作中,应注意安全操作,以免受到损伤。

2.3.2.1　次氯酸盐漂白法

　　次氯酸盐漂白法使用的漂白剂主要是次氯酸钠和次氯酸钙。次氯酸盐本身无漂白性,但次氯酸盐溶液容易与水和空气中的二氧化碳结合,生成的次氯酸($HClO$)具有漂白性。次氯酸根在酸性、碱性、中性条件下都具有强氧化性,这种强氧化剂可以将有色物体中的色素氧化生成无色的新物质。因为次氯酸不稳定，不便于贮存和运输，所以次氯酸漂白剂要制成次氯酸盐的形式。次氯酸盐漂白剂与水和二氧化碳作用的原理为：

$$NaClO + H_2O + CO_2 = NaHCO_3 + HClO$$

$$Ca(ClO)_2 + 2H_2O + 2CO_2 = Ca(HCO_3)_2 + 2HClO$$

次氯酸在水中可解离成 H^+ 和 ClO^-，游离的次氯酸在溶液中很不稳定，又可生成 Cl_2O 离子。在酸性溶液中，次氯酸溶液会有 Cl_2 气体产生。这样，在次氯酸溶液中有效氯有 Cl_2、$HClO$、ClO^-、Cl_2O 等多种形式，可根据条件的不同发生不同类型的反应，如氧化反应、加成反应、氯化反应等。当干燥花材遇到次氯酸溶液时，会发生下列一系列的化学反应：①花材中的果胶质水解产物上的醛基被氧化成为羧基，生成有机酸类；②含氮物质和脂肪酸被氧化生成氯氨基酸和脂肪酸的氧化物；③木质素被氧化生成氯化木质素；④次氯酸参与色素分子双键上发生的加成反应和芳香族的置换反应；⑤次氯酸与纤维素发生作用，生成氧化纤维素，在这一过程中，次氯酸参与了纤维素分子上羧基的氧化，使之转变成醛或酮；⑥次氯酸参与了纤维素的水解。以上反应的结果可使干花材料褪色并漂白，同时花材也会受到一定程度的损伤。在使用次氯酸盐漂白时应针对不同特性的植物材料配制合适的漂白液浓度，确定合适的漂白时间。

(1) 漂白试剂和用具

次氯酸盐漂白法使用的漂白试剂主要包括漂白剂、pH 值调节剂、渗透剂、稳定剂等。漂白设备与用具包括漂白处理槽、酸碱漂洗池、加热设备、烘干设备及其他一些基本用具。

漂白剂 次氯酸钠 ($NaClO$)，为无色或淡黄色液体，含有效氯 10% ~ 13%，可与水任意比例互溶。有刺激性气味，对皮肤有伤害。不同种类花材漂白液的浓度也有所不同，一般配制漂白液浓度为含有效氯 0.2% ~ 5%。市场上出售的次氯酸钠规格见表 2-3。

表 2-3　次氯酸钠液规格质量(引自刘荣贵,1988)

指标名称	规 格	
	一 级	二 级
次氯酸钠(有效氯)(%) ≥	13	10

pH 值调节剂 为调节漂白剂的 pH 值及中和处理的助剂。通常使用的调节剂有碳酸钠 Na_2CO_3，硫酸 H_2SO_4，盐酸 HCl，氢氧化钠 $NaOH$ 等。次氯酸盐漂白法常用碳酸钠作为调节剂。碳酸钠 Na_2CO_3，又称纯碱，强碱性白色粉末或细结晶，易溶于水，能吸收空气中水分和二氧化碳成为碳酸氢钠而结块，宜存放于干燥处。

渗透剂 为协助漂白剂渗透的助剂，也称表面活性剂，通常家用、工业用高效中性的洗涤剂即可。

漂白处理槽 要求采用耐腐蚀的不锈钢、陶瓷、搪瓷、玻璃钢等材料制成，涂有防腐层的铁制处理槽也可以。漂白处理槽应具有耐热性，设有 3 ~ 5 个循环水及加热装置。

酸碱漂洗池 由耐腐蚀材料制成，要求有循环水，一般需要 1 ~ 2 个。

加热设备 小型生产可用耐腐电加热棒，大型工厂可使用蒸汽锅炉实行加温。

烘干设备　电热烘干机,要求有热风循环及帘动式排风扇。

其他用具　防腐长筒手套、防腐套衣、防腐鞋帽、口罩等防护用具;用于搬运的小型推车或电瓶车;用于覆盖容器的塑料膜、塑料箱等大型容器、晾晒架、搅拌棒、大量筒、烧杯等。

(2)漂白方法

使用2%的次氯酸钠(NaClO)溶液与适量的渗透剂配制漂白液,漂白液 pH 值用碳酸钠缓冲剂调整到 10 左右,漂白过程在常温下或适当加温条件下进行。漂白后用酸洗去残留漂白液,最后做整体的中和洗涤,工艺流程如图 2-11 所示。

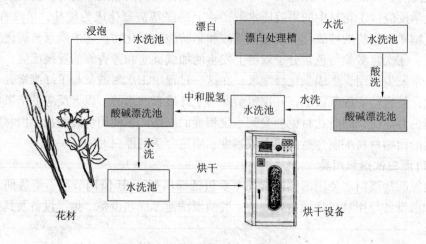

图 2-11　次氯酸钠漂白法工艺流程

使用次氯酸钠漂白法的设备简单,操作方便,成本低。此法对植物叶绿素漂白效果好,漂后的植物材料洁白度高。但由于次氯酸盐溶液在漂白的过程中会参与植物纤维素的水解反应,对植物纤维强度有破坏作用。

2.3.2.2　亚氯酸钠漂白法

亚氯酸钠(NaClO$_2$)也是目前应用较多的干花漂白剂。亚氯酸钠的氧化性介于次氯酸钠和氯化钠之间,其漂白作用主要是利用在酸性或碱性溶液中发生氧化反应生成的二氧化氯。亚氯酸钠在酸性溶液生成二氧化氯的作用原理为:

$$5NaClO_2 + 4HCl = 4ClO_2 + 5NaCl + 2H_2O$$

在 pH 值为 8~9 的溶液中生成二氧化氯的作用原理为:

$$2NaClO_2 + NaClO + H_2O = 2ClO_2 + NaCl + 2NaOH$$

当干燥花材遇到亚氯酸钠溶液时,会发生下列化学反应:①二氧化氯会引起木质素和果胶质的溶解;②在酸性溶液中将碳水化合物中的醛基氧化;③与纤维素作用产生易溶于碱性溶液的物质,但不参与纤维素的水解。由于亚氯酸钠不参与纤维素的水解,使用亚氯酸钠作为漂白剂时对植物纤维的破坏作用很小,漂白后的干花具有很好的外观效果。采用次氯酸钠漂白和亚氯酸钠漂白,因残留的氯的存在而使材料受损,漂白后要进行严格的脱氢处理。

（1）漂白试剂和用具

漂白剂　亚氯酸钠、碱、酸等。亚氯酸钠（$NaClO_2$）为无水白色粉末，有吸湿性，可与水形成 3 个结晶水的白色晶体，性质稳定。一般产品含水，加热至 180～200℃ 分解。碱性水溶液对光稳定；酸性水溶液遇光易产生爆炸分解，释放出的 ClO_2 遇酸易着火，需小心存放。市场上出售的亚氯酸钠液规格见表 2-4。

表 2-4　亚氯酸钠规格质量（引自刘荣贵，1988）

指标名称	规　格	
	固　体	液　体
亚氯酸钠（含量）（%）≥	80	20

pH 值调节剂　通常使用盐酸（HCl）作为 pH 值的调节剂，为无色或有色刺激性的液体。溶于水，对皮肤或纤维有灼伤腐蚀性，能与很多金属、金属氧化物、碱、盐起化学反应。

渗透剂　工业用高效中性的洗涤剂。

漂白用具　同次氯酸盐漂白法所述。

（2）漂白方法

将亚氯酸钠与弱碱或弱酸溶液按比例配制成漂白液，再将漂白液用盐酸调至 pH 呈弱酸性（pH 值为 4～4.5），最后用碱及双氧水中和脱氯，漂白过程在高温下进行。工艺流程如图 2-12 所示。

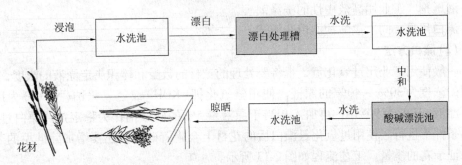

图 2-12　亚氯酸钠漂白法工艺流程

亚氯酸钠漂白法对植物纤维损伤小，材料白净度好，是目前植物漂白效果较好的一种方法，因而最为常用。但在操作中易产生有毒气体，污染环境，腐蚀设备，设备需要特殊的金属材料制成，在生产应用上受到一定的限制。

2.3.2.3　过氧化氢漂白法

过氧化氢分子中带有过氧键，能够分解产生水和过氧自由基（$H_2O_2 \rightarrow H_2O + O$）。过氧自由基具有很强的氧化性，当过氧自由基与色素作用时，有色物质的分子被氧化从而失去原有的颜色，而起到了漂白的作用。当干燥花材遇到亚氯酸钠溶液时，会发生下列化学反应：①过氧化氢将纤维素上的有色物质和无色杂质通过氧化作用使之结构改变，转变成无色物质;②过氧化氢在碱性溶液中与纤维素作用,会使纤维素分子中生成新的官能团,并使得纤维素分子的葡萄糖苷键稳定性降低。

(1)漂白试剂和用具

漂白剂　过氧化氢(H_2O_2),俗称双氧水,为无色透明液体,可以任意比例溶于水,遇热、光、重金属等易分解。与酸混合较为稳定,有腐蚀性。高浓度则可使有机物燃烧。市场上出售的过氧化氢液规格见表2-5。

表2-5　过氧化氢规格质量

指标名称	规　格		
	27.5%过氧化氢	35%过氧化氢	50%过氧化氢
级　别	优质　　　合格		
过氧化氢(含量)(%)≥	27.5　　　27.5	35	50

稳定剂　为防止漂液的分解,要在漂液中加入适量的稳定剂。常用的稳定剂为硅酸钠。硅酸钠$NaSiO_3$,俗称水玻璃,为透明或半透明黄色、青灰色黏稠液体。溶于水,遇酸分解析出硅酸胶质沉淀。

pH 值调节剂　通常使用氢氧化钠(NaOH)或氢氧化钾(KOH)作为 pH 值的调节剂。氢氧化钠为无色或白色透明晶体,易吸湿溶化,易溶于水,有强腐蚀性,能破坏有机组织。氢氧化钾为无色透明或白色片状固体,属强碱,有强腐蚀性,易溶于水,溶解时放出大量的热。

渗透剂　工业用高效中性的洗涤剂。

漂白用具　同次氯酸盐漂白法所述。

(2)漂白方法

一般使用工业用过氧化氢,视将要处理的花材的数量和体积决定漂液的浓度,一般适用的浓度为30%~40%的漂液。使用氢氧化钾(KOH)或氢氧化钠(NaOH)为助剂,调节漂液 pH 值为9~10;再加入相当于漂液量5%的硅酸钠作为稳定剂。漂白过程在高温条件下进行。使用过氧化氢漂白后的花材上会附着硅垢,还要增加除硅垢的工序,以保证干花的质量。工艺流程如图2-13所示。

过氧化氢漂白法对环境基本无污染,无毒气排放,工作条件相对较好。漂白时花材的损失较小,植物纤维白净度高而稳定,成品品质好。但此法对叶绿素漂白效果差,材料上会附着硅垢,需要增加除硅垢工序。另外生产中对设备要求高,成本也相对较高。

在干燥花制作的实践中,不同的植物种类适合哪一种漂白方法,需要通过具体的试验来确定,傅惠等(1999)对云南省33种可利用干燥花植物的花枝、果枝进行过氧化氢(H_2O_2)漂白工艺研究,经与次氯酸钠(NaClO)和亚氯酸钠($NaClO_2$)试剂漂白效果的比较,结果表明 H_2O_2 的漂白效果最好,经 H_2O_2 漂白的花材纤维损伤小,白净度高。使用 H_2O_2 作为漂剂还具有无毒,无环境污染等优点,是花材漂白较为理想的试剂,适用于草本、灌木、枝干、果实等多种花材的漂白。试验中最佳漂白方法见表2-6。

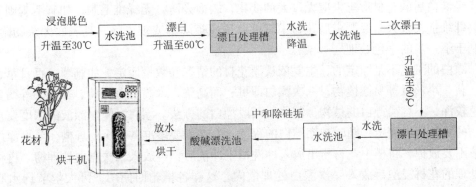

图 2-13　过氧化氢漂白法工艺流程

表 2-6　云南省 33 种植物 H_2O_2 漂白效果比较(引自傅惠，1999)

植物类型	花　　材	干燥后颜色	预处理	漂液 pH 值	H_2O_2 浓度（%）	漂白时间（h）
质地柔软的草本植物	磨盘草（*Abutilon indicum*）、燕麦（*Avena sativa*）、虎氏菅草（*Themeda hookeri*）、假苇子茅（*Calamagrostis pseudophragmites*）、假酸浆（*Nicandra physaloides*）、银币花（*Lunaria annua*）、鸭跖草（*Commelina communis*）、海仙报春（*Primula poissonii*）	浅黄色或浅褐色	不需要	5	10	12～24
质地较硬的草本或灌木	大头续断（*Dipsacus chinensis*）、续断（*D. japonicus*）、益母草（*Leonurus sibiricus*）、秋英属（*Cosmos*）、昂天莲（*Ambroma augusta*）、黄秋葵（*Hibiscus esulentus*）、悬铃木果（*Platanus orientalis*）、万寿菊（*Tagetes erecta*）果枝	浅褐色	需要	5	10	12～24
质地较薄的果实或果枝	旱冬瓜（*Alnus nepalansis*）果枝、曼陀罗（*Datura stramonium*）果实、艾蒿果枝（*Artemisia princeps*）、鸢尾果枝（*Iris teetorum*）、大蓟果枝（*Cirsium sp.*）、香椿（*Toona sinensis*）果枝、红椿（*T. ciliata*）果枝、美丽芙蓉（*Hibiscus indicus*）果枝	褐色	需要	5(8)	20	12～48 (48)
质地坚硬厚实的果实类	华山松（*Pinus armandii*）果、云南松（*P. yunnanensis*）果、澜沧黄杉（*Pseudotsuga forrestii*）果、丽江铁杉（*Tsuga forrestii*）果、云南油杉（*Keteleeria yunnanensis*）果、大果红杉（*Larix potaninii*）果、滇木荷（*Schima noronhae*）果、直干桉（*Eucalyptus maideni*）果枝、蓝桉（*E. globulus*）果	深褐色	需要	5(10)	30	24～48 (48)

　　H_2O_2 漂白的具体操作方法是按以下工艺流程进行的：浸泡→预处理→漂白→水洗→中和除硅垢→水洗→晾晒。其中，浸泡是将花材分类后分别用水浸泡 2h，取出滤去水分；预处理是用碱性预漂液浸泡花材；漂白是用适合浓度的漂液处理一定的时间；中和除硅垢是用稀 HCl 浸泡花材，除去附着在花材上的硅垢。

经漂白后的花材形态上应无过大的变化，表面光滑，无纤维毛刺，如有毛刺则说明植物纤维损伤较大。经漂白后花材中有色杂质应被降解或被去除，且表面无杂物附着，有利于下一步的染色处理。

漂白的工艺不是固定的，主要依被漂花材的情况和数量而定。如刺藜、百日草、小麦、荻、小丝瓜等易漂植物，一次漂白即可；而高粱、米蒿、茵陈蒿、香椿果等褐变后颜色较深、不容易漂白的植物，需采取两段漂白的方法。漂白时间、漂液的浓度要根据植物的具体情况而定，随时观察漂白的程度，有条件要多准备几个处理槽，一次漂白后漂液不要放掉，将槽中花材捞出放入冲洗槽中冲洗后，再放入二次漂白处理槽。再将没有处理的花材浸泡后放入一次漂白处理槽内。这样各槽轮回使用，可大量节约水和试剂。循环使用4~5次后将所有的清洗水和漂液全部放掉。漂白处理后的清洗很重要，清除残存的漂液及杂物，减小花材损耗，保证成品的品质。此外漂白时的温度应严格控制，一般不能高于60℃，温度过高会损伤植物纤维。

漂白后的干花应是透彻的白色，适宜染制各种理想的颜色。如果花朵极难漂白，呈不透彻的灰白或黄色，这样的花材适合染制较深暗的古旧颜色，在花艺应用中也是别有韵味的。在干花装饰品的创作中，有时需要较暗色调的花材，如深紫色、湖蓝色、墨绿色等，制备这些具较深色彩的花材时可不经过漂白程序，直接进行染色。

2.3.3 漂后干燥处理

漂白清洗后的花材应立即进行干燥处理。干燥方法见本章2.2节内容。但此时的自然倒挂和平放干燥都一定要在避光的通风干燥处进行，以免因阳光的照射使花材变黄。干燥后的花材要用纸包好，整齐地码放在干燥的避光处，保持干燥，不能受潮。

2.3.4 适合漂白植物种类

在众多的植物种类中，由于有些花材纤维素含量高，机械强度较大，耐损伤能力强，因而适合采用漂白染色法进行加工制作干燥花；很多植物材料则由于纤维素含量低而不适合用来制作漂染类干花。适合制作漂染干花的植物材料具有下列特点：含有丰富的纤维，有较好的韧性，不易脱落或折断，干燥后易褪色，但能较好地保持自身的形态。表2-7列出了常用的适合漂白的植物种类。

表2-7 常用的适合漂白的植物种类

适合制作干花的器官	特　点	植物种类
花、花穗	纤维含量低	八仙花、溲疏、洋蓟、藿香蓟、蓝刺头、毛地黄、黄花蒿、米蒿、风毛菊、风信子、飞燕草、香石竹、漏芦、叶子花、蜡梅等
果穗、果枝	纤维含量高、机械强度大	高粱、小麦、燕麦、亚麻、芝麻等果穗；蒿类、野亚麻、麦蓝菜、曼陀罗、荷麻、黄蜀葵、黄秋葵、香薷、续断、益母草、耧斗菜、桔梗、火绒草、薯草、罂粟、松树等果枝
茎、叶	纤维含量高、机械强度大	藤类、垂柳、竹、旱伞草、黄杨、苏铁、铁线蕨、玉兰、蜡梅、南天竹、芒萁、桉树、玉桃、假叶树、卷柏

我国分布的干燥花植物资源非常丰富，适合用来染色的植物种类也非常多，但适合的漂白加工方法还有待在实践中验证。世界各地区也分布着众多的优秀的干燥花植物资源，如南非的各种穗类、银叶树类、山龙眼类、麦秆菊等；澳洲分布的佛塔树类、松红梅、袋鼠爪花、蛾毛蕊花、蓝桉等；欧洲分布的兔尾草、鼠尾草、刺芹、兰花参类、牛眼菊、西洋蓍草、松树类等；南美分布的木百合、番石榴、小星花等；东南亚分布的木蝴蝶、桃榔、苹婆类、藤果类、炮弹果、木芙蓉、相思树等，其中很多已经在世界花卉市场中广泛应用，并形成了具有各国鲜明特色的干花产品。

2.3.5　影响漂白效果因素

理想的漂白效果是获得白净度高且无损伤的花材，对花材进行漂白处理时，花材内部组成、结构、漂液的浓度、pH 值等因素都影响到漂白的效果。

（1）植物材料内部的组成和结构对漂白效果的影响

植物是一个十分复杂的有机系统，其内部的组成和结构对漂白的效果起着十分重要的作用。首先，植物材料中含有多种色素，不同种类的色素稳定性不同，其耐漂性也就不同。如花青素是较不稳定的色素，且易溶于水，所以它很容易被漂白剂破坏。类胡萝卜素是脂溶性色素，结构稳定，不易被漂白剂破坏。脂溶性色素较水溶性色素漂白困难，这与其溶解性相关。所以在处理液中适当加入表面活性剂，可以促进对脂溶性色素的破坏，并且可以促进其在水中的溶解。

其次，植物材料内有色杂质的含量对漂白效果也有较大影响。有色杂质的含量与花材颜色的深浅呈正相关，有色杂质含量越高漂白难度越大。在漂白前将花材用清水浸泡，可预先去除部分水溶性有色杂质，降低花材中有色杂质的含量，提高漂白的质量。除有色杂质外，花材内蜡质、脂类等物质对漂白也有很大影响。蜡质通常分布于花材表面，它有拒水性，可以阻挡漂白剂的渗透，增加漂白的难度，如革质的叶片比一般叶片漂白难度大。在处理液中适当加入表面活性剂，可除去一些蜡质成分，加快漂白速度，提高漂白质量。脂类也是拒水性的，如松果类，这类材料由于脂类含量高，漂白效果很差。用表面活性剂或可溶解花材中脂类的有机溶剂，对脂类含量高的花材进行预处理，可加快漂白速度并节约漂白试剂。

此外，花材的结构会对漂白液的渗透作用产生影响。木质化程度高的花材，结构较紧密，处理液的渗透速度慢，并且，材料内反应后的废液与材料外的有效药剂之间的交换速度也慢，从而影响花材的漂白效果。表面蜡质层的厚度通常决定漂白时间的长短，一般漂白液向材料内的渗透速度与材料表面蜡质厚度成反比。花材的表面积与体积之比也是影响干花效果的原因，比值越大，花材与药液接触面越大，越容易被漂白。

（2）漂白液对漂白效果的影响

漂白液的各项性能对花材的漂白质量有较大影响。首先，漂白液的浓度直接影响漂白的质量和时间。一般而言，花材的白净度与漂白液的浓度在一定时间范围内呈正相关，当浓度达到一定数值后，材料的白净度不再随漂白液浓度的增加而增加。不同种类的植物材料适合漂白液的浓度不同，漂白液的浓度越大对植物纤维的损伤也就越大，因此，设定漂白液的浓度时，要根据材料漂后的白净度和损伤情况综合而定。

不同漂白液的 pH 值对植物漂白效果也有影响。在次氯酸钠漂白法中，植物纤维素呈现最大白净度是在漂白液 pH 值为 8~10 时；在中性漂白液中，次氯酸钠对植物纤维素的氧化程度最大；而在酸性漂白液中漂白的植物材料的白净度较差。在亚氯酸钠漂白法中，当漂白液呈酸性时，可释放出二氧化氯对花材进行漂白，但当 pH 值≤2 时，漂白液将对植物纤维起到严重的破坏作用，影响干花的品质。在过氧化氢漂白法中，漂液 pH 值越小则 H_2O_2 分子稳定性越好，但同时其反应能力也就越小；当 pH 值升至 7 以上时，漂白液对植物纤维的漂白速度会大大提高；漂白液 pH 值越高，H_2O_2 的反应能力越强，但对植物纤维的破坏就越大，所以应根据不同花材的组织结构来决定适宜的 pH 值使用范围。

漂白液的温度能影响漂白液的反应能力，漂白液的温度与漂白液内有效漂白成分的释放速度和渗透速度在一定范围内呈正相关。但这不能说明温度与漂白效果也呈正相关。温度与漂白效果呈正相关的温度范围很小，温度过高，漂白液中漂白成分迅速释放，使其来不及与材料内有色杂质发生反应，就已经损失掉，造成漂白的不彻底和试剂的浪费。过高的温度还会破坏材料的形态结构，对植物纤维素的破坏程度也会加剧，极大降低花材的质量。此外，漂白液的渗透性也会影响漂白的效果。漂白液渗透性越好则漂白剂与有色杂质发生作用就越彻底，因此，在漂液中适当加入表面活性剂，可通过提高漂白液的渗透性来提高漂白的速度和质量。

2.4　立体干燥花植物材料染色

在生产制作干燥花的过程中，能否尽量保持其原有的色彩、达到理想的观赏效果是保证干燥花品质的关键技术环节。一般而言，立体干燥花的生产加工中只有几种天然干燥花能较长时间内保持其原有色泽。在生产中，主要通过控制温度、湿度、光和干燥介质中氧含量等物理方法，保持花材的颜色。大多数植物种类在干燥过程中或干燥后均难以保持其原有颜色，即便是有些植物在干燥初期能够保持原有颜色，但在室内外陈列一段时间，甚至在暴露于空气中较短的时间内，干花材料便迅速褪色。也正是由于这个原因，立体干燥花生产大多采用了漂染工艺，以适应较长时间观赏的需要。本节将分别从植物材料的护色和染色两个方面介绍一些具体的方法和技术。

2.4.1　植物材料护色

立体干燥花材料的护色通常采用的是物理护色法，即在花材的干制过程中，通过控制温度、湿度等外界环境条件达到护色效果的方法。物理护色法的原理是迅速除去花材中的水分，抑制细胞内各种色素的分解。具体措施是采用降低干燥介质的湿度或调节温度梯度等办法，加速水分从植物材料内向外蒸发。在平面干花制作中，为使花材干燥后具有鲜艳的颜色，在干燥压制前对新鲜花瓣进行化学药剂处理往往可以获得一定的保色效果，这种方法被称做化学的保色方法。有关化学护色法本书将在平面干燥花制作部分加以介绍。

在立体干燥花的过程中，一般采用两种干燥方法进行保色。一种是以 0℃ 以上、

10℃以下的干燥冷空气作为干燥介质的低温干燥法。低温干燥法操作较为容易，保色效果好，对设备要求严格，生产时间长。另一种是以减压空气为干燥介质的减压干燥法，即将植物材料置于抽成一定真空度的密闭容器中，使材料内水分迅速蒸发或升华，并通过减压防止材料内外的氧化反应的发生。减压干燥法干燥速度快，保色效果好。在生产实践中还采用低温减压护色法，此法克服了低温干燥耗时较长的缺点，能够获得较好保色效果。

此外，为保持干花工艺品的观赏性，通常使用真空密闭法来保持花材的颜色，即将干花装于干燥、密闭的玻璃、塑料等透明容器内，使干花制品与外界隔绝，避免因为吸收外界的水分而使有些色素酶活性增强，从而保持干花的颜色。

2.4.2　植物材料染色

染色是用色料渗入花材组织中或附着于花材的表面，使花材着色的方法。色料透入花材内使其着色的方法称染料染色；色料附着于花材表面的着色方法称涂料染色。通常纺织用染纤维物质的染料大多适用于对干花材料的染色。染料的种类很多，不同种类染料的染色原理不同，应尽量选用在植物纤维上着色容易的染料来染制干花。用于染色的染料为天然或合成的有机化合物，化学性质有酸性、碱性或盐性。在染色过程中，这些化合物分子与纤维分子发生结合或附着等作用而使植物纤维着色。染色方法采用煮染法、浸染法、涂染法、喷染法、吸染法等。

2.4.2.1　色料的种类

色料可分为染色料和涂色料两大类。其中，染色料是能溶于水或借助于化学方法使之溶于水而制成的分散液，在染色时使染液渗入而染上纤维。涂色料不溶于水和一般有机溶剂，是借助于某些高分子物（黏合剂）将悬浮状态的颜料细小颗粒黏着在纤维表面而染上纤维。

（1）染色料

染色料是使纤维或其他基质染成鲜明而牢固色泽的有机化合物。染色料具有鲜明的色泽，能溶于水或借助于化学方法使之溶于水，在染色后具有一定的牢固性，即在后加工或使用过程中保持不褪色。染色料包括直接染料、分散染料、活性染料、还原染料、硫化染料、冰染染料、阳离子染料、缩聚染料等类型，其中按化学性质又分为酸性染料、盐性染料、碱性染料及缺乏亲和力的染料4类。其中前3类染料可溶于水、酸性或碱性溶液中，第4类染料基本不溶于水。染料染色的效果取决于染料和植物纤维之间一系列相互作用的因素，其中包括对染料种类的选择、植物纤维的物理和化学性质、助剂的质量、植物纤维的白净度以及工艺操作条件等。

（2）涂色料

涂色料是附着于花材表面而使花材着色的一类色料。用于涂色的颜料主要有4种：漆、金属色料、水性颜料和油性颜料。用涂色料处理花材，可不必将花材进行漂白，经涂色后的干花具有自然干花和染色干花所不具有的光泽和质感。利用金属色料表现出的金色、银色等自然界没有的颜色，在大型花艺作品中显示出干花的独到之处。

2.4.2.2　干花染色常用的染色料

(1)染色料的种类

干花染色常用的染料均为可使纤维着色、染色容易、操作方便的一类染料,按应用性能分为以下几类:

直接染料(direct dyes)　该类染料与纤维分子之间以范德华力和氢键相结合,分子中含有磺酸基、羧基而溶于水,在水中以阴离子形式存在,可使纤维直接染色。此类染料色谱齐全,匀染性好,但色泽清淡,不够鲜艳。

分散染料(disperse dyes)　染料分子中不含有水溶性基团,是一类水溶性很小的非离子型染料,在染色时用分散剂将染料分散成极细颗粒,在染液中呈分散状对纤维染色。

活性染料(reaction dyes)　染料分子中存在能与纤维分子的羟基、氨基发生化学反应的基团。通过与纤维成共价键而使纤维着色,又称反应染料。能溶于水,有良好的匀染性,色谱齐全,色泽鲜艳,使用简便,色牢度好,但染料利用率不高、染深色较困难。

还原染料(vat dyes)　有不溶和可溶性两种。不溶性染料在碱性溶液中还原成可溶性,再经过氧化使其在纤维上恢复其不溶性而使纤维着色;可溶性则省去还原一步。该类染料主要用于纤维素纤维的染色,染色鲜艳、耐晒,但缺乏大红色。

硫化染料(sulphur dyes)　具有复杂的含硫结构,不溶于水,可在硫化碱溶液中还原成隐色体而被溶解,隐色体被纤维素吸附,经氧化后重新生成不溶性染料固着在花材上。硫化染料染色不够鲜艳,色谱不齐全,以黑、蓝、草绿色为多,缺少红色和紫色,上染率较低。

冰染染料(azoic dyes)　为不溶性偶氮染料,具有偶氮结构(—N≡N—),是由两种有机化合物在纤维上结合而成的染料,较适合于染艳丽的色泽,日晒牢度好。染色时需在冷冻条件(0~5℃)下进行,由重氮和偶分组分直接在纤维上反应形成沉淀而染色。此类染料用于干花染色效果较好。

阳离子染料(cationic dyes)　因在水中呈阳离子状态而得名。属碱性染料类。染色鲜艳,得色量高,易染深色,日晒牢度好,耐热。在稀酸的热溶液中溶解度高,冷却后溶解度下降易析出。此类染料用于干花染色效果最好。

缩聚染料(polycondensation dyes)　这类染料可溶于水,染色时在纤维上脱去水溶性基团而发生分子间缩聚反应,成为分子量较大的不溶性染料,固着在纤维上。

按化学结构分类(主要是根据染料所含共轭体系的结构来分),可分为:偶氮、酞菁、蒽醌、菁类、靛族、芳甲烷、硝基和亚硝基等染料。

(2)染色料的命名

染料分子结构复杂,系统命名和商品名都比较繁杂。各国均对染料有自己的统一命名方法。我国对染料的命名可由三段组成:第一段为冠称,有31种,表示染色方法和性能;第二段为色泽名称,有30个,表示染料的基本颜色;第三段为词尾,以拉丁字母或符号表示染料的色光、形态、特殊性能及用途。例如,活性艳红X—3B染料:"活性"即为冠称;"艳红"即为色称;X—3B是词尾,X表示高浓度,3B为较2B稍深的蓝色。这表明该染料为带蓝光的高浓度艳红染料。各国染料冠称基本上相同,色称和词尾有些不同，也常因厂商不同而异。中国根据需要，采取了统一的命名法则。

冠称　包括直接、直接耐晒、直接铜蓝、直接重氮、酸性、弱酸性、酸性络合、酸性媒介、中性、阳离子、活性、还原、可溶性还原、分散、硫化、色基、色酚、色蓝、可溶性硫化、快色素、氧化、缩聚、混纺等。

色称　包括嫩黄、黄、金黄、深黄、橙、大红、红、桃红、玫瑰红、品红、红紫、枣红、紫、翠蓝、湖蓝、艳蓝、深蓝、绿、艳绿、深绿、黄棕、红棕、棕、深棕、橄榄绿、草绿、灰、黑等。

色光　包括 B—带蓝光或青光；G—带黄光或绿光；R—带红光；F—表示色光纯；D—表示深色或稍暗；T—表示性质与用途；C—耐氯，棉用；I—士林还原染料的坚牢度；K—冷染（中国活性染料 K 表示热染）；L—耐光牢度或均染性好；M—混合物；N—新型或标准；P—适用于印花；X—高浓度（中国活性染料 X 表示冷染）。

（3）染色料的特性

染色料的种类不同，其外观、细度、水分、pH 值、强度、色光、坚牢度、溶解度、扩散性能等指标的要求也不同。染料的颗粒大小和均匀程度对染色性能有一定影响。为保证染色质量，对有些染料要进行研磨，在研磨时加入分散剂和润湿剂，以达到一定的分散度。色光是染料的重要品质，加工时采取拼混法，以消除各批原料色光上的差异，得到稳定色泽的染料。染料的用量常取决于其强度。染料强度高，染色力强，得色就浓；相反，染色力低，得色就浅。要得到同一色泽，使用强度高的染料用量相对要少。染色时常在染料中加入一定的助剂，如稀释剂、润湿剂、扩散剂、稳定剂、助溶剂、软水剂等，燃料的化学结构及色泽、色光的稳定性易受这些化学成分（如酸、碱、氧化剂、还原剂）的影响。各种染料染色性能的稳定性也受到光、湿、热等外界因素的影响。大多数染料为干燥的粉末，易受潮而影响有效成分，应存放在干燥、阴暗处，盛放染料的容器应保持良好的密封状态，使用塑料袋等进行防潮。

2.4.2.3　干花染色常用的涂色料

用于干花着色的涂色料均不透明，所以用涂色料为干花着色可使用没有经过漂白的花材。

（1）漆

漆为拒水性黏稠态混合物，易挥发而成为干燥的不溶固体。包括醇酸类漆、硝基漆、无光漆等多种。从色彩上分为无色清漆和有色漆两种。无色清漆主要作为金属粉的附着剂和干花的保护剂。醇酸类漆为最常用种类，特点是干燥慢，光泽强。漆的保存应注意密闭，防止溶剂挥发。

（2）金属色料

金属色料包括铜金粉和铝银浆。铜金粉为金色粉末，遇空气中的水和二氧化碳可形成蓝绿色碱式碳酸铜结晶。其质量等级以"网目数"表示，"网目数"越大其颗粒越细。干花涂色后，颗粒大的铜金粉易脱落且色暗。可根据要求选用不同等级的产品。铝银浆为银色糊状悬浮液，其中的金属固形物久置可发生沉淀，溶剂挥发后可形成软块状固体。

金属色料自身无法固着于花材上，要用清漆作为附着剂将其固着。花材着色后有强金属光泽。此类色料应密封保存，减少与空气接触以防止质量下降失去光泽。

（3）水性颜料

水性颜料为黏稠糊状或膏状物，可以与水调成悬浮液或糊状物，包括广告颜料、水粉色等种类，颜色丰富，是涂料中广泛应用的一类色料。可在黏合剂的协助下固着于花材表面为花材着色。其中以荧光广告色和荧光涂料着色最为艳丽。此类色料水分蒸发后形成块状固形物，无法使用，因此保存时应注意密封，防止干燥。

（4）油性颜料

油性颜料主要是油画色、油彩，为脂溶性膏状色料，只能用手工涂抹的方法加工，只限在家庭制作中使用，较少用于工业生产。

2.4.2.4　干花染色常用的植物染料

在上述的各种染料和涂料中有很多属于天然植物提取物，也称为植物染料。由于合成染料在工业生产过程中给环境带来很大的污染，一些合成染料对人体健康也有一定的影响，随着全社会对绿色环保的要求，天然植物染料越来越多的得到应用。可以用来对天然纤维染色的植物很多，色素主要来源于花、草、树木、茎、叶、果实、种子、皮、根等。常见的染料植物有几百种，常见种类见表2-8。

表2-8　植物染料类别（引自贾高鹏，2005）

染料类别	植物名称	颜色	染料类别	植物名称	颜色
还原染色	木蓝	蓝	媒染色	苏木	红、黄
	马兰	蓝		茜草	土红
	蓼蓝	蓝、绿		槐花	黄
直接染色	红花	胭脂红		紫草	紫
	冻绿	绿		五倍子	黑
	荩草	黄、绿		栎木	黑
	石榴	黄		乌桕	黑
	核桃	黄		楝木	紫
	栎树	棕		苹果花	红
直接染色、媒染色	黄柏	黄		樱花	红、粉红
	姜黄	黄、橙黄		洋葱	红、黄
	郁金	黄、橙黄		山葡萄	青莲
	黄栌	黄		桑树	黄
	栀子	黄、灰黄			

不同植物染料间色素的性质差异较大。其中，对水溶解度较好的染料，染液可以直接固着在纤维上，染色时，为了提高染色牢度，要求采用媒染法；对水溶解度差的植物色素，其配糖体能溶解于水并可吸附在纤维上，用后媒染色法使之固着。有些植物染料对水溶解度虽小，但色素具有络合配位基团，可借助先媒染色法形成金属离子络合键固着在纤维上。有些植物含有形成天然色素的化合物，在染色过程中会形成不溶于水的色素，可以利用其对酸、碱性溶液的溶解度不同而使其固着在纤维上。应用中可以根据色素的化学结构对染料植物进行分类，也可以根据染料植物的染色对其分类。常见的天然

植物色素见表2-9。

表2-9 植物色素类别（引自贾高鹏,2005）

色素	植物染料名称	颜色	色素	植物染料名称	颜色
黄酮类	槐花	黄	多酚类	石榴根	黑
	青茅草	黄		槟榔子	黑
	杨梅	黄		棕儿茶树皮	黑
	红花	红		栗树皮	黑
	紫杉	红		枸树皮	黑
蒽醌类	大黄	黄		杨梅树皮	黑
	茜草根	红	吲哚类	贝紫	紫
	胭脂红	红		蓝类植物	蓝
	紫草	紫	苯并吡喃类	苏木黑	黑
二酮类	郁金	黄		苏枋	紫
内酰胺类	草木	蓝	生物碱类	黄连	黄

2.4.2.5 干花染色常用的助染剂

染色是指通过使染料和花材纤维之间的相互作用，最终使染料分子被纤维表面吸附并进一步与纤维内部分子固着的过程。花材与染料之间的固着程度是由花材纤维与染料间的作用力大小决定的，这直接影响花材的上染程度和染色牢固程度。为增强染液与花材纤维素之间的亲和性，通常在染色液中加入媒染剂、匀染剂、渗透剂、释酸剂、润滑剂等助染剂，用以提高染料的上染率。在染色过程中，根据具体情况选择合适的助剂，有利于最大程度提高染料的匀染性和透染性，获得染色效果好的花材。

(1) 媒染剂

在对植物纤维组织的染色中，有些染料与花材纤维间的作用很弱，有时仅用染料溶液染色无法使纤维着色，通常需要在染液中加入能使植物细胞、组织和色素结合的试剂来促进植物着色，这种可使植物材料着染的试剂称为媒染剂。媒染剂和色素结合形成色素沉淀，从而达到染色效果。一般做法是将媒染剂混合在染色液中进行染色，或染色前先用媒染剂处理花材再染色。在苏木素染色中所用的钾明矾、铁明矾，在偶氮染料溶液中所用的磷钨酸以及一些金属盐等都是媒染剂。

(2) 渗透剂

花材的染色最终是对细胞和组织的染色，为加强染液的渗透性需要在染液中加入渗透剂，提高染色速度和质量。这种加快染液向植物纤维内渗透，来达到匀染和透染的目的的试剂称为渗透剂。渗透剂种类很多，但基本都是表面活性剂，分为阴离子表面活性剂、非离子表面活性剂、两性表面活性剂、阳离子表面活性剂。

(3) 匀染剂

匀染剂是能够降低染料的上染速度，或增进染料的移染性而使染色均匀的一种试剂。匀染剂通常为强电解质，如盐类。由于匀染剂的存在，提高了染液中电解质浓度，使染液与植物纤维静电的相互作用因纤维电势的下降而减弱，从而降低染料的吸收，使染色均匀美观。电解质浓度与染料的解离程度成正相关，所以电解质还可起到促进染色效果的作用。

（4）释酸剂

释酸剂是用来稳定和控制 pH 值，进而控制染色速度、增进匀染效果的试剂，多为酸或碱。

2.4.2.6　染色的方法

常用的染色方法有煮染法、浸染法、涂染法、喷染法、吸染法等。

（1）煮染法

染色前处理　待染色的花材本身通常会附带各种杂质，如蜡质、类脂、多种有色杂质以及经漂白花材上残留的钙垢、硅垢等杂质。这些杂质会影响上染率、不利于染匀和染透，因此，在染色前要清除杂质，选择适合的媒染剂进行处理，以促进植物着色。对于经过漂白的花材则需要清除残留的硅垢并清洗浮尘。

染液的配制　这里仅介绍一般的染液配制方法，使用不同类别染料以及针对不同种类花材染色时应根据具体的要求确定染色液的组成。配制一般的染色液需加入 1% ~ 3% 的媒染剂、1~3g/L 的渗透剂，用释酸剂调节 pH 值至 4 ~ 8.5 后，加入需要的染料，搅拌均匀。调制染液时应边调边试，直至达到所要求的色彩后再进行染色。如为批量生产则应在大量煮染前，先做小样煮染试验，确定染料配方后再进行大量染色。

染色　在调制好的染液中放入漂白过的干花材料，边煮边染。染色时间视染色程度而定，煮染温度要有所控制，不宜在短时间内升得过高。一般先将温度升高至 40℃，再按 1℃/min 的速度升温至 70℃，再按 0.3℃/min 的速度升温至 100℃，保温 90 ~ 120min，然后降温，水洗或进行必要的后处理。染煮染法的工艺流程如图 2-14 所示。

染色后处理　经染色后，在植物纤维的表面和微孔中，存在许多吸附的残留染料，这些染料直接影响色牢度，通常须用水洗涤，必要时要使用固色剂来提高色牢度。处理

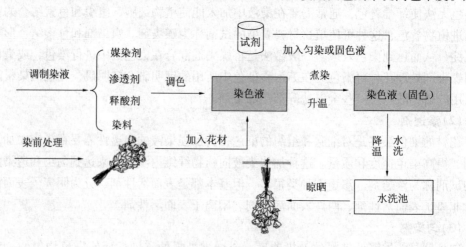

图 2-14　煮染法工艺流程

方法为浅色直接用水洗，中色用洗涤剂洗，深色则用固色剂处理。

（2）浸染法

浸染法的工艺流程与煮染法基本一致，只是不用加温，浸染法通常采用天然色素与植物纤维素纤维亲和性较好的染料进行染色。由于浸染法不需加温，所以在花材的液剂制法中可以与液剂干燥过程混合进行。用 40～60℃的热水先兑制染液，可提高染色品质。浸染法通常用来染制叶材，但色牢度较差。浸染法的工艺流程为：热水调制染液→浸染→固色→水洗→烘干。

（3）涂染法

涂染法依所涂色料不同可分为涂色法和涂漆法，多用于手工制作。涂色前要清除花材表面杂质，以利于花材着色。选用不同稀释剂调制好染料的浓度和颜色。依据染料性质不同，涂染法通常需要进行多次涂色才能使色料在花材上呈色均匀。此法适用于立体干燥花的染色，也适于平面干燥花材的染色。

①涂色法　涂色法包括水性色料涂色法和油性色料涂色法两种。

水性色料涂色法　首先要将色浆调制到适当的黏稠度，保持色浆的均匀度，用毛刷蘸取染料均匀涂于花朵和枝叶上，使花材在涂色后色度均匀，最后再进行烘干。如果所涂的颜色是浅色，最好使用漂白的花材或在色浆中加入适量白色遮盖剂，以使花材涂色的效果更好。烘干应注意控制温度，使干花迅速干燥，且成膜效果良好。工艺流程为：调制涂色浆料→涂色→晾干。

油性颜料涂色法　首先用稀释剂调好所需的油性颜料，用毛笔蘸颜料涂于花材上，干燥后即完成。对植物叶子的着色一般采用此法。工艺流程为：用稀释剂调制油彩→涂色→常温晾干。

②涂漆法　涂漆法方法简单，应注意的问题是适当掌握油漆稠度。在用金属色料涂漆时注意涂色的用量比例，过大则金属光泽太强，过小则牢度差。工艺流程为：兑漆→涂漆→晾干。

（4）喷染法

喷染法是使用手动或电动加压喷色枪对植物材料进行喷色的方法。染料包括水溶性色料或漆。喷色后，因喷枪的压力而使花材着色容易且均匀，可在材料上形成多种颜色纹理，染色效果淡雅，有立体感。优点是操作简单，染色速度快速，可大大缩短加工时间。工艺流程为：调制涂色料（兑漆）→喷色（漆）→干燥。

（5）吸染法

吸染法是利用植物根系或茎部的维管束等组织，吸收染液中色素成分进行染色的方法。在实际应用中一般选用分子较小的离子型染料，这类染料溶于水后可随水被植物茎秆吸收，并快速被输送到植物表面，呈现出不同的颜色。吸染法分为茎吸法和根吸法。

①茎吸法　茎吸法是最为常用的吸染法。配制茎吸染液需选用适宜的加色基质，常用的有水、白醋、白酒、乙醇等。其中用水作为基质时，水的纯净度越高越好；白酒一般选用45°以下的最为适宜；乙醇为10%的最为适宜。选好基质后加入一定浓度的染料即可。下面以水作染液基质为例简介茎吸染色的方法。

在纯净水中配上浓度5%左右的染料，染色前先将干花材料根据所需的长度剪断，将基部5~10cm左右长的茎秆浸入染液中，染料随着水分被植物吸入体内，随着水分的运输到达植物体组织中，再随水分的蒸发带到植物表面，呈现出所染的颜色。

染色时染液中染料浓度的高低可根据颜色的深浅要求而定，浓度越低，染色时间越长，但浓度太低时会影响染色效果，有时植物着色还没达到理想效果，植物维管束已失去吸收能力。苋菜红食品色素不同染液浓度对芒莜麦染色效果的影响见表2-10。

表2-10　不同苋菜红染液浓度对芒莜麦着色时间的影响(引自戴继先,2002)

染液浓度(%)	最初着色时间(min)	大量着色时间(min)	完全着色时间(min)
15	20	60	320
10	30	80	400
7	40	180	420
5	60	240	480
3	120	480	不能完全着色
1	180	不能大量着色	不能完全着色

植物采集后在空气中放置时间过长也将影响茎吸染的效果。植物材料采集后应尽快浸水，以保持活体的鲜度。新鲜的植物材料在空气中露置时间越长，茎吸染越困难。小麦采集后露置时间对染色效果的影响见表2-11。

表2-11　小麦采集后露置时间对染色效果的影响(引自戴继先,2002)

露置时间(min)	15	30	45	60	0
吸染效果	浸染后吸液出现障碍,但仍能吸染	浸染后吸液出现障碍,吸染困难	浸液吸染困难	不再吸染	新鲜,初吸染容易

不同种类染料也会对茎吸染效果产生影响。以珍珠梅为例，在20℃室温下，不同种类染料不同吸染时间其染色效果也存在很大差异(表2-12)。

表2-12　不同种类染料吸染不同时间对染色效果的影响(引自戴继先,2002)

染料种类	吸染时间(min)			
	30	60	120	240
直接染料	不染或基本不染	稍染	基本染上	基本染上
活性染料	不染或基本不染	稍染	基本染上	基本染上
还原染料	不染或基本不染	不染或基本不染	稍染	稍染
硫化染料	不染或基本不染	不染或基本不染	不染或基本不染	不染或基本不染
偶氮染料	不染或基本不染	不染或基本不染	稍染	基本染上
离子型染料	稍染	基本染上	全部染上	全部染上

对于茎吸染方法，最好选用离子型染料，且染料最好吸染120min以上。硫化染料和偶氮染料因不溶于水，故不能用于吸染。除了茎吸染外，相同原理的吸染法还有注射加色法，即用注射器将染料通过植物髓心注射到植物体内达到加色的目的，此法适用那些髓心大、茎中空的植物，如油菜、高粱、谷黍等，仅限于手工操作，效率较低，产品难于标准化。

②根吸法　是直接将植物根部浸入到适宜浓度的染液中，靠根的吸收作用将染料带入植物体内，再通过蒸腾作用使染料成分在植株表面呈现出来，达到加色的目的。相同原理的吸染法还有无土栽培加色法，即是在配制营养液时加上一定浓度的染料，使植物在生长过程中不断吸收染料，获得不同颜色的植物，经干燥后具有自然干花的特性。

对于某一种植物而言，采用哪一种吸色法需在具体的试验中确定。植物吸色的效果主要取决于植物本身的特性，适宜茎吸染色的植物很多，但适宜加色的部位各有不同。一般来说植物的茎、叶易吸收人工色素，果穗和花朵不易吸收。有些植物吸收色素困难，有些植物根本不吸收，表2-13列出了适合吸染加色的植物种类。

表2-13　适宜吸色的植物种类（引自戴继先，2002）

学　名	中文名	适宜染色的器官	染色方法
Triticum aestivum	小　麦	穗、茎	茎吸
Hordeum vulgare	大　麦	穗、茎	茎吸
Avena nuda	莜　麦	穗、茎	茎吸
Sorghum vulgare	高　粱	穗	茎吸
Setaria italica	谷　子	穗、茎	茎吸
Panicum miliaceum	黍	穗、茎	茎吸
Sesamum orientale	芝　麻	茎、果壳	茎吸
Gossypium hirsutum	棉　花	茎、果壳	根吸、无土栽培
Miscanthus sacchariflorus	荻	穗	茎吸
Brassica campestris	油　菜	茎、果	茎吸
Linum usitatissimum	亚　麻	茎、果	茎吸
Limonium sinense	中华补血草	茎、花萼	无土栽培
Limonium bicolor	二色补血草	茎、花萼	无土栽培
Echinops latifolius	蓝刺头	茎、叶、花、果	茎吸
Dryopteris	鳞毛蕨属	叶	茎吸
Matteuccia struthiopteris	荚果蕨	叶	茎吸
Athyrium	蹄盖蕨属	叶	茎吸
Chenopodium aristatum	刺藜	茎、果	茎吸
Pulsatilla chinensis	白头翁	茎、果	茎吸
Trollius chinensis	金莲花	茎、花	茎吸
Clematis hexapetala	棉团铁线莲	茎、叶、果	茎吸
Bupleurum	柴胡属	茎、果穗	茎吸
Lepidium apetalum	独行菜	茎、果壳	茎吸
Sphallerocarpus gracilis	迷果芹	茎、果枝	茎吸

（续）

学　名	中文名	适宜染色的器官	染色方法
Saposhnikovia divaricata	防　风	果枝	茎吸
Elsholtzia	香薷属	果枝	茎吸
Schizonepeta multifida	多裂叶荆芥	果枝	茎吸
Linaria vulgaris	柳穿鱼	果枝	茎吸
Pedicularis	马先蒿属	果穗	茎吸
Plantago asiatica	车　前	果穗	茎吸
Aster	紫菀属	果枝	茎吸
Artemisia	蒿　属	果枝	茎吸、无土栽培
Typha angustifolia	狭叶香蒲	叶、果枝	茎吸
Gladiolus hybridus	唐菖蒲	叶片	茎吸
Cypripedium macranthum	大花杓兰	叶	茎吸
Phragmites communis	芦　苇	叶、果枝	茎吸
Caramagrostis	拂子茅属	果枝	茎吸
Achnatherum	芨芨草属	茎	茎吸
Setaria	狗尾草属	果序	茎吸
Gramineae	禾本科植物	果序	茎吸
Cyperaceae	莎草科植物	果序	茎吸
Polygonaceae	蓼科植物	果序	茎吸

（6）植物染色法

所谓植物染色是指利用天然植物提取色素，对被染物进行染色的一种方法。由于植物染料的色相再现性较差，即使同一种植物染料，也因品种、气候、地域、土壤、收获季节等不同而有所差别，其色素含量也有所不同。

①天然染料的采取　由于一般的植物染料中天然色素含量大都较低，为了提高提取效能，特别需要将植物的枝干、根、皮切细或磨成粉末后煎煮，以利于染液的溶出。一般来说，煎煮的时间为 10～30min 不等，并需反复进行。枝干、根煎煮次数为 8～10次，果实、皮为 6～8次，草、叶为 2～4次。煎煮得到的染液应及时使用，否则将会氧化、酸败。对某些比较特殊的植物染料制备时，应考虑其特殊性。如以配糖体形式出现的植物染料在水中的溶解度和稳定性较好，但在提取染液时应防止其发生分解。常用的染液制备方法有：

水煮提取法　称取一定量的染料植物捣碎，放入大烧杯中加入水，煮沸一定时间，然后再注入和原水容积相同的水，反复若干次。此法常用于可溶于水的植物染料。

乙醇浸泽提取法　将称好的染料植物捣碎，放入密闭的容器中，倒入一定浓度的乙醇，浸泡 24h 左右，再倒入相同浓度的乙醇至上次的容积量。重复几次后，将收集的浸泡溶液过滤。此法常用于难溶于水的植物染料。

加分散剂法　传统的染色方法是将萃取后的染液直接应用于染色。对于在水中溶解度较小的染液，为使其染色达到一定的深度，往往要多次染色。试验表明，适当加分散剂处理染液后，染料的微粒得以分散，使染液形成较为稳定的分散体系，而且植物同染料接触的机会增多，上染速度加快。染料水溶性小时，加分散剂染色效果较好。

②染色方法　常用的媒染方法有"先媒染法"和"后媒染法"。

先媒染法　先将材料用3%～5%的媒染剂溶液处理20min，温度为40～100℃，浴比为1:50，然后烘干。染色液浴比为1:30～1:50，在30℃条件下起染，20min后升温至沸腾，沸染30min即可。工艺流程为：媒染→水洗→染色→水洗→干燥。

后媒染法　染色后的材料经水洗后用3%～5%的媒染剂溶液在室温下处理20min，浴比为1:50。工艺流程为：染色→水洗→媒染→水洗→干燥。

采用的金属媒染剂不是单一的纯净化合物，加之植物成分的多样性，其发色机理很复杂，植物染料与不同的金属盐媒染剂媒染，能产生不同的色相变化。表2-14列出了植物染料和金属媒染剂的色相。上述两种媒染法对一些天然染料颜色和上染率的影响见表2-15。

表2-14　植物染料和金属媒染剂的色相（引自孙云蒿，1997）

植物染料	媒染剂				
	铝 盐	铜 盐	铬 盐	铁 盐	锡 盐
杨梅树皮	黄茶色	金茶色	金茶色	茶色	黄色
苏 枋	红色	茶色	紫色	鼠灰色	红色
五倍子	淡茶色	茶色	茶色	茶鼠色	淡茶色
东北红豆杉	肌红色	红色	淡红色	紫红色	淡红色
郁 金	黄色	黄茶色	橄榄绿色	褐色	橙色
槐树花蕾	黄褐色	黄茶色	红褐色	橄榄绿色	橙黄色
茜 草	黄色		橙褐色	橄榄黑色	深黄色
石榴皮	黄色	茶绿色		深茶色	黄色
虎杖根	鲜黄色	淡茶色		黄色	黄桦色

表2-15　媒染法对一些天然染料颜色和上染率的影响（引自贾高鹏，2005）

植物名称	苏 木		黄 连		栀 子		槟 榔	
	色度	上染率	色度	上染率	色度	上染率	色度	上染率
先媒染法	较深	较高	较深	较高	较深	较高	较深	较高
后媒染法	最深	最高	最深	最高	最深	最高	最深	最高

天然植物染料对纤维素纤维的上染率较低，染色时需要多染几次。采用哪种染色方法要视植物材料本身特点而定，一般经过3次染色后植物材料的颜色基本可以稳定。

2.4.2.7　干花着色的配色原理

色料种类很多，但色料自身的颜色往往不够自然而显单调、生硬，这就要求在染色前将色料进行配色后再使用。如果掌握了配色规律，就可用很少的几种颜色原料配制出色彩丰富的颜色。色彩学中将玫瑰红、柠檬黄、湖蓝称为三原色，它们是最基本的原始色彩，所有的颜色从理论上讲都可以由3种颜色调配出来。三原色及其补色即红、橙、黄、绿、蓝、紫6种颜色称为标准色，均为纯正艳丽的颜色。

黑色从理论上讲可以由三原色调出，但由三原色调出的最接近黑色的颜色是暗黑褐色，所以染黑色时只能用黑色色料来处理。黑色与任何一种标准色相配合均可使标准色变暗，三原色与黑色配色呈现出的颜色见表2-16。

表2-16   红、黄、蓝、黑四色配色表(引自何秀芬,1993)

原色	原色间色	红	橙	黄	绿	蓝	紫	黑
红			橙红	橙	褐	紫	紫红	暗红
	橙	橙红		中黄	土黄	褐	红褐	黄灰
黄		橙	中黄		黄绿	绿	褐	黄灰
	绿	褐	土黄	黄绿		蓝绿	灰褐	暗绿
蓝		紫	褐	绿	蓝绿		蓝紫	暗褐
	紫	紫红	红褐	褐	灰褐	蓝紫		暗蓝
黑		暗红	黄灰	黄灰	暗绿	暗蓝	暗紫	暗紫

2.4.2.8   影响干花着色效果的因素

干花着色是个复杂的过程，影响其效果的因素有以下几方面：

(1)花材对染色效果的影响

花材的结构、白净度、杂质含量等都对染色效果有影响。花材的结构会影响水性染料的渗透，从而对染色效果产生影响。结构致密的花材以及蜡质层厚的花材，水性染料较难渗透，因而着色困难。花材的白净度决定染色的准确性，在染制浅色调时，花材上残存的有色杂质会使染色后的材料颜色发生色偏，使染色效果不理想。花材中存在的蜡质、类脂等物质会造成染色困难，这主要是由于杂质会影响色液的渗透。此外，花材经漂白后产生的钙垢、硅垢等杂质如未去除，也会造成染色困难或染色不均。

(2)染色液对染色效果的影响

染色液对染色效果的影响包括染料的性质、渗透性、浓度、温度等方面的影响。由于染料性质不同、染料分子与花材间的结合方式不同，使得染色时花材着色的牢度不同。染料与花材纤维素之间的亲和性直接影响染料的上染速度和上染率。同时，染液的渗透性也是影响染色的速度和质量的重要因素，为加强染液的渗透性可加入适量的渗透剂来提高染色质量。此外，染液的浓度和温度也可直接影响染色效果。在其他条件不变的情况下，在一定范围内，染色速度和深度与染液浓度呈正相关，但当染液浓度达到一定量时，染色深度与速度不再加大。这是因为当染料种类和花材种类、数量确定后，花材对染料的最大吸收量就确定下来，当吸收量达到饱和时，无论将染料浓度提高多少也不会增加染色的深度与速度。染液的温度与染液的扩散作用呈正相关，且与染料的解离程度在一定范围内也呈正相关，所以在一定温度范围内染液的温度也与染色深度及速度呈正相关。但当温度超过这一范围时，染色速度反而随温度升高而下降，这是由于过高的温度促使染料分子脱离纤维，使染色速度减慢。

（3）媒染剂和匀染剂对染色效果的影响

媒染剂可以加强染料与花材纤维之间的作用而促进染色。以盐基染料为例，媒染剂可以与不易同植物纤维结合的盐基染料生成化合物，此化合物较易与材料结合。因此有些染料需要用媒染剂处理花材后再进行染色。匀染剂通常为强电解质（如盐）。由于均染剂的存在，静电的相互作用因纤维电势的下降而减弱，从而降低染料的吸收，使染色均匀美观。作为匀染剂的电解质提高了染液中电解质浓度，而电解质浓度与染料的解离程度成正相关，所以以电解质可起到促进染色效果的作用。

一般情况下，花材染色后的耐光牢度以铜离子媒染的效果较好，铝和铬离子媒染效果较差。同一植物中铝、铬、锡媒染的效果相似，不同的植物种类其染料的染色牢度差别较大。

（4）水质对染色效果的影响

水质对染色效果的影响主要是由水中的金属离子造成的。如果使用的水含盐分较高，可适当添加保护剂，如加入适量的氢氧化钙、碳酸钠等，使水中钙、镁盐类发生沉淀而除去。近代工业上多采用离子交换法改变水质，即用阳离子交换树脂法来软化硬水，水中的钙、镁离子被钠离子或氢离子置换而成软水。水中的许多金属离子可以影响染色过程，如在以单宁为媒染剂的染色过程中，金属离子可促使染料复合形成不溶性染料而沉积，影响染色效果。

（5）染色时间对染色效果的影响

染色时间在一定范围内与染色深度呈正相关。但如果染色已达到平衡，也就没有必要再延长染色时间。

2.4.2.9　染后整理与保存

染色完成的干花，应经过耐光、浸渍、摩擦等牢度检验。由于在漂白、染色过程中有一定的损伤，所以要进行分级整理，然后将干花包装好，成为成品花材。染色干花成品适宜贮藏在湿度适中、阴凉通风的场所。

2.5　立体干燥花软化处理

在利用立体干燥花材进行艺术插花创作时，往往需要花材具有柔美、舒展的形态，以利于表现作品的韵味和美感。但由于花材经过干燥后水分完全散失，材料内缺乏液态内容物，因而容易变得皱缩、僵硬，且因为干脆而易折、易碎。一些枝条纤细的花材，干燥后有些器官极易脱落，如霞草的小花极易脱落，枝干还易在节处折断。这些现象在漂染干花中更为严重，由于在漂染过程中花材会不同程度地受到染料的损伤。干花的这种脆裂、脱落现象，为干花的包装、贮藏、运输以及使用带来很多的困难，并造成很大的损失。因此，解决干花脆裂、脱落的问题也一直是干花生产技术研究的重点。

生产应用中通常采用对花材进行软化的处理方法来解决干燥花材的硬、脆问题。软化的原理是增加干花中液态的不挥发内容物或保持一定的水分，使细胞壁中的纤维素变得柔软，达到软化花材的目的。

2.5.1　花材软化方法

花材软化通常使用的软化剂有矿物油、石蜡、橄榄油、氯化镁、氯化钙、糖等。常用的方法有甘油软化法、氯化钙软化法、蔗糖软化法 3 种。

2.5.1.1　甘油软化法

甘油($C_3H_8O_3$)为无色、无味、易溶于水、不挥发的有机溶剂，是干花软化效果较好的柔化剂。甘油不仅自身可增加花材的液态内容物，而且其吸湿性还可协助干花保持适当的水分。使用甘油对花材进行软化可以采用以下两种方法：

(1) 干燥软化法

将花材的软化与干燥同步进行，以适当浓度的甘油溶液浸泡刚采集的植物材料茎秆，使甘油替代花材中的部分水分并保持部分水分。采用甘油液剂干燥法，可以使干花具有光泽和柔软的质感及独特的自然变化的色彩，十分接近新鲜花材的状态。一般使用 10%～35% 浓度的甘油水溶液，浸泡时间根据不同特性的花材来决定，一般从数分钟至数小时，软化效果较好。

(2) 着色软化法

将花材的软化与染色同步进行，在染色液中加入一定浓度的甘油溶液，甘油的浓度以 8%～15% 为宜。将混合液加热煮沸，取适量经自然干燥后的植物材料放置溶液内煮 2～3min，充分吸收甘油和染料的花材可达到软化，干燥后的柔韧性也有所增加。

使用甘油软化法时，经常会使用无水乙醇来增加溶液的渗透性，甘油的浓度及处理时间，因花材不同而异。甘油浓度过大，花材干燥后表面呈现油渍，影响观赏性；甘油浓度过小，则起不到软化作用。表 2-17 列出了几种观赏植物使用甘油软化剂最适的浓度和时间。

表 2-17　几种观赏植物使用甘油软化剂处理的适宜浓度和时间

花材种类	甘油浓度(%)	处理时间(h)
波叶补血草(*Limonium stnuatum*)	7～10	5
月季(*Rosa hybrida*)	15～20	2
玫瑰(*Rosa rugosa*)	10～15	7
牡丹(*Paeonia suffruticosa*)	15～20	2
洋桔梗(*Eustoma grandiflorum*)	20～25	4
硫华菊(*Cosmos sulphureus*)	10～20	0.5～1

2.5.1.2　氯化钙软化法

氯化钙($CaCl_2$)为无色立方结晶，呈白色或灰白色多孔块状或粒状固体，吸湿性极强，极易潮解，易溶于水，同时放出大量的热。氯化钙的水溶液呈微酸性，溶于醇、丙醇、醋酸等。植株将氯化钙的水溶液吸入体内，干燥之后会使植株有一定的"湿度"，可以增加其鲜活的姿态。一般情况下，使用氯化钙进行软化处理都是结合植物的染色一同进行，染液中氯化钙的浓度不能过高，以 5%～10% 为宜，否则由于渗透压的作用，会影响植株对溶液的吸收。对于输导组织发达的植物种类，氯化钙的浓度可以高一些，软化的效果也会很好。

2.5.1.3　蔗糖软化法

使用蔗糖溶液处理植株，干燥之后也使植株有一定的"湿度"感，可以增加其鲜活状态。处理时蔗糖的浓度不宜过大，否则活植株吸不进蔗糖溶液，反将植物体内的水分子释放到蔗糖溶液中而使植株死亡。经试验表明，一些禾本科植物植株对于高浓度的蔗糖溶液仍有一定的吸收能力，只是吸收速度较慢。

2.5.2　花材软化效果

用柔软剂处理的干花色泽好，质感与鲜花材料相近，脆裂、易折的问题得到一定程度的解决，如米蒿软化后极柔软，富于立体感，姿态保持了鲜花的优美特点；二色补血草软化后柔软有弹性，无落花现象；月季软化后花瓣没有收缩现象，花型维持的效果较为理想；牡丹花处理后的花朵蜡质感好并润泽柔软，花瓣牢固，持久性强。

干花的软化是市场对干花产品的新要求，但干花的软化处理还存在很多的问题，例如，处理后的花材颜色变暗，花材表面黏性增强，有严重的吸尘性，观赏性降低等。解决上述问题还需要科研人员不断的研究和探索。

2.6　立体干燥花材料包装和运输

干燥花材料的包装主要指经干燥漂染后即将上市使用的花材的包装。由于大多加工后的干花材料因为干脆而易折、易碎。许多植物干燥后花蕾、花瓣、叶等器官极易脱落，有些植物的枝干还易在节间处折断。即使经过柔化的花材也因外力的挤压而易折、易断。因此，在干燥花材料的包装和运输过程中应充分考虑花材的这种特性，采取合理的包装、贮藏、运输方法，减少花材在运输环节的损耗。

2.6.1　干燥花材料包装

干燥花材料的包装包括成品花材的包装和干燥花工艺品的包装两类。

2.6.1.1　成品花材的包装

干燥花本身耐久的特点，决定了它可以预先加工制作成规格和造型各异的成品，并且可以批量生产。成品花材的包装材料多以塑料袋和纸箱为主。不同种类和规格的成品花材各有不同的包装方法。一般体量较小的线形花材可 10 枝一组，分枝较多的花材或体量大一些的可 5 枝或 3 枝一组，用透明的塑料袋将每组花材套好，平行地摆放在规格合适的纸箱内，最后用胶带将纸箱封好，贴上成品花材的种类、颜色、尺寸等商品特征标签。依照花材规格不同，内层包装用的塑料袋的规格、大小也各有不同，一般呈梯形，两端开口，一端为广口，一端为窄口。当花材装入袋中时，广口的一端为上端，上端要略高出花材,以免在运输和销售过程中,造成花材损坏。包装时为减少工时和套装塑料袋造成的花材损耗,还可以使用多层条形棉纸或报纸将花束绑紧,再码放在纸箱内,如图2-15所示。使用棉纸捆绑的每束花材间形成一定的间隔,有利于减轻运输途中的震动。纸箱一般由厚纸板制成,有大小多种规格,一般作为外层包装的纸箱较大,规格约为$1.2m \times 0.8m \times 0.5m$。一个纸箱内通常只码放2~4层,以免花材间互相挤压。

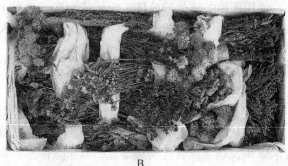

图2-15 成品花材的包装(引自Malcolm Hillier和黄增泉,2000)

A. 单束花材用报纸做分隔包装 B. 多束花材码放在纸箱内

2.6.1.2 干燥花工艺品的包装

干花工艺品多为造型干插花、干花花束、花环、花索以及一些小型干花饰品等。干花工艺品的包装多采用与作品大小相当的纸箱作为内包装,以大型的包装箱作为外包装。作为内包装的盒子多由硬质的纸制作,正面为透明塑料膜。不用打开纸盒就能看清饰品的全貌,便于顾客挑选和看样订货。也有的盒子完全是用透明的硬塑料制成,用这样的盒子包装干插花显得更精美华丽。盒装的干花饰品适用于高度不超过40~50cm的中小型作品。作为外包装的包装箱一般用厚纸板制成,用来将散包装的盒装干花饰品进行集中包装,便于存放和运输。一些小型的干花饰品也可用其他礼品盒或礼品袋包装,形式比较多样,富于变化,外层都要用包装箱统一包装运输。将同类产品装入包装箱封好后还要粘贴商品的特征标签(图2-16)。

图2-16 干花装饰品的包装

A. 干花束的内包装 B. 干花环的内包装

2.6.2　干燥花材料的运输

干花材料及其制品的运输通常不受时间的限制，对运输途中的温度条件没有特殊的要求，只是在运输过程中要注意防潮。运输方式可用汽车、火车、轮船或飞机等。干花因体积大、分量轻，采用汽车运输时要将各个包装箱间绑紧固定，避免因运输途中颠簸产生剧烈摇晃使花材受损或跌落。运输干花时多按体积计价，国际贸易一般以集装箱为交货单位。一个集装箱如装干制的高粱可装 50~80 个包装箱，1 万枝左右。干花饰品因大小规格不等，装载的数量也不确定。

2.6.3　干燥花材料的保存管理

干燥花材料或饰品制作完成后，只要适当注意管理就可以使其长期保存而不变形。干燥花材的保存一般没有特殊要求，存放室只要通风、干燥、避光即可。干花饰品在日常生活中也要精心管理，否则会减短干花饰品的观赏时间。

(1) 干燥花材料的保存

干燥花材的避光保存尤为重要。保持自然花色的花材的色素和叶绿素在光照作用下，会迅速分解。人工着色的干花不要放在室内强阳光环境下直晒，以免时间日久造成褪色。

干花饰品不宜长期放在潮湿的环境中，如饭店内的游泳室及有流水的厅室内。因长时期放置于潮湿的环境中，干花易吸收水分变形，甚至发霉变质，一旦出现褐变，花材原有的自然色彩就很难恢复。通常将干花装于干燥、密闭的玻璃、塑料等透明容器内的"钟罩花"或"玻璃容器花"，可以不考虑环境的湿度因素，这类干花制品中的花材与外界隔绝，不能吸收外界的水分，长久保持干花的干燥状态。

(2) 干花饰品的管理

干花饰品在室内摆放一段时间后会积聚尘土，可用家用吹风机清除，或拿到室外用鸡毛掸轻轻将灰尘掸掉。有些种类如麦秆菊、松球、莲蓬等可以用清水冲洗，待晾干后将其姿态复原即可。在设计饰品的摆放处时要考虑是否能牢固地放置，尤其当用花束、花环装饰墙壁、门面时，要将饰品绑紧固定，否则一旦花瓶跌倒或饰品掉落在地上会严重损伤花材，被破坏的造型也不易被修复完整。

小　结

本章详细介绍了立体干燥花制作的各工艺中的关键技术和方法，其中植物材料的干燥、保色、柔化等加工技术是学习的重点。通过本章的学习可以全面掌握立体干燥花制作过程的核心内容。首先，要了解适合制作立体干燥花的植物种类，做好植物材料的采集和整理工作，提供造型完整、质量优异、便于干燥处理的植物材料，这是获得高品质立体干燥花的必要前提。其次，不同种类的植物其干燥特性不同，耐漂染的特性也不相同，应针对不同种类的植物制定干燥保色或染色措施。制备好的立体干燥花材在应用之前还需要对其进行妥善的储存，避免花材损伤而影响干燥花的品质。学习中应注意上述知识的完整性和系统性，不仅要学会制作立体干燥花的方法，掌握立体干燥花的制作过程和技术要点，而且要能够联系前面所学的基础知识，做到理论和实践相结合，制备出理想的干燥花产品。

思考题

1. 采集立体干燥花材料时应考虑哪些主要因素？
2. 植物采集后的整理包括哪些内容？
3. 立体干燥花制作中主要采用哪几种干燥方法？
4. 列出几种常用的干燥花植物材料，并简介对其适合的干燥方法。
5. 立体干燥花制作中主要采用哪几种染色方法？
6. 列出几种常用的干燥花植物材料，并简介对其适合的染色方法。
7. 适合进行漂染加工的植物有哪些？
8. 维持干燥花刚性效果的方法有哪些？
9. 为什么要进行干花材料的柔化？简述柔化的几种方法。
10. 简述天然干燥花的种类。

推荐阅读书目

1. 干燥花采集制作原理与技术. 2 版. 何秀芬. 中国农业大学出版社, 1999.
2. 观赏植物采后生理与技术. 高俊平. 中国农业大学出版社, 2002.
3. 自然干燥花生产与装饰. 戴继先. 中国林业出版社. 2002.

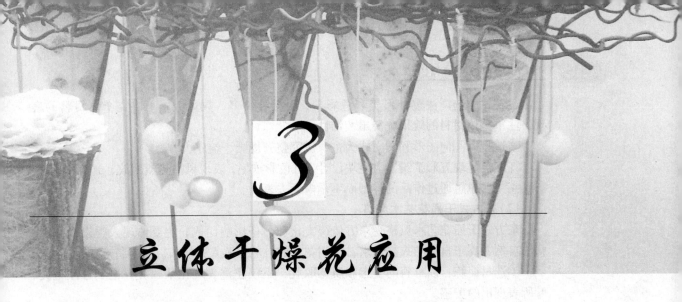

3

立体干燥花应用

3.1 立体干燥花艺术风格

3.1.1 立体干燥花艺术概念与范畴

立体干燥花艺术（Dried Flower Art）是以经过干燥处理的植物器官为主要素材，通过一定的技术（修剪、绑扎、粘贴）和艺术加工（构思、造型、配色），来表现其自然美和装饰美的一种造型艺术。立体干燥花艺术类别主要分为干花插花艺术和干花装饰品制作艺术两大类。其中，干花插花艺术的范畴主要指使用干花材插作的摆设花，包括单一的插花作品和场景设计中的大型组合摆设花。干燥花装饰品艺术范畴主要指利用干花材并借助一些辅助材料，通过绑、剪、粘等手段进行造型的装饰花，用于室内外场景的装饰，包括花束、花球、花环、花索、花框、容器花以及具有特殊造型的小摆件等。

立体干燥花艺术的表现是通过干燥花的花艺设计来完成的，干燥花艺术设计（Dried Flower Arrangement）是使用干燥的花材及其他辅助材料进行艺术造型的创作活动，并在作品中表现文学、音乐、绘画、雕塑等艺术内涵。

3.1.2 立体干燥花艺术风格

干燥花艺术起源于欧洲，传统的干燥花艺术多体现西方式艺术风格，这也是由干燥的植物材料的特点所决定的。随着现代干燥花艺术的发展，尤其是植物软化技术的改进和提高，拓宽了干燥花艺术的表现空间，逐渐融合了东方淡雅、细腻的表现手法，使干燥花艺术形式多样化。同时形成具现代风格的时尚味十足的自由式干花艺术风格。

3.1.2.1 干插花艺术风格

（1）西方式干插花艺术风格

西方式干插花艺术风格受西方传统文化和习俗影响而成，主要体现人类热爱生活、热爱生命的主题，利用花材的整体美和造型美感人并娱人。主要特点包括：

①花材的选择注重外形美和色彩美,用材种类多、数量大,不讲究个体材料的表现,注重整体材料的效果美突出装饰性。

②造型以几何图形和图案式为主,讲究整齐规则,端庄大方。

③配色呈现五彩缤纷、大色块设计,且色彩浓艳,表现风格热烈奔放,雍容华丽。

④主题思想通过作品的外型而不是内涵去表现。

(2)东方式干插花艺术风格

东方式干插花艺术风格受东方传统文化和习俗影响而成,主要体现人类崇尚自然、师法自然并高于自然的人文追求,利用花材的自然美感人并娱人。主要特点包括:

①选材简练,以材料的姿态和质感取胜,不仅注重表现花朵的美,也十分注重枝、叶所表现出的美感。

②造型上呈现出各种不对称的简洁优美图形。

③配色清新淡雅,以幽雅见长,颜色变化较小。

④主题思想通过作品的内涵和意境来体现。

⑤作品具有意境含蓄、耐人寻味的艺术效果,富有诗情画意。

(3)自由式干插花艺术风格

自由式干插花是东西方插花技法的融合,同时又吸收现代艺术的创作手法,推陈出新。现代自由式插花常常以非自然的手法和构筑的意念,强调作者创造性的构思。有时为了表现造型的优美,不需理会植物生长的自然形态,故意将线状花材构筑成方框、圆圈、三角形,或将许多线状花材排列在一起,使之呈现面的效果,将点状花材集合成块,以强调斧凿神工的效果。自由式干插花常使用捆扎、堆积等现代插花艺术的创作手法,使作品具有浓郁的时代气息。主要特点包括:

①花材的选择自由广泛。

②造型灵活多变,使自然美和人工造型和谐统一。

③配色以单纯的天然色和具表现力的装饰色相结合,使色彩更丰富,多变化。

④主题的表现可以通过单个作品,也可以通过数个作品的组合来表现。

⑤插制方法既有东方的简洁的线条式插法,又有西方的大堆头式插法,千姿百态,相互融通。

⑥作品具有形式新颖、内容活泼、想象力丰富的艺术效果,赋予时代的精神和生命力。

3.1.2.2　干燥花装饰品的艺术风格

干燥花装饰品艺术起源于欧洲,因而传统的干燥花装饰品都具有浓郁的西方风格。由于受到花材特性和绑扎固定等因素的限制,尽管干燥花装饰品种类很多,但像花束、花环、花索等传统饰品已经形成了较为固定的制作方法,花材多为排列式,因需要遮挡基本骨架,因此花材用量大,使用的种类也较多,花材的色彩艳丽,色调讲究协调或对比强烈,艺术表现上主要突出其装饰的效果。随着时代的发展和人们对审美的需求,干燥花装饰品的造型设计趋于灵活和多变,一些小型的摆件设计用材简单,色彩均衡,突出了简洁、动感的艺术效果,又不乏装饰性,这类饰品属自由式艺术风格。容器式干燥花饰品是由于对干燥花材进行保护的需要设计而成,其作品造型的设计接近于干插花,但由于容器材质、形状、做工等的不同而显现不同民族的审美情趣。

3.1.3　立体干燥花艺术作品构图原则

在了解和掌握干燥花艺术造型基础和色彩基础后，在干燥花作品构图时还要充分了解干燥花艺术作品构图要点，掌握干燥花艺术作品构图的原则，以求作品的均衡、稳定、生动、优美。

3.1.3.1　干燥花艺术作品构图要点

(1) 上轻下重

花色浅的花材应置于作品的外缘或上方，花色深的花材应置于内部和下方；体量小的花材置于上方，体量大的花材置于下方；这样作品会有稳定感。

(2) 上散下聚

少量的花材置于作品的外部和上方，多量的花材置于作品的中间和下方，这样作品会有均衡感。

(3) 高低错落

放置花材应有高有低，互相错落，使作品显得生动活泼。

(4) 疏密有致

花朵或花枝之间的距离不可等距离放置，要有远有近，这样才虚实相宜，有层次感。

(5) 仰俯呼应

花材之间的姿态应相互衬托和呼应，形成有韵律的动感美。

(6) 虚实结合

作品除体现实体花材外，还要留有空白，给人留有思考和遐想的广阔空间。

3.1.3.2　干燥花艺术作品构图原则

(1) 比例与尺度

比例与尺度是指干花作品的大小、长短、各个部分之间以及局部与整体的比例关系。选择适宜的比例与尺度，是确定作品构图中各种数量指标与比例关系的基本法则。其比例与尺度，通常从两个方面来考虑确定。一是确定干花作品的整体尺度。干插花作品的整体尺度，应当根据干花作品摆放环境的空间大小和要求而定，它给人的视觉感受必须是和谐的。二是确定主要花枝与花器之间的比例。花枝的长度与容器口直径以及容器的高度要符合一定的比例关系，使得各部分的尺度关系相对和谐。

(2) 均衡与动势

均衡是指用于构图的各部分之间相互平衡的关系和整个作品形象的稳定性。无论何种构图形式，无论花材在容器中处在何种状态下，直立或倾斜，下垂或平伸，都必须保持平衡和稳定，只有这样，作品整体形象才能给人一种舒适感。动势是均衡的对立，在干花中则指各种花材的姿态表现和造型的动态感受。均衡与动势两者相辅相成，各种对称均衡的构图，虽有端庄、稳重之感，但常显得生硬刻板，其原因就是缺乏动势。动势是干花作品形象生动的主要源泉之一，善于运用花材的各种姿态变化来表达丰富多彩的动势，是干花作品创作成功的关键。

(3) 多样与统一

将各色各类花材和花器应用到干花作品里即为多样，但若使用花材过多就会导致松散无序、杂乱无章；相反，如果只使用单一材料、单一色调也会使干花作品呆板平淡、缺乏活力。在创作过程中，选择花材不管有几种，都应分出主次，主花材应起主导作用。同时不同的花材之间应有一定的相似性。当选用的花材较少时，又应富于变化，比如在体积、质地、花朵的大小、开放程度等方面，应有一定的差别。要使作品中的各项因素在一定程度上具有某种差异，又不能造成杂乱无章的感觉，就需要我们用变化、统一的艺术眼光，在创作中追求和谐统一与变化多样的艺术效果。

选用少量花材，特别是单一花材构图时，首先要使花材本身有变化，如花朵的大小不同，开放的程度不同，花朵姿态的不同。其次构图时要使花枝高低错落、花朵朝向有变化、有呼应，再加上填充花材和枝叶的陪衬，就会使少量或单一花材在统一中显出许多局部、细致的变化，使整体作品更显得简洁、活泼。

选用多种、多量花材构图时，首先要主次分明。花材与花器之间的关系，应以花材为主，花器为次，选用花器注意不要喧宾夺主；花材与衬叶之间的关系，应以花材为主，衬叶为次，衬叶宜少而简；花材之间的关系，应以1~2种为主，突出它们的位置、数量或色彩的效果，不能多种花材平分秋色。其次一定要保证花材之间的某些一致性。如果想重点表现绚丽多彩的花色之美，一定要尽量保证各种花材在质地上、花形上的一致性。

(4) 对比与协调

对比与协调是干花作品构图中最重要的法则之一，处理好这一对立关系，能使作品各部分之间紧密而和谐的相互配合，获得整体的美感。对比是指构图中各要素内部的差异性，如主与次、虚与实、疏与密、深与浅、方与圆、粗与细、大与小等。协调是指要素内部存在的一致性，即构图有一定的整体感。对比常常在艺术创作中作为突出主题的一种重要艺术表现手法，它能产生热烈、兴奋、喜悦的艺术效果，还能增添作品的活力。但对比过强，个性太突出，就会失去共性与和谐感，从而失去内外的关联和协调。协调是对比的对立面，它是缓解和调和对比的一种艺术表现手法，它能使对比引起的各种差异感获得和谐统一，从而产生柔和、平静和喜悦的美感。因此协调感同样是艺术创作中美的重要法则。

在干花作品的创作中，协调与对比的关系表现在很多方面。如花材与花器之间、花材与花材之间、主花材与衬叶之间等，都有形体上、质地上、色彩上以及风格上的协调与对比关系。

(5) 变化与韵律

在干花作品构图中，倘若只注意协调与均衡，而忽视了其中的变化与韵律感，结果必定导致构图呆板无生气，枯燥无味。丰富的变化是作品生动感人的源泉之一，而只有将多样的变化通过精心组合，使高低、疏密、虚实、深浅、大小等因素形成有节奏、有韵律的优美构图，才能收到最佳的艺术效果。干花作品构图的韵律主要通过色彩和形态的韵律体现出来，最终创作出富有韵律的构图。

3.1.4　立体干燥花艺术表现手法

按艺术表现手法可以将干燥花艺术分为写实、写意和抽象3种不同的表现手法。

(1) 写实的手法

崇尚自然，以现实具体的植物形态、自然景色或动静物的特征作为原型进行艺术再表现。

(2) 写意的手法

写意的手法是东方式插花所特有的手法，用较少的花材，表达无限联想的意境，或古雅质朴，或豪爽洒脱，重在寓意于花。

(3) 抽象的手法

不以具体事物为依据，只把花材作为点、线、面和色彩元素来进行造型，以非自然的手法和构筑的意念，强调作者创造性的构思。有时为了表达一种精心设计的构思，表现造型的优美，不需理会植物生长的自然形态，将花材构建成各种形状，或将许多花材排列在一起，重在加强视觉效应。

3.2　立体干燥花艺术造型形式

立体干燥花艺术形式主要包括干燥花艺术插花和装饰品两大类。其中，干燥花艺术插花造型的形式分为直立式、水平式、几何图形式等，在日常生活中应用广泛。干燥花装饰品造型形式有花束式、花环式、花索式、花球式、花框式、容器花式以及多种具有特殊造型的自由式等，这些装饰品形式活泼，形态各异，用途广泛，装饰效果独特。

3.2.1　干燥花插花造型形式

(1) 直立式插花

插花的造型直立而端正，总体轮廓保持高度大于宽度，主体花枝呈直立状，且直立向上插入容器中，呈现一种挺拔向上、稳健、刚劲或亭亭玉立的艺术美感。直立式插花常选用一些具有直立形态的花材，如蛇鞭菊、鹤望兰、马蹄莲等。花器以插口细小或简单细长的最为适合(见图3-17)。

(2) 水平式插花

整体轮廓呈水平式斜伸或平伸于容器外，主体花材的整体造型呈横向水平延伸，中央稍微隆起，左右两端则为优雅的曲线设计，注重花材面的弧度柔顺。水平式插花造型最大特点是装饰性强，能从任何角度欣赏，容器以扁平状为佳(图3-20)。

(3) 自然式

按自然界植物的生长状态插作花材的一种表现形式。自然式在干燥花的造型中与鲜切花不同，作品的造型会借助组群、层叠的手法体现花材的质感，突出装饰效果(图3-24)。

(4) 图形式

造型以几何图形和图案式为主，讲究整齐规则，端庄大方。包括圆形、三角形、扇形、L形、C形、S形、倒T形等(见图3-21至图3-23)。

(5)抽象式

作品忽视花材的自然属性,将花材看做是点、线、面的素材,创作中主观性极强,突出人对事物的理解,而不是注重形式的表现。

3.2.2　干燥花装饰品造型形式

(1)花束式

花束是干燥花长饰品中常见的一种,造型为束状,主要有两种类型。一种是规则式花束,为中间微凸的圆形构图,它是干花饰品中最基本的造型,可四面观赏,应用范围十分广泛。用于扎制花束的大小部件的配置要均匀平衡,整体结构应严密紧凑。另一种是自然式花束,花束造型呈扇形散开的,花材线条自然随意,稍大一些的花束一般制成背面扁平,供三面观赏,用于装饰墙壁或房门。所有花束用蝴蝶结丝带进行装饰,以强化干花花束的装饰效果,并起遮盖绑绳等的作用。

(2)花索式

花索也称花辫,造型为带状。制作时用长纤维材料编制好具有一定粗度的辫状绳索,再将已经准备好的一个个小花束有规律地插制在辫状绳索上。花索既可悬挂于两点之间,也可垂吊于一点,用于特殊场合的装饰,如大型会场的桌饰、家居中的门廊、壁炉的两侧等。

(3)花环式

花环也是干燥花饰品中常见的一种,造型为圆形。制作时需要先制作花环的骨架。骨架的材料可以是苔藓覆盖的铁丝、酒椰叶纤维编成的辫子;也可以是植物的茎秆,再用各种花朵和枝叶插满骨架;如果骨架具有装饰性,也可不必插满,让框架显露出来,显现出动态之美。花环多用于传统的门饰和墙饰,还可以在中间放入蜡烛,作为酒会餐桌上的装饰。

(4)花球式

花球多用于新娘的手捧花,造型为球形。制作时用塑料泡沫或干花泥制成球形,用花朵或叶子等配件插满全球,上部留有空隙,固定上金属丝和缎带,用以悬挂。花球还可以装饰茶几、餐桌、门的把手等。

(5)容器式

容器式立体干花饰品是在干花外罩有密闭的透明容器的干花装饰品。由于有容器的保护,这类干花饰品不存在干花的灰尘污染问题,可使用的花材种类较为广泛,且保色、保形效果较好,观赏寿命较长。容器式干花饰品造型多为圆柱形和方形,包括钟罩花和画框花等。

容器式　是指使用立体的干燥花材在透明的容器内造型,供人观赏的装饰品。容器可以是密闭的,也可以是顶层开放的,材质多为玻璃、有机玻璃及树脂等。

画框式　在具有一定空间的相框内,通过对立体花材的组合粘贴,设计制作出的装饰画。所使用的画框要求背板与相框间留有足够的空间放置花材,花材多为花朵和衬叶。有些画框式干花外层还用玻璃保护，以利于清洁和干花颜色的保持。画框式干花形式新颖，较平面干花更具立体感，装饰效果独特。

（6）自由式

自由式为一类具有特殊造型的小摆件，这类干花装饰品的造型灵活多样，许多小型装饰物，简单而随意，制作容易。形状有盘形、心形、菱形、月牙形、蝴蝶形等，制作时的关键是注意部件与部件之间不能留有空隙，仔细地扎紧各部件。这些饰品小的可以作为胸花，大的直接挂在墙上装饰房间，小型的摆件还可以摆放在茶桌上。

3.3 立体干燥花艺术品设计与制作

立体干燥花艺术品设计与制作是干燥花艺术应用的重点，本节内容将介绍立体干燥花艺术的构思立意、立体干燥花制作需要使用的工具和配料、立体干燥花部件制作的基本技法以及立体干燥花艺术品的设计制作方法等内容。

3.3.1 立体干燥花艺术构思立意

立体干花艺术品的种类可分为干花插花和干花装饰品，无论设计哪一种干花艺术品，首先要进行的是对作品的构思。这种构思是指根据作品应用的目的和用途来确定作品的造型、色调以及所要表达的内涵。干花艺术品要求因植物材料和具体环境进行构思设计，要充分考虑作品与环境之间的协调统一，如作品对环境的影响、环境对作品的影响等。在此基础上确定作品的功能因素、尺码、色调、图案、质地以及欣赏的角度等，初步形成一个所需要的作品的构想。构思时植物的自然美感是创作灵感的主要来源，只有贴近自然的作品才能获得生动的美感。

构思之后便可以考虑构图设计了，干花构图原理与鲜花既有一致的方面，也有不同的方面。一致的方面主要表现在变化与统一、调和与对比、均衡与动势、韵律与节奏以及花材的类似色配置和对比色配置等方面。所不一致的方面是，因受干花花材色暗、质脆、挺直等特点的限制，干花花材难于像鲜花那样表现出一些重在表现线条美与简洁美的图案造型。干花艺术中表现更多的是以群体花材表现古朴、自然而又粗犷、豪放的美感。

3.3.2 立体干燥花制作和材料

立体干燥花艺术品创作中所需的工具主要有旋转支架、普通剪刀、枝剪、钳子、工具刀、锥子、镊子、胶枪等。除上述工具外，其他用具还包括橡胶带、铁丝网、支撑棍、各种型号的铁线、细绳、干花泥、热熔胶、剑山、花钉、石膏粉、黏土条等。此外，在干花艺术品制作中还需要很多的配件做点缀，用以突出主题和烘托环境，包括丝带、金属线编花、各种串珠、香料、装饰布等，干燥花艺术品制作需备用的工具和材料见表3-1。

表 3-1　干燥花艺术品制作需备用的工具和材料

工　具	种　类	用　途
旋转支架	立式、台式	内设旋转装置,用于插花操作时的多面操作
花　剪	普通剪刀、枝剪	修剪植物材料,剪断细绳和较细的金属线
钳　子	老虎钳、扁嘴钳	剪断粗金属线和铁丝网,或用于金属丝的造型
工具刀	多用途的钢刀	塑料泡沫、干花泥的整形
锥　子	各种型号	泡沫和塑料上的钻孔
胶　枪	小型	制作附着式作品时用于粘贴
电焊枪	小型	用于成束部件与基座的焊接
镊　子	各种型号	用于插制小型花材
橡胶带	多种颜色	用于捆扎金属线,使之如同自然的花茎
铁丝网	30cm 宽的成卷的细铁丝网	常用于固定和支撑花梗,也用于制作花环等饰品的定型
支撑棍	各种长度	用来加长或代替一些重花头的花梗,起支撑作用
桩用铁丝	长度为 9～45cm 的细铁丝	用于制作干花的假茎
金属线	金色或银白色,直径 1.8mm 或 3mm 的轴线	用于把坚果或香料穿成环或扎成各种小部件
细　绳	棉质细绳	用于绑制各种小部件
干花泥	有多种形状	用于固定花材
胶　类	快速干的透明胶水、热熔胶、乳胶等	用于粘贴干燥的植物材料,或将植物材料贴在容器或饰物上,也可将花泥固定在容器上
剑　山	圆形等各种型状	用于浅盘容器中花材的固定
花　钉	大小各种型号	用塑料制成的小尖钉,用于固定容器中的花泥
卡　钩	U 型 90 号铁丝	用于将花材固定在花泥上
挂　钩	S 型钢丝	用于将作品悬挂于壁炉、桌子和其他物体表面
石膏粉	粉末状	与水混合后易于成型,用于增加容器的重量
黏土条	成卷	能够很好地粘住表面光滑的物体

配　件	型　号	用　途
丝　带	颜色和用料多种多样	用于干花作品的装饰,起衬托展示作用
金属线编花	圆筒形和波状形,线体中空	可以通过金属丝来编制花朵,并配上各种串珠
串　珠	玻璃、塑料质地,种类丰富,大小各异	制作串珠时要注意协调搭配
香　料	茴香、桂皮、丁香等	用于装饰和气氛调节
装饰布	多种颜色和质地	用于装饰和遮挡绑绳

3.3.3　立体干燥花制作基本技法

3.3.3.1　固定的基市技法

在干燥花艺术创作中,需要对花材、容器等材料进行固定,固定的基本方法主要采用插、绑、系、粘等;使用的材料主要有花泥、胶带、花钉、石膏粉、铁丝、热熔胶等。

(1)花泥固定法

花泥主要用于干插花制作时花材的固定。市场上出售的花泥有湿花泥和干花泥两种,干燥花插花制作中主要使用干花泥。固定花材时用剪刀或工具刀将花材茎秆末端修剪成斜口状或楔形,以利花材插入花泥并较好地固定。使用花泥固定花材时应在构思好花材间位置的基础上再进行固定，不要在花泥上相同的一点上反复插制，那样会影响固定的效果。

（2）胶带固定法

用铁丝固定好的花材都需要用绿色胶带包裹固定，以掩饰铁丝，保证作品的观赏性。胶带还用来固定花泥与花篮容器。按花篮的大小切割干花泥，使用较高的花篮时需要 2 块花泥重叠放置。将 8 ~ 10cm 长的细铁丝的一端弯曲成一小孔，再将胶带穿过小孔，以铁丝做针，将胶带从花篮内穿过边缘。留下 15cm 长切断胶带，然后让胶带绕着篮缘折回对贴，使胶带的一端固定在篮缘上。让胶带跨过花篮，再穿过篮子的另一端，拉紧胶带，卸去铁丝针，然后固定好胶带。如果篮子较大，需要用更多的胶带固定花泥。

（3）花钉固定法

花钉经常与黏土条一起用于干花泥在容器中的固定。先在容器底端放上黏土条，用于固定花钉，按容器底的形状削切花泥，然后固定在花钉上。如图 3-1 所示。

图 3-1　花钉固定法

（4）石膏粉固定法

石膏粉主要用来在花盆中固定树皮和树枝。首先要用塑料薄膜在花盆里做衬，以免石膏凝结后膨胀损坏花盆。将石膏粉用水调成黏稠的乳脂状，将混合物注入花盆内 2/3 处，迅速将准备固定的植物枝干插入石膏混合物中，并用一只手缓缓旋转花盆使石膏和花材紧密接触，最后再用勺在上面加入适量石膏混合物，直到花材茎秆可以直立，待石膏凝固即可。在完成作品时用石膏固定后的花盆上面需要用苔藓等材料遮盖（图 3-2）。

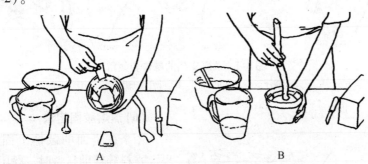

图 3-2　石膏粉固定法
A. 使用塑料薄膜在花盆里做衬　B. 将植物枝干固定在石膏混合物中

（5）铁丝固定法

铁丝或金属丝固定法主要用于加固细弱的花枝、花梗、衬叶等，辅助增加花材茎秆的长度、辅助花材弯曲造型、将花材固定在坯架上等。

卡钩的使用　　制作卡钩的过程为：使用 90 号的铁丝，先剪成 10cm 长的铁丝段，用一只手扭住铁丝段的中部，再将两头向一起弯，使两侧相互之间呈平行状态。卡钩可以用来将单独的叶片或少量苔藓固定到坯架上，可以将卡钩穿过植物材料按到坯架上

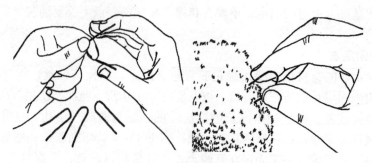

图3-3   卡钩的制作和使用

(图3-3)。

双脚支架的使用   双脚支架可以用来加长植株的茎秆，做花头的假茎、叶子的假叶柄等。下面以茎秆为例介绍双脚支架的制作方法。首先，使用71号铁丝，先剪成20～30cm长的铁丝段，将花材茎秆置于铁丝段的中间，使铁丝在茎秆后面保持水平状态，将铁丝的两端向上弯，使之与茎秆呈同一方向。捏住右侧的铁丝，使它经过茎秆的前部并绕在左侧的铁丝上。然后在上面绕一圈并回到茎秆的右侧下方，如图3-4A。最后，绕着那根直立铁丝，将铁丝拧2～3圈后向上弯，使之与直的铁丝保持平行，形成双腿支架。经铁丝固定的茎秆要用绿胶带缠好(图3-4)。

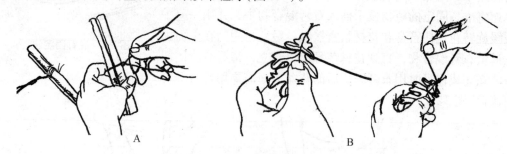

图3-4   双脚支架的制作和使用

A. 茎秆双脚支架的制作   B. 叶片双脚支架的制作

(6)热熔胶固定法

用来在竖面的载体上固定花朵、坚果、香料等辅助材料时一般用热熔胶固定法。热熔胶在较短的时间内就可以将花材牢牢地固定住。使用时，将固体的胶棒放入胶枪内，接通电源，当胶棒热熔后通过扣动扳机给出压力，胶水就从枪口流出，即可以用来固定花朵(图3-5)。

3.3.3.2   基市部件的组合方法

制作干燥花艺术品时，大多数作品是

图3-5   热熔胶固定法

由很多小的"部件"组成的。这里所谓的部件，是构成干花作品的基本要素。如用金属丝将组合好的花材绑扎成一束束小的花材组合，创作时直接将这些小花束用于花环、花索等的制作，或是将组合好的各种各样的材料或辅助材料事先固定好再用于作品的制作。这些小的部件是制作干花作品的基本物件。

(1) 绑扎松果的方法

用较粗的"桩用铁丝"绑扎球果以形成球果的果梗。将铁丝一端穿过松果鳞片的最底端，使之伸出约5cm长，将铁丝紧紧缠住球果，并将穿过松果的铁丝末端拧在一起，再将拧紧的铁丝末端弯向松果底部，将较长的铁丝一端修剪整齐，最后用绿色橡胶带将整根铁丝缠绕包裹起来备用，如图3-6所示。

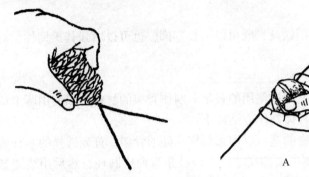

图3-6　绑扎松果的方法

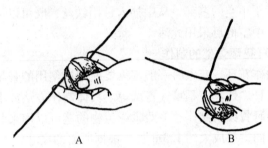

图3-7　绑扎坚果的方法
A. 将铁丝在中间纵向扣进　B. 将金属丝两端在下面拧紧

(2) 绑扎坚果的方法

剪取26号金属丝约20cm，在坚果的中间或底部横向或纵向扣进金属丝。表面光滑的坚果采用在中间纵向扣进，表面不光滑的坚果可采用在底部横向扣进。最后将金属丝两端在下面拧紧备用，如图3-7所示。

(3) 绑扎花头的方法（图3-8）

①将花头剪下，留有3cm长的花梗。用桩用铁丝的一头顶端抵至花头基部，然后从线轴上拉出金属丝，从距线头约5cm处握住，用握住桩用铁丝和花梗重叠处的手同时握住金属丝，另一只手开始用金属丝紧紧缠绕桩用铁丝和花梗的重叠处，放松金属丝的终端，继续再缠绕几圈剪断金属丝并将尾部折回。②将已缠扎好的花朵倒置，用橡胶带的终端按45°角置于花梗后面，将胶带尾部后折一部分，转动金属丝，拉紧胶带，使胶带螺旋状缠绕住金属丝，并使其自身有一部分重叠，一直绕到胶带长过金属丝，扯断胶带，使之完全封盖金属丝。

(4) 捆扎小花束的方法（图3-9）

取一根中等粗度的桩用铁丝靠住花束花头与茎秆的中间处，向上留出5cm，然后向花束茎秆的后部弯曲。再将铁丝较长的一端向下继续缠绕较短一端的桩用铁丝和花茎，剩余的铁丝作为花茎和延长的部分。

图 3-8　绑扎花头的方法

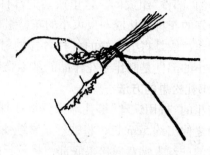
图 3-9　捆扎小花束的方法

(5)加长茎部的方法

对于中空的茎部,从中插入桩用铁丝,既可以加长茎部,也可以增强其柔韧性。对茎部非中空的可采用此法。

(6)花环骨架的制作

制作花环、花索时一般都需要使用造型用的骨架。制作骨架的材料可以使用藤本植物的茎秆、铁丝、稻草、苔藓等。具体制作方法如下:

茎秆骨架的制作　一般攀缘植物的茎可以用来制作花环的骨架。首先选择的茎秆要易于弯曲,剪成大约 1.3m 长,根据所需的尺寸将一根枝条弯曲成圆环,然后用线绳紧紧捆扎固定住。再另取一根枝条,使其进入已扎好的圆环,并缠绕在环上。继续缠绕枝条,直到形成一个粗环。当这个圆环能够自己支撑时,就不再加入枝条了,放好备用即可(图 3-10)。

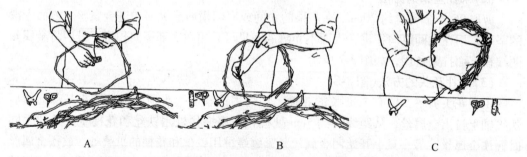

A　　　　　　　　　B　　　　　　　　　C

图 3-10　茎秆骨架的制作(引自 Malcolm Hillier 和黄增泉,2000)

苔藓骨架的制作　用细铁丝围成如图 3-11 所示的框架,用细绳在铁丝框架上固定其中的一端,将苔藓放在框架上面,遮盖框架,用细绳旋转缠绕苔藓,使其固定在铁丝框架上。反复操作一次,用苔藓重叠在已捆好的苔藓上,大约达到 2.5cm 的厚度。当缠绕到开始一端时,将苔藓重叠并捆扎好。找到开始时留下的线头,将线剪断和留下的线头系在一起,骨架即制好备用(图 3-11)。

铁丝网骨架的制作　依据所需要的圆周的长度,剪下一段宽 30cm 的铁丝网,将其平放在桌上,然后在铁丝网上放上苔藓。紧紧卷起铁丝网包住苔藓,以形成一结实的软管,管粗约 3.5cm。在卷铁丝网时,要卷进所有的苔藓并将外翻的铁丝网折入。均匀地

图 3-11 苔藓骨架的制作（引自 Malcolm Hillier 和黄增泉，2000）

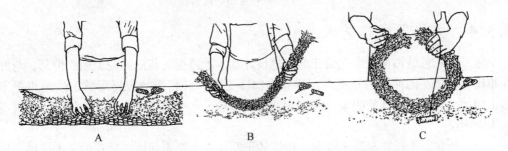

图 3-12 铁丝网骨架的制作（引自 Malcolm Hillier 和黄增泉，2000）

弯曲圆柱状的软管使其形成圆环，然后逐渐弯曲成圆。再用细铁丝捆扎在铁丝网的一端，留下一段线以完成圆环的绑扎。最后将软管的两个末端缝接在一起并扎紧，将线头隐藏起来（图 3-12）。

（7）丝带结的扎制

丝带结主要用来装饰干花饰品，其用料多为各种丝织品，有多种型号和花色。丝带结的扎制方法很多，这里仅介绍十字形丝带和连环丝带的扎制方法。

十字形丝带的扎制　①将丝带左侧留出适当长度，弯 1 圈作为饰物的中心。②在丝带的右侧也弯出大小适中的 1 个圈。③再在丝带的左右两侧弯出相同大小的 3 个圈。④在圈的中心用 26 号茶色金属丝扎紧，并拧紧金属备用。⑤金属丝可以很容易将丝带结系在作品上作为装饰。⑥将步骤①留出的缎带尽其长弯成一个圈，通过金属丝，在中部剪断，这样就形成了装饰的飘带（图 3-13）。

连环丝带的扎制　①首先留出丝带左侧下端，用手弯出 3 个和作品大小合适的环。②在环的中央穿过 26 号茶色金属丝，金属丝两端拧紧即可以使用了（图 3-14）。

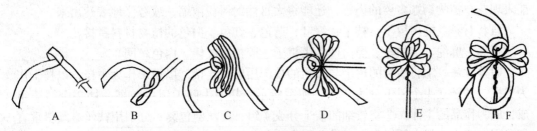

图 3-13 十字形丝带的扎制

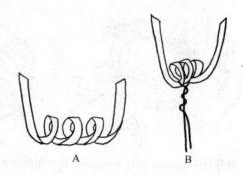

图3-14　连环丝带的扎制

3.3.4　立体干燥花艺术品制作

在室内花艺装饰中,干花插花的花艺设计基本上遵循鲜花的插花原则。但是,与鲜花相比,干燥花的种类相对更多,色彩的幅度更大,可利用的容器形状、质地也更丰富,因此,其花艺设计的想象空间更大,这一特点,在干花与鲜花结合使用时,表现得尤为突出。

如上所述,干燥花起源于欧洲,传统的干花插花大都表现西式插花的艺术风格,如用材量大、配色艳丽、图案式造型等。其中比较典型的是花材成束、用花量很大的几何式传统插花。使用干花制成的花束和花环等传统装饰艺术品,表现出的独特韵味与耐久的优点一直受到人们的喜爱。现代的干花插花设计趋于自由化和个性化,不受固定的设计模式所束缚。在设计时主要考虑的要素有干花材料和容器的形状、质感、色彩以及怎样使插花的这些特点和室内的环境条件相协调。

3.3.4.1　立体干插花的创作

(1)大型干花插花的创作

大型干花插花作品使用范围很广,并可以长期使用。大型干花插花既指单一的大型插花作品,也包括组景式插花作品。组景式插花作品一般由两个或两个以上插花体组成。制作大型干花可以根据摆放场所来进行构图,并将构图的变化、形状的对比和大胆的色彩相结合。此类干花适合摆放在展览大厅、会议室、宴会厅、会客厅的门旁、墙角、台柱两侧等处,不仅能为季节性庆典增色,而且也能作为某处固定的永久性艺术品。

组景式插花作品　一组景观中的插花体大多有主次之分,即由一个主体和一个或几个辅体构成。各花体之间的造型要有呼应关系,花材的使用也须协调。组景式插花不仅能表现花草植物婀娜多姿的姿态,还能将大自然的风貌浓缩,或夸张地表达出来。

植物材料　榆树树干、枝干;绿叶;蓝色、红色、白色的植物材料拼接花。

用具　麻绳、细铁丝、黑白两色围棋子、胶枪、胶棒、白色丝网。

制作方法　①将榆树的树干与较粗的枝干用麻绳连接,以树干作为主枝,以枝干作为支撑,共竖立4个树干分为3组,如图所示,其中中间1组由一高一矮2个树干组成,成为作品的主体。②将较细的枝干分成4组,用丝网包裹,分别用铁丝略倾斜垂直方向固定在4个竖立的树干上。③分别将蓝色、红色、白色的拼接花用热熔胶按图中造型固定在垂直的每组枝干上。用白色丝网将绿色叶子制成球形固定在中间一组的树干与枝干的相交处。④地面围绕树干用散落的黑白围棋子装饰。

作品效果 植物材料拼接花在干燥花装饰设计中普遍使用。作品主要分3个色块，即左侧的蓝色，中间的红色，以及右侧的白色，中间一组的红色系中融进了蓝色和白色的元素，使作品在色调上既色彩分明又和谐统一，绿色的叶子以半隐藏的球型的形式置于花朵下方，从造型上缓和了直挺的树干和枝干的僵硬感，同时给人以对花、叶间关系的遐想。作品既具有写实性，又极具装饰性（图3-15）。

图3-15 组景式插花作品（图片摄自"晶华造花"）

大型插花作品 大型插花作品指体量较大型的独立的插花体。一般使用石、陶、金属等质地的容积较大的容器，花材也多选用体量较大的种类，作品风格以造型设计和自然式居多。

植物材料 卷翅菊、袋鼠爪花、线状瞿麦、满天星、野竹叶、绵毛水苏、柔毛草、忍冬的枝叶等。

用具 白色石瓮、干花泥、绿色细铁丝。

制作方法 ①在石瓮中放置一个大小相当的花桶，花桶内装满干花泥，干花泥高出容器边缘20cm左右，用铁丝网将花泥包裹住，将花泥分割成小的区域。②将所有花材用细铁丝加长，按各花材形态、色彩适宜搭配插入干花泥中。花材插入的顺序应为：先将卷翅菊、绵毛水苏、忍冬的枝叶等团块状和线状花材插入，最后用满天星等点状花材填充。③为得到最佳效果，可先将容器置于基座上，根据远观的视觉效果进行插制。

作品效果 作品呈现明快、轻松的浅色基调，白色的石瓮古朴素雅，与花材色调相得益彰。这类大型的干花插花作品通常独立放置在显著位置，对大型室内空间具较强的装饰性。制作时应确保容器放置的基座的坚实性，容器应选择颈口宽大的重型容器以容纳众多的花材，并给欣赏者以稳重踏实之感（图3-16）。

（2）小型干花插花的创作

小型干花插花创作起来空间比较大，用途也较广泛。随意的无造型的插花设计或是造型设计都会因适合的摆放而带来特殊的魅力，令人难以忘却。由于干花材料难以悬垂

图 3-16　大型干花插花作品
（引自 Malcolm Hillier 和黄增泉，2000）

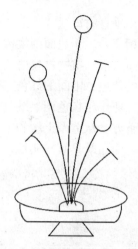

图 3-17　直立式造型的结构图

或遮盖所使用的容器，使得容器的使用在小型干花插花中显得尤其重要。为了避免小型干花作品的呆板，使之增加动感，可以利用丝带或装饰布进行装饰，使它们流畅的曲线融入作品，也可以用附属艺术品来增加插花的高度。设计时还可以考虑采用带有香气的花材，这样，插花作品就能散发出持久的甜香。这类作品可以摆放在窗台、案头、梳妆台、墙面、餐桌、浴室、厨房等。

　　①直立式插花　造型时要求第一主枝基本呈直立状，所有插入的花卉，都呈自然向上的势头，趋势也保持向着一个方向。第一主枝在花器内必须插成直立状。第二主枝插在第一主枝的一侧略有倾斜。第三主枝插在第一主枝的另一侧也可略作倾斜，其他辅助花材要求与主枝相呼应，形成一个整体，但辅助花材不要削弱主枝的走势并要力求变化（图 3-17）。直立式插花常选用一些具有直立形态的花材，如薰衣草、大花飞燕草、红花、金黄蓍草、蛇鞭菊及具有长花梗的鹤望兰、马蹄莲等。花器以插口细小或简单细长的最为适合。

　　植物材料　黄白双色芦苇、香蒲、豫谷、粉色香石竹、叶脉拼接蝴蝶花和牡丹花、金银双色莲蓬。

　　用具　干花泥、象牙白色浮雕方瓶。

　　制作方法　第一，在容器中放入大小合适的干花泥，插入芦苇和金色叶脉拼接蝴蝶花，花材的高度约为器皿高度加宽度的 1.5～2 倍（图 3-18A，B），然后插入香蒲和适量的豫谷（图 3-18C）。第二，在基部插入粉色香石竹等进行点缀。第三，最后插入金银双色莲蓬（图 3-18D）。

　　作品效果　这是一个较为简单的直立型作品，色彩以金黄色为主，花材自然，显现蓬勃向上的生机，具浮雕元素的容器尽显欧式风情。

　　②水平式插花　造型时三主枝虽然都在一个平面上，但每一枝花的插入也是有长有短、有远有近，形成动势。一般将第一主枝插在花器的一侧，基本上与花器呈水平状，第二主枝插在另一侧，第三主枝根据作品重心平衡情况插入，其他辅助花材与主枝相呼应，可以有许多变化，两侧之枝可等长对称，也可以不等长对称。容器以扁平状为佳，

　　A　　　　　　　B　　　　　　　C　　　　　　　D

图3-18　直立式插花制作步骤（作者：洪波）

其要求是注意表面弧度柔和（图3-19）。

　　植物材料　金合欢（银叶含羞草）。

　　用具　木制花篮、干花泥。

　　制作方法　按木制花篮内空间大小将
干花泥修形，放置到花篮内，并用花钉固
定花泥高度低于花篮 2～3cm。选择适合
长度的金合欢枝条，去除茎底部的小枝和

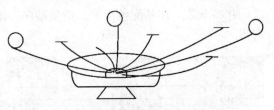

图3-19　水平式造型的结构图

叶片，从花篮的两侧分层次倾斜插制，使得花篮两侧花枝错落有致。再将花枝按其他枝
条1/2 长短剪切，从两侧花枝的结合处插入，并保持花枝与从两侧插入的花枝连成一
体，如图3-20 所示。

　　作品效果　作品虽然使用了单一种类花材，但因金合欢花朵纷繁，为点状花材，加
之深棕色木制容器与银色叶子、黄色花朵的绝佳搭配，使作品简洁、清新又备感亲切，

图3-20　水平式插花作品

（引自 Malcolm Hillier 和罗宁，2000）

在自家花园中随意而作。

③几何图形式插花　造型包括各种几何图形和图案,讲究整齐规则,端庄大方。包括圆形、三角形、扇形、L形、C形、S形、倒T形等。

三角形　三角形插花是西方式插花最普遍的基本造型。插花作品可插成正三角形、等腰三角形和不等边三角形,应用范围相当广。外形简洁,给人以均衡、稳定、庄重的感觉。下面以不等边三角形为例介绍创作方法。

植物材料　香蒲、狼尾草、黄色情人草、粉色月季、兔尾草、白色芦苇、叶脉拼接月季、剑叶等。

用具　黑色横纹瓶、镶金丝白纱。

制作方法　第一,在容器内放置干花泥,用以固定花材。第二,先插入狼尾草、香蒲和情人草,然后插入叶脉拼接月季(图3-21A,B)。第三,再插入粉色月季、剑叶等,并用适量的兔尾草增加作品的动感(图3-21C,D)。第四,最后放入白纱并缠绕在花瓶上,完成作品(图3-21E)。

作品效果　作品配色淡雅,造型端庄,镶金丝白纱柔和的线条又平添了几分柔美和奢华。

图3-21　不等边三角形插花制作步骤(作者:洪波)

倒T形　这种图形的插花也是西方式插花中较为常见的造型。插花作品可以是多种花材组成的具一定内涵的艺术图案,也可以是"干花树"等主题造型。倒T形插花构图均衡、稳定,创作容易。

植物材料　狼尾草、叶脉拼接月季、粉色月季、红色及黄色兔尾草、满天星、石松等。

用具　白色雕花桶瓶、干花泥。

制作方法　第一,在花瓶底部放置黏土以增加容器的重量,使作品更加稳固。用干花泥填满花瓶上半部用于固定花材。第二,先用狼尾草和香蒲定出倒T形的轮廓,并在焦点处插入3朵叶脉拼接月季花(图3-22A,B)。第三,再插入粉色月季、红色及黄色兔尾草,丰富作品的轮廓(图3-22C)。最后填补黄色满天星和绿色石松完成作品(图3-22D)。

作品效果　作品主色调呈粉褐色,造型讲究对称,简明而稳重,给人以现代感。

图 3-22　倒 T 形插花制作实例步骤（作者：洪波）

圆形　圆形构图的插花可以插制成圆形、半圆形或是椭圆形，也是西方式插花中较为常见的造型。圆形插花作品造型庄重、典雅又不失热情洋溢。制作实例如下。

植物材料　红色涂金非洲菊、粉色月季、粉色香石竹、松树球果、海桐叶等。

用具　花泥、铜质基座瓮。

制作方法　在铜质基座瓮中放入绿色花泥，做好准备工作。将花材按所要求的长短修剪好，因插制圆形构图，因此花材不宜过长。先将红色涂金非洲菊和松果集中插于容器的中央、四面插入粉色月季和粉色香石竹（图 3-23A，B），其余空间用海桐叶填充，完成作品（图 3-23C）。

作品效果　用红、粉、绿等各色花材混合插制的作品无论摆放在茶桌还是餐桌都会给环境增添豪华气派。花瓣呈波浪状的香石竹和曲线优美的月季构成粉红色组合，将同种花集中摆放在一起，使得充满个性的色彩融合在一起。因花色艳丽，选择古铜色花器无论从颜色还是质地都是很好的衬托和对照。

图 3-23　圆形插花制作实例步骤（作者：洪波）

④自然式插花　突出表现植物的自然生长状态，作品中花材的数量较多，但种类单一，仅作简略的修饰。下面以制作"干花树"和"传统花篮"为例介绍自然式干插花作品的制作方法。

"干花树"　"干花树"的造型一般是平衡的、丰满的，站在任何角度都可以欣赏，选材时可不必考虑植物间的自然属性是否搭配，可任意进行组合，但造型上应突出植物的自然状态。

植物材料　樟树枝、野蔷薇干果、松果、橡树果、橡树叶、弯曲的长嫩枝、棕色的椰子皮、苔藓、苹果薄切片、用作树干的粗壮葡萄藤。

用具　赤陶土花盆、球形干花泥、小刀、锯、石块、水泥、胶枪、线、剪刀、泥炭藓、30cm 长的绿铁丝、彩带等。

制作方法　第一，将葡萄藤剪成理想的高度，立于陶土盆中央，将石块填在盆的底部起稳定作用；在石块周围覆上灰泥浆，以固定葡萄藤，然后，将棕色的椰子皮苔藓用胶水覆盖在水泥基部(图3-24A)。第二，将球形干花泥切成两半，用胶水将其中一个半球形花泥在中心处固定在葡萄树干上。从半球形花泥的基部开始围绕树干缠上金属线，并缠绕花泥，最后绕回到树干处。这样重复几次，使花泥牢固并具有足够的承重力。再用一层泥炭藓覆盖花泥并用胶水固定(图3-24B)。第三，将两片干苹果切片用铁丝穿起来，把剩余铁丝拧成一股插入花泥。再将橡树枝条剪成两半，将枝条的尾部用铁丝穿起来，将剩余铁丝拧成一股插入花泥(图3-24C)。第四，选择带有叶柄的野蔷薇果，用铁丝将3~4个穿成一串，将剩余铁丝拧成一股插入花泥；再将松果、橡树果分别用铁丝穿起来，将剩余铁丝拧成一股插入花泥。第五，在花泥表面牢固地插入分散的橡树叶，并在垂直方向点缀几片下垂的橡树叶。用橡树叶覆盖整株树。第六，随意插入一些比橡树叶高的嫩枝，以形成一种野趣。加入2~3串用金属丝串起来的松果串。然后再加入几组橡树枝条、橡树果串和几组苹果切片，要确保这些材料均匀地分布在整株树上(图3-24D)。

作品效果　这样的"干花树"可以使人联想到各类干果，甚至在壁炉里燃烧原木所发出的噼里啪啦的响声。方格布上摆放花篮或花树，会带给人一种熟悉而舒适的自然气息。这种树型可以做成任何尺寸，每当你进入客厅或者卧室时，它都仿佛在热情的欢迎你。圣诞节时，将树喷成金黄色，并挂上节日装饰品进行装饰，就可以营造出一番圣诞节氛围。

传统花篮　传统式的花篮在立体干燥花艺术制品中很常见，其创作过程也简单随意。花篮可以作为美好的礼物送予友人，也可装饰壁炉，点缀餐桌，美化环境。

A　　　　B　　　　C　　　　D

图3-24　自然式"干花树"的制作步骤(作者：Anne Ballard)

植物材料 叶脉拼接月季、粉色月季、松树球果、兔尾草、香蒿、海桐叶等。

用具 花篮、报纸、干花泥、小刀、泥炭藓、细麻绳、剪刀、黄色丝带等。

制作方法 第一，在花篮内放置几张报纸作为衬底，将花泥修剪成与花篮内部相符的形状，放置于篮内的报纸上，花泥应低于花篮边缘 1.5 ~ 2.5cm。用泥炭藓将花泥与篮筐间的边缝塞满。第二，将泥炭藓固定在花泥表面。插入单枝的叶脉拼接月季和松果，也可以 3 枝为一组，且每组之间应留出空间以便插入其他的花材（图 3-25A，B）。插入花材时按照较高的花材插在焦点位置、较矮的花材插在边缘位置的原则进行。第三，插入单枝的香蒿、粉色月季和兔尾草等，使它们均匀分布在花泥表面，以求作品在色彩和质感上的均衡，使这些团块状和线形花材发挥最大的观赏效果（图 3-25C）。最后，用剩余的米蒿填充空间（图 3-25D）。

图 3-25 传统花篮的制作步骤（作者：洪波）

作品效果 在这个作品中，各种花材组合所形成的乡村风格的传统花篮，在具有强质感、由小树枝捆成的质朴的篮子，与用蛇麻草、燕麦等花材互相呼应，作品中各成分的质地与容器的质地相协调，使得干花材好像是从篮子中生长出来一般。

⑤抽象式插花 是把花材作为点、线、面和色彩进行造型，以非自然的手法和构筑的意念构思作品，强调作者创造性的构思。

植物材料 剑叶、藤条、小菊花、罂粟花。

用具 蝶状花瓶、细铁丝、干花泥。

制作方法 先用干花泥将容器填满，在容器上先插入较短的紫色小菊花及两根藤条（图 3-26A）。再从里层到外层依次插入剑叶呈球状（图 3-26B）。用铁丝将一簇藤条绑好固定在容器口，最后插上红色的罂粟花（图 3-26C，D）。

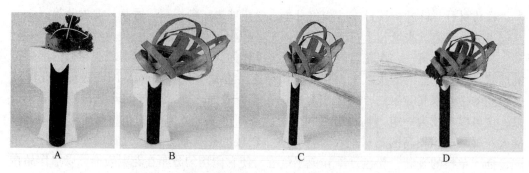

图3-26　抽象式插花的制作步骤(引自林庆新，2000)

作品效果　作品用3种花材诠释了点、线、面造型所表达的意蕴，同时用曲线和直线、白与黑、红与绿等对比手法，表现出强烈的视觉效果。

3.3.4.2　干燥花饰品的制作

(1)花束

花束是干花装饰品中较常用的一种，也是容易制作并表现出干花材料特性的制品。欧洲一些国家的家庭干花装饰经常选用花束，它用材广泛、不拘一格，有时充满野趣。设计制作时有如绘画一样，努力使花束与环境相协调并成为周围环境的一部分。

①悬挂式花束　一般离不开缎带的搭配，缎带的飘逸可以起到美化的作用，另一方面缎带还可以遮盖花束基部捆扎的绳结。选择色彩和质地反差较大的干花材料，制作成自然式悬挂花束，会获得极为显著的装饰效果。悬挂式花束可以摆放在墙面、屋顶、门旁等。

植物材料　苋、满天星、黄色月季、粉色月季、鼠尾草、深粉色八仙花、大花勿忘我等。

用具　细铁丝、绳子、柠檬色丝带(图3-27A)。

制作方法　第一，将所用的花材按类分好，先用黄色月季、满天星和粉色月季、满天星分别绑成小自然式的花束，由于花束制作完成后是从下往上看的，所以在制作时应从花枝的顶部观察，每一个小花束都要具有层次感。第二，用绳子将花头下部系好，将上面两个花束绑在一起，一个花束的顶部要比另一个略低一些。在上面制成花束的基部捆扎八仙花，然后系上柠檬色丝带，遮住绳结(图3-27B)。

成品效果　粉色月季、深粉色的八仙花、紫红色鼠尾草构成花束的主色调；白色的满天星使杏黄色和粉色月季变得突出；柠檬色丝带与黄色月季和白色满天星相呼应，一组粉色八仙花又使数枝绿色的苋和勿忘我取得平衡；圆形的月季、八仙花花材与线状的鼠尾草形成鲜明的结构对比。组成花束的各种干花质地各异，是有特色的质感花束。

②立式花束　可以应用于任何一个房间的角落，不论是现代还是传统陈设，这种花束都是装饰房间的理想之物。尽管这里介绍的是具有统一色泽的花束，但也可以制作混合质地的。例如，墨角兰和玫瑰，可以很好地搭配在一起以创造出一种与众不同的整体效果。制作立式花束时，手腕要有力而灵活。手边随时备有材料，以便进行制作。

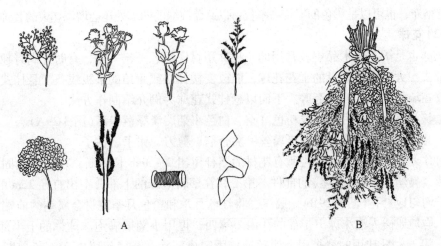

图3-27　悬挂式花束的制作步骤（引自 Malcolm Hillier 和罗宁，2000）

植物材料　250 根小麦。

用具　泥炭藓、方格花布、15cm×15cm 的麻片、丝网、酒椰叶纤维、线圈、铁丝卡钩、剪刀等。

制作方法　第一，将泥炭藓裹在丝网中使之成为紧密的长方形，用铁丝卡钩进行固定。然后用相同的方法把麻片附着在它的后面，将酒椰纤维拧在卡钩上使之拴住两个顶角。第二，将所有麦穗剪为两半，分成 5 根一组，修剪成所需要的长度，绑上双脚支架，并使它们在苔藓上呈拱形插成 4 行，注意前面的一行要比后边插得稍矮些。第三，将麦秆剪成一定长度的段，每 5 根成一组绑上一个双腿支架，然后在作品底部把它们插成 4 行，用双手搓其末端使麦秆束散开立起，用铁丝在麦穗与麦秆间进行固定。第四，最后在麦穗与麦秆的连接处用方格花布扎制的蝴蝶结进行装饰（图3-28）。

作品效果　麦穗作为永久的象征可以制成传统的立体花束，无论如何摆设，一大束麦穗都是最好的丰收庆典的花饰。麦穗可以在正式、传统、乡村或现代的任何作品中使用。作品将随意与礼仪两种风格融为一体，其刻意使用最简单、最少量的材料进行装饰，获得自然和谐的效果；花格方巾给作品以丰收印象并突出了麦子淡雅的色调。制作一个成功的立式花束，尖而高的材料比圆形材料效果更好，用于装饰的蝴蝶结可以是棉

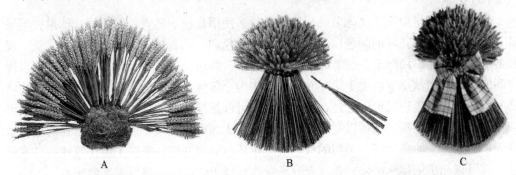

图3-28　立式花束的制作步骤（引自 Malcolm Hillier 和罗宁，2000）

质的方格布，也可以是彩色的缎带，不仅可以遮盖线绳的捆绑处还会增添花束的装饰效果。

(2)花球

花球也是干花艺术品中较常用的一种，用材广泛、不拘一格，有时充满野趣。用花与叶做成一大簇鲜艳夺目的干花花球，能改变楼梯口或屋角的呆板线条。悬挂式花球可以摆放在墙面、屋顶、门旁等。下面以悬挂式花球为例介绍制作方法。

植物材料　红色月季、浅粉色月季、白色小菊、淡绿色米蒿(图3-29A)。

用具　塑料泡沫球一个、金属丝、黏合剂、剪刀、钳子、钻子。

制作方法　第一，首先将所有花材的茎秆留出2~3cm长剪断，用金属丝固定，制作成带金属丝支架(金属茎)的部件。第二，在塑料泡沫的上部分空出直径3cm的空隙，用钻子均匀地打孔(图3-29B)。第三，将红色月季和粉色月季花材金属茎的前端涂上黏合剂，均匀地插入泡沫球下半部的孔内。第四，再用小菊插满泡沫球体的上半部(图3-29C)。第五，悬挂用的缎带用金属丝连接固定成环状，金属丝留出2cm长剪断，用钻子在球体的正上方钻孔，金属丝前端涂上黏合剂，插入孔中。第六，在整个球体上均匀地插入米蒿用以填补空隙。第七，将装饰用缎带部件的金属茎横着插入悬挂缎带的正下方，以填充球体上方的空隙(图3-29D)。

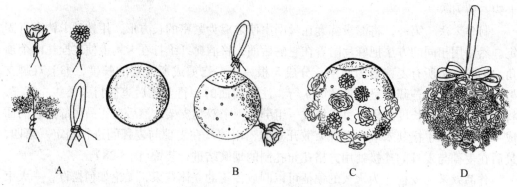

A　　　　　　　　　B　　　　　　　　　C　　　　　　　　　D

图3-29　悬挂式花球的制作步骤(绘图：洪波)

作品效果　选择红色和淡粉色月季组合制作的花球，色彩上反差较大，极为眩目，获得较为显著的装饰效果。

(3)花环

干花花环最早应用于圣诞节的门饰，材料多使用松枝、冬青、橄榄枝、球果、荚果等，传统的圣诞节花环的颜色以红色和绿色为主色调，具有热烈、祥和的节日气氛。现代的干花花环已不局限于圣诞节时使用，在宾馆、商店、餐厅以及家居随处可见，表现乡间的野趣和初秋季节的柔美。干花花环可作为全年性花卉装饰用品，多作为房间的墙饰和门饰；作为门饰时可以悬挂在门的正面也可以悬挂在门的背面。制作花环的骨架可以是苔藓覆盖的铁架，也可以是用酒椰叶纤维编成的辫子骨架，还可以用植物的茎秆做成骨架，如缠绕的藤茎等。不同的材料决定花环不同的基调，掌握了制作花环的基本技法，就可以充满乐趣地制作，并且充分享受找到属于自己的风格所带来的乐趣。

①秋日花环　这是一款用铁丝和泥炭藓作为骨架制作的花环。

植物材料 喷成金黄色的独行菜、紫雏菊、蓍草、染成绿色的花竹柏、白色薰衣草、白色千日红、绿色百日菊、石竹、西伯利亚鸢尾、黑种草、鸡爪粟、白色翠雀等。

用具 直径为25cm的花环骨架、线圈、泥炭藓、剪刀、30cm长的绿铁丝、绿色丝带、宽的奶油色和金色丝带、胶枪、青苔等。

制作方法 第一，在花环骨架上面遮盖一层泥炭藓，使泥炭藓均匀分布，用线缠绕固定，当首尾相接时，停止缠线，并将散乱的苔藓清除(图3-30A)。第二，将两根绿铁丝和绿色丝带绑在一起，弯成挂钩形状。用挂钩背面的线固定它的位置，再将两段绳子尾部系在一起，这样花环的顶部就做成了(图3-30B)。第三，将各种花材制作成一个个小的花束。从挂钩背面开始，用线将小花束依次绑在花环上(图3-30C)。第四，首先将喷成金黄色的独行菜小花束固定在花环上，接下来固定一束紫雏菊和一小束染成绿色的花竹柏，在紫雏菊与花竹柏相重叠的中间部位，搭配一小束白色薰衣草，固定时要使每种花材的小花束间稍微重叠(图3-30D)。第五，继续沿花环的一侧固定小花束，中间布置一些相配的花材。如依次搭配绿色百日菊、西伯利亚鸢尾、金黄色独行菜、鸡爪粟、白色千日红、黑种草、石竹、白色翠雀等。固定时不要使小花束之间过于拥挤，且使小花束上的花朵指向一个方向，确保花环的内外边缘具有流畅的线条。选择小花束时要注意花材材质和色彩的均衡，且每隔特定的间隔就在里外边缘布置与之相交替的金黄色独行菜，这样会增加趣味而且使布置相互协调(图3-30E)。第六，将花束的首尾处用线绳绑紧。用丝带做一个大的双层蝴蝶结，将蝴蝶结固定于花环的底部。将花环挂于墙上，不断调整使其平衡，花环就制作完成(图3-30F)。

作品效果 作品色彩鲜明，质感细腻，表现了金秋时节的富足和喜悦。制作这样一个祥和而雅致，奶油色和绿色混合的门饰花环，需要一些质地轻柔、圆形和线形的花材，也可以用形状相似的花材来代替此作品中的材料。上述基本制作方法适用于所有干

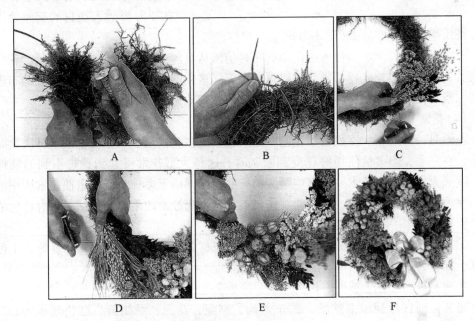

图3-30 秋季花环的制作步骤(引自 Anne Ballard)

花花环的材料、色彩和风格。如用绣球花、墨角兰、小麦等单一材料制作花环也会有意外的收获;或者利用易找到的球果、嫩枝制作一个有益于健康的薰衣草或者玫瑰花环也是非常不错的选择。

②夏日花环　这是由草辫作为骨架制作的花环。

植物材料　蓝色及深粉红色飞燕草、紫色薰衣草、小燕麦。

用具　亚麻绳、酒椰叶纤维。

制作方法　第一,取一把品质优良的亚麻绳,把它分成三等份,用编麻花的方式编到绳索的尾端,用亚麻绳将尾端绑好,修剪整齐。麻花辫的松紧要适中,既要保证花材能够插入,还要使花环坚固、美观(图3-31A)。第二,将编织好的亚麻绳结合成一个圆形骨架,接头用亚麻绳固定。第三,将拟使用的花材3~5枝一束,用铁丝绑制成小花束,将剩余的铁丝拧成一股用做插花的茎秆。各种花材的组合可以依个人喜好来决定。第四,在亚麻辫的任何一处开始,沿亚麻辫的一个方向依次将小花束插在亚麻辫上,并逐渐增加花材的用量,使下面的花材有具有蓬松的美感。在花材覆盖亚麻辫骨架大约2/3时停止插入花材,露出一部分编织的亚麻供人欣赏。第五,最后在亚麻辫插入花材的起始处用酒椰叶纤维缠绕固定在墙上(图3-31B)。

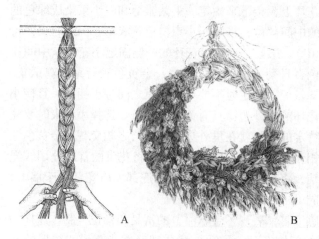

图3-31　夏日花环的制作步骤
(引自 Malcolm Hillier 和黄增泉,2000)

作品效果　以蓝、粉色为主色调的花材仿佛从草辫中倾泻而出,动感十足。花环色彩淡雅,造型优美,表现了夏日的温暖和柔美。这样的花环还可以运用淡色装饰布进行装饰,既衬托花材的独特质地又强化了作品的装饰效果。

(4)花索

花索是一种辫状、流线型干花艺术品。花索更多时候用于大型场合或节日庆典时的装饰,在冬季,当大量使用鲜花受到限制时,这种大型花索可起到意想不到的装饰效果。欧式家居中常用花索装饰壁炉两侧或桌前。花索用于桌饰时应尽量使花索所用的饰布与室内的家具协调一致。花索的制作离不开丝带或饰布的陪衬,包括一些有特色的绳索及圆形的干果一类的材料。

①圣诞花索　用于圣诞节的桌饰和壁饰。花材多选用松枝、球果、冬青等,主色调以红、绿色为主,表现出节日的喜庆气氛。

植物材料　红色干辣椒、松树球果、涂成金色的玉兰叶片。

用具　细铁丝网、细铁丝、铁丝卡钩、麻绳、花泥、泥炭藓、红色丝绸等(图3-32A)。

制作方法　第一，将丝网剪成两半，把两块干花泥分别切成3块，将花泥沿着一张丝网摆在中部，每块花泥之间加上几把泥炭藓(图3-32B)。第二，用铁丝将丝网的侧面连接好，接头按进花泥中。将红色丝绸皱聚，用铁丝固定在花泥上。用细铁丝将红辣椒、松果、玉兰叶片固定在铁丝卡钩上，空余部分用苔藓填充，并用铁丝卡钩固定。第三，重复上面的操作，根据所需要花素的长短来决定重复的次数，最后将每一段按波浪形连接(图3-32C)。

作品效果　深红色的饰布配以浓绿色的苔藓，色彩浓重、具有干花的传统特色。红色的饰布皱聚卷曲，与松球果的螺旋形相呼应。涂上金色的玉兰叶片更加活跃作品的气氛并增添豪华之气(图3-32D)。

图3-32　圣诞花索的制作步骤(引自 Jane Packer 和韦三立，2000)

②曲拱花索　这是一类体量较小的花索，花材种类多，用量大，做工复杂。色彩浓艳，装饰效果较强。

植物材料　橡树叶、藤条、白色大花飞燕草、赤土色的蓍草、鸡冠花、深红色罂粟、高粱、染成桃色的金雀花、橘红色的千日红、雪松果、小树枝、海绵状的蘑菇。

用具　22#口径30cm的铁丝、麻线、胶棒、绿色苔藓、铁丝线卷、曲拱藤条、绿色胶带、麻布条等。

制作方法　第一，首先制作橡树叶、大花飞燕草、蓍草、鸡冠花、罂粟、高粱、金雀花和千日红的多个小花束。线形的花材花束长10~30cm。圆头的花束长7.5cm。第二，将4~6个雪松果用铁丝绑好；将小树枝剪成10根15cm长的茎段，再分别将5根细枝绑成一束并用铁丝绑好，上边缠上麻线；在每个海绵状的蘑菇片上都用铁丝固定上双脚支架；取少量的绿色苔藓缠成两团备用(图3-33A)。第三，用藤条编制成长约1m的曲拱形花索的骨架。将铁线轴尾部穿过拱形骨架的尾部，并拧紧固定，在曲拱骨架上平放一束橡树叶，并在茎上用铁丝缠绕固定。第四，将麻布条折叠，在其两头的末端用铁丝绑在橡树茎的上面。将每个花束分别平放，依次用铁丝固定在拱形骨架上，保证小花束左、右及中间的重叠排列均衡，两边的颜色要协调，并要注意花索在陈设时所有在曲拱上的铁丝都要被遮盖住(图3-33B)。第五，将随意折叠后的麻布条在曲拱上有规律的间隔着固定。在麻布条之间的空隙中继续添加花束。第六，摆放好雪松球果和苔藓，用胶枪粘贴固定，然后以不同的角度将两捆小枝粘在花索中间的位置，再粘上一些苔藓团。用绿色胶带缠绕铁丝，做成2个吊架，将吊架用铁丝和藤条连接起来。第七，最后，将铁丝线放在曲拱的背后并剪掉，在尾部用胶枪固定上小花束，保证花索与墙面结合时的平整以及在正面观赏时的美观(图3-33C)。

作品效果　这样纯朴的曲拱花索可用于房间内许多地方的装饰，如房梁、门或窗的上面，或是镜框的上方。作品的风格很容易通过将许多小的、窄的、粗糙的麻布替换成华丽的缎带而得以改变。将拱形花索定期的摆放在墙上，还可以根据季节的变化调整花材的种类和颜色(图3-33D)。

图3-33　曲拱花索的制作步骤(作者：Anne Ballard)

(5)容器式

制作容器式干花饰品需根据不同的要求选用适合的容器。可使用的容器多种多样，材质有玻璃、有机玻璃、透明塑料等；形状上有圆柱形、球形、穹形圆柱形、长方形、正方形等。各种容器都配有相应的底座。

①玻璃杯容器花　采用玻璃杯作为密封干花的容器，造型小巧，构图简单，但观赏性强。制作玻璃容器花所用的密闭容器，透明罩内应有较大的空间，完成后的容器花可以从四周多角度观赏到内部的花朵。

植物材料　肉色月季，粉色、白色千日红花、千日红叶，小黄菊，东风菜等。

用具　透明的杯状玻璃容器、花钉、剪刀、镊子、花泥、乳胶、绿色胶带等。

制作方法　第一，花材组装前为防止静电，首先用胶皮布擦拭玻璃杯子内侧。根据容器空间大小切取适当大小的花泥，并将花泥用绿色细亚麻丝遮盖装饰，然后用乳胶和花钉将花泥贴在容器底座的适当位置安装好。再在花泥旁边放置干燥剂,用双面胶固定。第二,将干燥的花材组装上细铁丝支架,先将处于焦点位置的肉色月季插于花泥上,然后按图中造型所示依次插入千日红、小黄菊、东风菜,最后用千日红的叶子遮盖花泥。在容器内由于空间狭小、不便造作时可借用镊子来插制花材。第三,花材组装好之后,用洗耳球将污物和花材碎屑清除干净,待胶全部干燥后可开始密封容器。将整个容器安装好,在容器部件衔接处涂以密闭材料(可选用乳胶、树脂或玻璃胶),待密封材料干燥后,检查密封情况,将密封不严处再适当补封几次,密封材料干燥后成品即告制成(图3-34)。

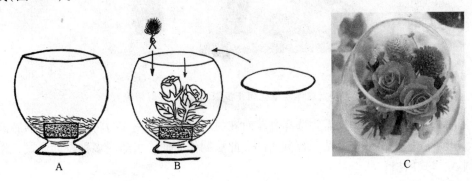

图3-34 玻璃容器花(作者:高村;绘图:洪波)

作品效果 作品造型简单,花型自然,花色鲜艳,犹如鲜花开放的情形。密闭的容器会保护花材不受潮,因而在容器内的干燥花保存的时间也会更加长久。用于遮盖花泥的材料还可用尼龙花边、丝带或彩色纸装等。

②画框花 采用画框作为密封干花的容器,造型以方形和长方形为主,所使用的画框背板与相框间留有足够的空间放置花材,花材多为花朵和衬叶。正面用玻璃保护,有利于观赏和清洁。画框式干花比平面干花更具立体感,装饰效果独特。

植物材料 粉色卡特兰、粉色和红色月季、白色蕾丝花、紫色龙胆、菜花、蜡花小枝等。

用具 衬有白色绘画纸的木盒、配有玻璃的特制木质相框、白色卡纸、黑色方型塑料钵、剪刀、热熔胶棒、胶枪、干燥剂、锡箔密封条、双面胶等(图3-35A)。

制作方法 第一,按照花材组合后图案的大小来制作木制相框。首先在密封用的玻璃两面用胶皮布擦拭以防止静电,注意不要沾上手印和灰尘。第二,将卡特兰、月季、石蒜等花材短茎部用铁丝固定,再用绿色胶带包裹。第三,在衬有白色绘画纸的木盒底部固定一小块干花泥,然后在木盒内按图中图案组合花材,将花材的基部固定在花泥上,花头或花枝的上部还要用胶固定在木盒的底部。第四,将装有花材的木盒放入黑色方型塑料钵内,在木盒与塑料钵的空隙间放入干燥剂(图3-35B)。第五,再在上面放置大小适宜的白色卡纸和玻璃,用锡箔密封条将玻璃与黑色塑料钵的接缝处密封严实(图3-35C,D)。最后在外侧罩上白色木制相框,完成作品(图3-35E)。

作品效果 作品既有装饰画的功能,又具有非常好的立体效果,颜色淡雅,给人清新、亮丽之感,密封的相框可以避免花材受潮。在这类容器花的制作中,如果是制作较

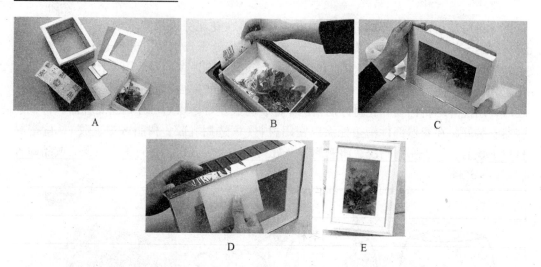

图 3-35　立体画框花制作步骤(作者：大濑裕美)

浅的密闭干花盘等饰品，就需要选择乳胶对花材进行固定，制作时将花材靠容器底部的一面涂上乳胶，将花材直接粘于容器底部。此法制作简便，可适应多种设计形式，作品呈现半立体式风格。

(6) 干花摆件

干花摆件是一类造型多变、创作随意的干花饰品。有大型和小型摆件之分，在家居及公共场所都可广泛应用，多摆放在茶几、餐桌、书架、柜台、墙壁等处。

①蜡烛干花　干花和蜡烛的搭配是干燥花艺术制品中常用的组合，在餐桌或边桌上放置蜡烛干花饰品既有装饰功能又具有实用性。蜡烛最先是用来作光源的，现在的蜡烛因美学的原因而制造出来，各种造型、各种色彩的蜡烛，与传统的、现代的容器配在一起，能营造出不同的气氛，在充满自然气息的房间内又平添了些许浪漫的元素，使生活富有诗情画意。在制作蜡烛干花时一般先将蜡烛固定在各式的基座上，再用花材装饰基座达到装饰效果。常用的基座可以是干花泥、草编材料、泡沫板、玻璃酒杯等。

植物材料　蛇麻草。

用具　4 支蜡烛、环状金属框架、细麻绳、金色细金属丝、铁丝切割刀等。

制作方法　第一，将金属环平放在工作桌面上，4 根蜡烛间隔均匀地立在里面（图 3-36A）。第二，将细麻绳剪成 4 段，在蜡烛底部以上 8cm 处用细麻绳绕 4 圈。将绳子的一端穿过金属环，然后打上结扣。第三，用同样的方法，将其余的 3 根麻绳把金属

图 3-36　摆放在餐桌上的蜡烛干花的制作步骤(引自《干花和蜡烛》，2002)

环系在其余 3 根蜡烛上，这样金属环就可以悬挂在桌面以上 8cm 的地方（图 3-36B）。第四，将蛇麻草剪切成约 20cm 长，沿着金属环的方向摆放，用金色金属丝草茎固定在环上（图 3-36C）。第五，逐渐增加蛇麻草，使它们重叠在一起，分别用金色金属丝固定，直到金属环完全被遮盖住（图 3-36D）。第六，剪下一些短的蛇麻草，将它们直接填插在空隙中，遮盖所有可以看到的金属丝（图 3-36E）。

作品效果　这是一个简单的、令人感到亲近的设计，黄色蜡烛和绿色花材的搭配醒目而清新。蛇麻草可以勾起人们对丰收时节乡村的记忆，每年这个时节，它们会成为所有餐桌布置的最优选择。

②苇杆壁挂　这是较为大型的干花摆件，多应用在宾馆、会议室、展会等空间较大的场所。

植物材料　分叉短树桩、芦苇茎秆、谷穗、麦穗、龙柳、藤条、松果壳、拼接菊花、蔷薇、仿真花等。

用具　玉米叶纤维、细线、细麻绳、胶枪。

制作方法　第一，用细线将 40～50 根芦苇茎秆从上至下间隔约 30cm 进行平行连接，由于苇杆上下粗细不均，使得平行连接后"苇杆排"呈长梯形，如图 3-37 所示。第二，将苇杆较粗的一端向上，在细线的连接处拴上细麻绳固定在墙上，"苇杆排"的末端用胶水粘上若干个麦穗，使麦穗自然下垂。第三，在分叉树桩上用玉米叶做成的纤维固定一根较粗的龙柳，再将树桩和苇杆固定在墙上的同一点上，使龙柳自然下垂于"苇杆排"的前面。第四，用树枝做骨架，使用谷穗、麦穗、松果壳、白色拼接菊花、蔷薇和粉色仿真花制作一个花环，再将花环固定在下垂的龙柳偏上 1/3 处。用褐色藤条加以装饰，作品就完成了。

图 3-37　苇杆壁挂作品

作品效果　这是一件典型具有丰收意味的作品，秋季来临，麦穗飘香，稻谷满仓，作品以甜熟的黄色为主色调，采用弧线、直线、曲线等线条组合，使得作品构图和谐，自然流畅；用麦穗装饰的下摆又使作品赋予韵律之感，仿佛奏响了秋季丰收、欢快的乐章。作品多用于大型展厅的墙壁或门旁的装饰。

③感恩节标志摆件　感恩节标志是纯粹的具西方特色的干花饰品。这类饰品造型多样、精巧活泼，花材排列紧凑，装饰性强，主要用于感恩节家居的装饰，是用以表达感恩节晚宴欢迎亲朋好友的热情和对感恩节的理解。

植物材料　悬钩子属植物藤条、黄色薯草、麦子、红辣椒、玉米、草莓、玉米穗、苹果片、鲜橘子片、红豆、开裂的小扁豆、山毛榉坚果、圆形坚果、经染色的深红色花竹柏、落叶松球果、染色的红橡叶子、2 个姜饼、姜心、酒椰草。

用具　修枝剪、麻线、剪刀、干泡沫、刀子、胶棒、铁丝、深绿色的苔藓、浅绿色的苔藓、小的花篮、6 个鹅卵石、22 口径 30cm 的铁丝、小的园林叉子、编制麻绳等。

制作方法　第一，用枝剪剪下 10 根 60cm 长的藤条和 5 根 15cm 长的藤条，将 60cm 长的藤条分成 5 根一组，用线绳将每组捆成一捆，把两组捆好的藤条平行放置。将 5 根 15cm 长的藤条中的每一根作为支柱，间隔着搭在两组平行的长藤条上，中间留有间距，且两边略微长于两长藤条的边缘。用交叉捆绑的方法将藤条和支柱的边缘捆绑好，如图 3-38A 所示。第二，剪一块与藤条支架长、宽相等的干泡沫，在泡沫的中间将其等分成两块。将两块泡沫牢固地粘在藤条上，再用绳子固定。在干泡沫上涂上一层胶水，将深绿色的苔藓粘在泡沫板上(图 3-38B，C)。第三，剪下 8 小段藤条，叠砌成房子的形状。用胶水粘在苔藓的中央偏左侧。再粘上麦杆放在屋顶看上去像茅草屋顶。剪开一个小的花篮，然后按纵长剪成一半，将半个篮子用胶水粘在苔藓的右边作为标志。第四，在篮子里粘上一些麦穗、红辣椒、小草莓、玉米棒和苹果、鲜橘片。粘上少许红豆和裂口的小扁豆在篮子的另一边。在底部粘上一些鹅卵石制作成园林小径。第五，用铁丝将 6 个麦穗卷在一起，包裹在茎的中央，并且保持铁丝的尾部与花束保持正确的角度。将铁丝插进泡沫并粘在上面。用麦穗花束盖住铁丝，在麦穗上粘上弧形酒椰草，并在弧形酒椰草上粘上一小把叉子。第六，在底部轮流粘上山毛榉坚果和圆形坚果，使底部成直线，在顶部粘深绿色花竹柏和落叶松球果。在裂口小扁豆和房子中间粘上黄色的蓍草，并在上面粘上红色的橡叶使之看起来像一棵树。粘上两个姜饼在房子的左边，在小路上及房子中央放一个姜心。第七，在上方框架的横档上系上麻绳，在另一端也系上麻绳，形成一个吊架(图 3-38D，E)。

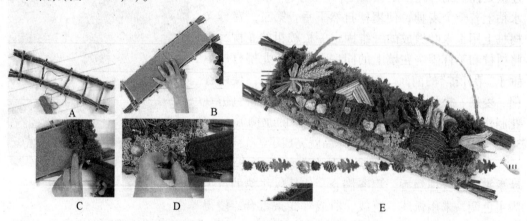

图 3-38　感恩节摆件的制作步骤(作者：Anne Ballard)

作品效果　淳朴的感恩节标志激起了收获的思绪，用悬钩子藤条将树莓编制在一起，营造了一种劳动收获的感觉，这是大自然赐予的礼物。在此之上每个标志都可以将它赋予个性化的要素，标志家庭的生活状态，以及感恩节对于家庭的意义。将这个标志挂在家里的门上作为对因感恩节欢聚在一起的家人和朋友的欢迎。

④小型蝴蝶结摆件　小型的干花摆件可以作为墙面设计、礼品包装或者婚礼花艺的一个自然而简单的基础装饰；也可以作为价格适中、彰显个性的漂亮礼物。制作时可以利用植物材料自然的曲线、质地、形状进行设计。

植物材料　柳树的嫩枝、白色兔尾草、蓝刺头、黄色补血草、粉色月季、绿色石松。

用具 胶枪、镶有金边的棕色包装缎带、绿色细铁丝、绿色胶带、剪刀等。

制作方法 第一，将2根约40cm长的柳枝自然弯曲成蝴蝶结形状，中间连接处用细铁丝绑在一起。第二，再用6根较细柔的柳枝重叠着自然弯曲成蝴蝶结形状，用细铁丝固定好并与第一个蝴蝶结重合起来，中间结合处用绿色胶带绑紧，如图3-39A所示。第三，将镶有金边的棕色包装缎带做成一个单独的蝴蝶结(图3-39B)，再用胶枪将缎带蝴蝶结固定在枝条弯成的蝴蝶结的左侧，并依次将2枝蓝刺头、3枝兔尾草及少量黄色补血草固定在柳枝蝴蝶结的右侧，如图3-39C所示。第四，用2朵粉色月季和几支黄色补血草绑制成一个小花束，用细铁丝将这个小花束固定在柳枝蝴蝶结的中间，最后在花束需要的地方点缀2~3株涂上胶水的绿色石松，如图3-39D所示。

作品效果 大自然创造的天然财富为我们进行自己的设计提供了用之不尽的机会。柳树的茎条周年都可应用，可以用来做造型或者做准备工作。选择形状优美、没有损害的茎秆进行修剪，做成蝴蝶结形状，并使其自然干燥。

图3-39 小型蝴蝶结摆件的制作步骤(作者：洪波)

⑤小型茎秆束摆件 花艺设计后所剩的花材废料，可以利用起来进行二次创作，制作成茎秆束的花艺形式。茎秆束花艺的应用很广，可以装饰全家福照片，可以安置在桌边，还可以根据植物茎秆束的颜色装饰适宜的环境。

植物材料 细的竹秆、蓝紫色的补血草、粉色月季、兔尾草、粉红色卫矛的果实、绿色狗尾草等。

用具 剪刀、麻绳、胶枪、包扎绳、粉色宽丝带、棕色细丝带。

制作方法 第一，将竹秆两端修剪整齐一致，用细绳将它们扎成一束，如图3-40A所示。用粉色宽丝带缠绕麦秆并将细绳覆盖，缠绕后用胶固定(图3-40B)。第二，在粉色宽丝带的两边分别系上1个棕色小蝴蝶结，再在丝带的右侧插入2支长度为竹秆束一半的狗尾草和一束蓝紫色补血草，并用胶固定住，然后将几枝兔尾草插入丝带右侧，并用胶固定(图3-40C，D)。第三，在丝带的左侧插入两枝长度为竹秆束一半的狗尾草，并插入两朵粉色月季和红色、白色兔尾草，并用胶固定住(图3-40E)。第四，最后在粉色宽丝带上面、两个棕色蝴蝶结之间以粉红色卫矛的果实作为点缀，贯穿整个茎束的两

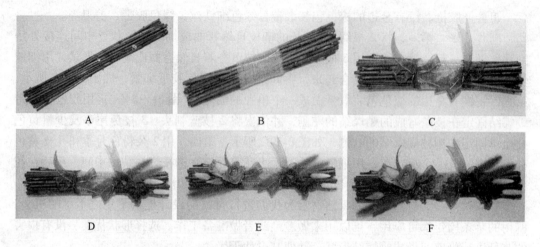

图3-40　小型茎秆束摆件的制作步骤(作者：洪波)

边，用胶固定住(图3-40F)。

作品效果　植物茎秆、藤条、麦秆等都是用来制作茎秆束的好材料。大的茎秆束可装饰壁炉，小的可放在桌子中心进行点缀，或者制作一个袖珍的茎秆束作为礼物赠送亲友。

⑥小型墙壁挂件　这类挂件的支持物可以是植物茎秆，也可以采用竹帘、麻席或质地厚重的装饰布等。挂件上花材只起到点缀的作用，支架和支持物也是观赏的主要对象。

植物花材　植物枝条、白色及粉红色月季、小黄菊(图3-41A,B)。

用具　剪刀、万能胶、酒瓶椰纤维。

制作方法　第一，将树枝剪切成约15cm的段，用5根较粗的枝权制成棚顶、墙壁、地板以及外框。交叉的部分用万能胶水固定，造成枝权交叠的效果(图3-41C)。第二，将月季等花材用万能胶直接固定在树枝上(图3-41D)。用酒瓶椰纤维丝将作品悬挂于墙壁上(图3-41E)。

图3-41　小型墙壁挂件制作步骤(引自《迷人花色》，2001)

作品效果　用几根树枝杈制作的房屋形墙壁装饰物，将玫瑰固定在树枝重叠的部分，香气袭人。经漂白的树枝框架给人以干净纯粹的感觉，同时有利于花朵的配色。这是一个随心所欲的房间墙壁的装饰花，可以为房间增添情趣。

⑦桌面装饰摆件　这里介绍一款制作较为简单的、具现代感的桌面花艺饰品，制作这一作品不需要有太深厚的基础。作品风格简单随意，易于操作。创作过程本身是一件非常有趣的事情。所需的材料不是很多，并且很容易获得。材料最好选取一些有单枝、直立茎和圆形花头的花材。

植物材料　黑种草及黑种草的果实、红色玫瑰、罂粟的果实、黄玫瑰、青苔、小树枝等。

用具　用灯心草编制的长方形篮子、干花泥、小刀、泥炭藓、绿铁丝、剪刀、枝剪、细麻绳等。

制作方法　第一，将干花泥修剪成与花篮形状相符的尺寸，放于篮内，花泥上面低于花篮边缘2.5cm。用泥炭藓覆盖整个花泥并填满花篮与花泥间的缝隙。第二，修剪4个高度相同的小树枝，将其分别置于篮筐的四角。再修剪4个小树枝，其中2长2短，目的是用来连接四角的树枝。四角的任一树枝在其中上部用麻绳打结，不要剪断绳子，继续用绳子将水平方向的2个树枝缠绕固定，完成后剪断绳子。第三，重复上一步骤，用小树枝构架出与花篮相符的长方形支架(图3-42A)。第四，将高度相同、大小一致的花材，以行列式插入花篮支架内部。每一列为一种花材，花头与花头相连。支架一半的空间插入5列花材，另一半以第5列为对称线采取镜像的方式插入4列花材，如图3-42B所示。第五，花材的插入应从边缘低矮处开始，先插入黑麦草的绿果，然后依次成列插入红玫瑰、罂粟果、黑麦草和黄玫瑰，其中黄玫瑰为花篮的对称线，位于中心位置(图3-42C)。第六，在花篮的边缘与花材的茎秆处，装饰填充一些青苔。最后在花篮边缘处，点缀一圈黑麦草果，果与果应紧密相接。

作品效果　作品结构简单，花材轮廓清晰，具现代自由风格。这里选用的是以罂粟属、黑种草属与玫瑰为主要花材，此外红花、金槌花、蓝刺头等也是制作这类作品很好的花材。制作中，小树枝起支架固定作用。还可以创作出更富有层次的植物景观，这决

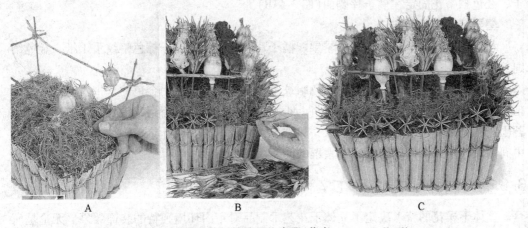

A　　　　　　　B　　　　　　　C

图3-42　桌面装饰摆件的制作步骤(作者：Anne Ballard)

定于花材和展示区域。可以根据自己的喜好，选择不同颜色、线条的花材，不同形状、质地的容器创作出风格独特的作品。

⑧礼品包装　自己设计制作圣诞礼物的包装，是一件很富有成就感的事情。圣诞树上挂满了精心包装的礼物，在闪烁灯光的辉映下，与松树所散发出独特香味相融合，如同魔幻般洋溢着节日的气氛。包装前，从自己可利用的资源中，选择漂亮的包装纸。精心的包装，使最简单的小礼物赋予了新的意义。

月季金松果装饰的包装方法

材料与用具　红色月季、落叶松球果、胶枪、剪刀、墨绿金纹手工纸、金色细绳等。

包装方法　第一，将礼盒用墨绿金纹手工纸包好，并用金色细绳固定打结。第二，选取红玫瑰形状较好的花瓣，用胶棒将花瓣、绿叶、松果固定在金色细绳的沿线上，如图3-43A所示。

图3-43　干燥花礼品包装(作者：Anne Ballard)

A. 月季金松果装饰的包装　B. 花果装饰的包装　C. 罂粟装饰的包装

花果装饰的包装方法

材料与用具　红色扫帚花、绿色橡木叶、橘子片、桂木条、米色手工纸、红色金边丝带、金色细丝、胶枪、剪刀等。

包装方法　第一，将礼盒用米色手工纸包好，然后用红色金边丝带交织打结固定。第二，用金色细丝将橘子片和桂木条绑紧固定在丝带结上。第三，用胶棒将绿色橡木叶子、红色扫帚花固定在橘子片侧面(图3-43B)。

罂粟装饰的包装方法

材料与用具　绿色驯鹿苔、罂粟、橘子片、胶枪、剪刀、棕色暗纹手工纸、金色细绳等。

包装方法　第一，将礼盒用棕色暗纹手工纸包好，然后用金色的丝带固定。用胶棒把罂粟固定在礼盒靠近边缘处，再将1/4的干橘片，固定在罂粟花头处。第二，将驯鹿苔固定在罂粟花的基部。第三，取一只罂粟，去除罂粟花的叶茎，将种壶喷上金漆后从中间剪断，用胶棒固定在第一支罂粟的两侧(图3-43C)。

3.3.5　立体干花饰品在室内装饰中的应用

立体干燥花的特点决定了立体干花艺术制品对室内环境独特的装饰效果。无论是何种风格的室内空间，由天然植物制成的干燥花饰品都将成为现代人与大自然相互依恋的纽带。立体干燥花艺术制品在室内装饰中的应用广泛，无论是在宾馆、商店、医院等公共场所，还是在办公室、会议室、会客厅等工作场所，干燥花艺术制品都是渲染氛围、烘托环境的理想选择。同时，小型干花制品也是美化家居的绝好选择。在家庭居室中，起居室、书房、卧室、厨房、卫生间等处都可采用适当风格的干花艺术品进行装点。下面就干花艺术品在室内装饰中的运用技巧进行简单介绍，以供参考。

①在大型的庆典、喜宴、展览、会议等场合，用来装饰场面的大型干花的组合设计既庄重典雅又不失喜庆气氛，同时也免于花材的保鲜、养护等工作。

②在室内设计干花作品时，要根据室内环境布置的风格、房间的大小来设计作品的艺术风格和大小。如在欧式风格的大客厅内，应考虑摆放色彩浓重的大型干花作品，以起到烘托环境的作用，豪华而不失庄重；摆放在具东方情调的书房中的作品则应以素雅、秀丽为主，同时选用一些有象征意义的花材还能体现主人的气质和追求。

③精巧俊秀的小型插花适宜摆放在小的居室或门厅，以突出房间的自然生气。一些具有古旧色调的小型干花饰品摆放在庭间、书案颇能营造某种怀旧情结。

④色彩的选择是决定干花饰品格调的主要因素。现代家居中，在木质装修的房间内，橙黄系列的干花作品所带来的乡村的、田野的气息，为在城市喧嚣中生活的人们带来轻松与惬意；而在具有个性化的线条简洁的房间内，具有黄绿色调的干花作品能时刻使人感受自然氛围和家的温暖；在撒满阳光的窗边，绿色与白色的干花组合能显示冬季的清爽气息；乡村别墅的阳台内窗中，奶油白色与橘红色搭配的瓶插作品衬以淡黄色窗帘会使人感受到主人的浪漫情怀；蓝白色调的桌饰抑或可以创造宁静、致远的意境，令人遐想，促人思考；紫色的箱饰则富有某种神秘色彩，令人向往。

⑤干花自身所具有的独特质感和色泽，无论是摆放在门旁还是落地窗下都能为具现代装饰风格的室内营造原始的、粗犷的、豪放的气氛。悬挂在墙面的球形花束充满艺术气息。一些简洁造型的微型干花作品，在室内小角落的点缀效果也格外令人惊喜。

⑥实际上，在室内花艺设计中，干花与人造花、鲜花经常搭配使用，干花逐步与二者结合，其应用相当普遍；在鲜花的花艺设计中，尤其是冬季的节日花艺设计，干花已成为重要材料。干燥花和鲜花的组合在理论上是相同的。但两者花材的特性却不相同。由于鲜花本身具有茂盛的枝叶和丰满的花朵，而干燥花的枝、叶、花、果实是分开干燥的，所以在组合时就涉及补充空间的问题。一般都采用野生的、各式各样的野草、野花及野果来填充空间，这样组合起来就可以达到很理想的效果。

总之，干燥花艺术制品在人们日常生活中的应用越来越广泛，并随着东西方文化的交流，以及现代各种文化、艺术发展的影响而不断改变，形成多种多样的风格和形式来装点人们的生活。

3.3.6　立体干燥花作品欣赏

前文介绍了很多种类的干燥花艺术作品的制作方法，但其实干燥花的艺术创作是没有规定的模式的，可以依作者的想象自由发挥，作品形式多种多样。有许多干花作品以其独特的艺术构思耐人寻味，使欣赏者获得意外的艺术享受。下文介绍几件优秀的作品以使读者在欣赏之余能够获得一定的灵感并受到启发，进一步理解和感受干燥花的魅力所在,从而创作出更多更好的干燥花艺术作品,使其成为丰富自身生活的精神财富。

(1)夏季箱饰插花(见彩图4)

色彩优雅的粉色与乳白色芍药给人以典雅、温馨的感觉。呈淡水鸭色的木槽对于繁茂艳丽的花材来说是绝佳的背景。硕大的蝴蝶结增加了作品的高度,并赋予了这个简单饰品以奢华的感觉。蝴蝶结的末端遮盖了木槽的边缘,为作品增添了质朴的美感。这个精美的作品适用于乡间厨房或温馨卧室。

(2)椰棕壁饰(见彩图5)

椰棕编带上附挂小型的麻花辫花饰,将一些坚果、香料、缎带、珠子组成的部件固定在用椰棕编成的麻花辫上,作为一种自然的壁饰,可以协调小房间的气氛。

(3)紧密式月季插花(见彩图6)

在一个风化了的赤褐色花盆里紧凑地插满了红色月季,其叶片形成一道绿带,几圈普通草绳为这个迎宾花束增添了质朴风格。该作品的对称美与色彩美使它摆放在任何地方都会蓬荜生辉。

(4)冬季门饰(见彩图7)

作品以红色为主色调,配以淡绿色植物茎干和少量的绿色松针,突显出初冬季节自然植物的风貌。采用紫红色桉树叶、忍冬科的红色浆果和红白相间的棉质绳索,以白色银芽柳做点缀,作品随意而不失热烈,在隆冬时节显现出丝丝暖意。

(5)浮木烛台(见彩图8)

老旧的漂浮木被固定在了一起,两块平石用胶水固定在两侧的漂浮枝上,以充当蜡烛的支持物,造就了这个具现代韵味的壁挂烛台。漂浮木有着不规则的纹和节,是把自然带进室内的最佳途径。沉稳的灰色作为背景,使紫色的蜡烛和刺棘蓟更加醒目。

(6)水壶式插花(见彩图9)

这个放在17世纪的边桌上的插满了香蒲的旧式水壶,从造型和色调上均构成了一幅完美的插花作品。3种不同的香蒲易于成丛状垂直插制,制作时在水壶底部放一些干花泥以固定花材,放射状使香蒲草从左边、右边、前边看都具有非常好的视觉效果。

(7)典雅的箱饰(见彩图10)

容器使用了充满18世纪韵味的木箱,木箱空出的一角,展现以优雅画纸所铺成的内裡。地毯精巧细致的色彩组合,成为花材选择的主要因素。燕麦、羊齿、麦秆菊、漏芦、大花飞燕草等花材间随性的摆设强调了房间内自然、闲适的气氛。

(8)秋季花篮(见彩图11)

鲜黄色的墙壁色彩是这盆优雅花饰的灵感来源,在夏季摆放在壁炉前方。花材由黄色的羽冠毛菊、含羞草、金色西洋蓍草、大型结球矢车菊等组成,菊黄的色调突出秋季丰收的喜悦。

(9)竹子瓶插(见彩图12)

用竹子、绣球花所组成的相当醒目的花饰来装饰现代风格的室内,具有与众不同的效果。花饰大胆的外形与房间内浓艳的色彩取得了格调上的统一,而其原始的情调与颇具现代意味的家具又能产生互补的作用。

(10) 圣诞烛台 (见彩图 13)

在冬天也不会凋谢的常春藤、紫色薰衣草、红色的藤、褐色的果实等与充满古典意味的蜡烛进行适宜的搭配，摆放在客厅内，会给人带来春天的暖意。作品的造型能够与充满艺术气息的家具相协调。这种具有沉稳色调的干插花在现今的欧洲最为流行，充满异国情调。

小　结

立体干燥花的应用包括立体干燥花艺术的形式、立体干燥花艺术制品的创作方法及应用方式等。本章围绕这 3 个方面内容系统介绍了利用已经制备好的立体花材，运用色彩与构图的艺术原理来创作立体干燥花艺术作品的方法，以及立体干燥花艺术作品在室内环境中应用技巧，这是学习制作立体干燥花的重点内容。为了能更加全面地了解干燥花艺术品的制作知识，掌握创作技巧，应全面了解立体干燥花艺术风格、艺术品的类别、造型形式、艺术品的设计原则等。本章使用大量图片，配以文字说明，详细介绍了立体干燥花各类艺术制品的制作步骤，增强了内容的实践性和可操作性，使读者易懂、易学。其中，掌握每一类干燥花艺术制品的制作技巧是非常重要的，至于艺术表现方式则是由作者的主旨思想和表现技巧决定的，具有较大的发挥空间。在学习的基础上还可以自行创作崭新形式的艺术作品，因为来源于植物材料的艺术形式的创造是永无止境的。此外还应通过对优秀立体干燥花作品进行赏析，来提升自己的艺术欣赏水平，有助于借鉴和提升干燥花艺术的创作。

思 考 题

1. 立体干燥花艺术概念与范畴。
2. 简述东、西方立体干燥花的艺术风格的主要特点。
3. 干燥花插花的造型形式有哪些？
4. 简述干燥花艺术作品的构图原则。
5. 立体干燥花艺术的表现手法有哪些？
6. 立体干燥花装饰品造型形式有哪些？
7. 立体干燥花制作中"固定"的基本技法有哪几种？
8. 立体干燥花制作中"基本部件"的组合方法有哪几种？

推荐阅读书目

1. Dried flower techniques book. ANNE BALLARD. North Light Books, 2001.

2. The Book of Dried Flowers：A Complete Guide to Growing, Drying, and Arranging. MALCOLM HILLIER & COLIN HILTON, 1987.

3. Dried Flower Arranging：All the Skills and Tools You Need to Get Started. LEIGH ANN BERRY & JASSY BRATKO BASIC. Stackpole Books, 2003.

4. 实用插花秀干花教程. 林庆新，王卫星. 广东经济出版社，2004.

5. 干花造型设计. 中尾千惠子著. 陈国平译. 浙江科学技术出版社，2004.

4

平面干燥花制作工艺

4.1 植物材料选择与采集

4.1.1 植物材料选择

平面干燥花(除标题外,以下文字叙述中简称压花)压制干燥的工艺性质,决定了具有平面性特征的植物材料最适宜制作压花,因此对于植物的各种器官而言,适宜作为压花材料的首先是平整的叶片和花瓣;其次是柔软的小枝与轻盈的花序、种序;再次是花盘开展的花朵与树皮;然后是具有一定厚度与硬度的枝条与茎段;最后是立体感较强的果实。而在众多纷繁的植物中挑选压花材料不仅仅要考虑其是否适于压制干燥,更重要的是其在形、色、质地、纹理等方面的特征表现上要具有一定的美感,如葡萄卷须的柔美线条、月季花瓣的缤纷色彩、落叶松树皮的厚重质感、网纹草叶片的细腻纹理以及草莓果实形、色、质等综合起来的诱人效果等。此外还要了解植物材料经过压制干燥处理后的质量水平。如是否有严重的色彩迁移等现象而降低或破坏观赏性,衡量其在现有技术和条件下能够转化成具有审美特征的压花成品的可行性有多大,是否可以通过有效措施确保其一定的观赏性等。通常以所含色素稳定性好的植物材料为宜。

综上所述,压花植物材料的选择有 3 项标准:①要具有较好的观赏性;②要便于压制干燥;③压制干燥后也要能保持相应的美感。其中观赏性作为前提和基础,起决定作用,便于压制的特性和稳定性属于附属指标,可通过一定的技术手段加以改造和提高。如对于粗圆的花梗,很难进行整体压制,而将其纵向剖开一分为二,有了一个平整的截面压制起来就容易多了;对于大多数的红色花瓣来讲,简易的干燥方法不能获得较好的压花成品,而结合相应的护色处理或采用原色压花器进行压制干燥就能够保持原有亮丽的色彩。但是对于某些植物材料,即便具有较强的观赏性,也易于压制,能够保证压花成品的质量,可还要看其是否具有较强的应用价值或者是否有更好的材料可以取而代之。如荷花的大叶片虽叶形美丽,但体量超大不便应用,通常不作为压花材料;椰子幼叶在插花中是极好的切花素材,但其分解后的压花成品与玉米苞片的压花效果较为接近，而其质感和纹理不及后者，也极少用做压花材料。因此具体选材时还应视具体情况和实际需要而有所取舍。了解并熟悉植物材料的观赏特征与压花特性对于压花植物材料的选择具有十分重要的现实意义。

4.1.1.1 叶材的选择

自然界中美丽的叶子随处可见，有以叶形取胜的，如扇形的银杏叶、盾形的旱金莲叶、浅裂若波的蒙古栎叶、深裂如羽的茑萝叶、纤若游丝的石刁柏叶、坚如利刃的枸骨叶、如摆鱼尾的铁线蕨叶和似剪裁心的酢浆草叶等；有以叶色取胜的，如艳若晚霞的火炬树、黄栌、乌桕、茶条槭和一品红等的红色叶，灿若垒金的金叶女贞、'金山'绣线菊、白蜡和白桦等的黄色叶，洁若披霜的银叶菊叶和灰若笼烟的'银瀑马蹄金叶'等；有以花纹取胜的，如'花叶'扶桑叶、'金心'黄杨叶、彩叶草叶、孔雀竹芋叶、网纹草叶、枪刀药叶和羽衣甘蓝叶等。

虽然叶片普遍平整易压，但并非所有的叶片都具有良好的压花特性，不同类型植物叶的质地具有一定差异，因此直接压制干燥的效果也不相同。

①大多数草本植物与阔叶落叶树的叶子属于草质叶，叶片轻盈，厚度适中，柔韧性好，挺而不脆，并且采摘方便，是最适合制作压花的叶材。但也有些草本植物与阔叶落叶树的叶片或幼叶质地娇嫩，厚度过薄，含水量偏高或呈半透明状，属于膜质叶，柔韧性差，压制时较难处理，极易褐变，不适合制作压花。如果作品内容需要用到此类叶材，那么在压制过程中要经常更换吸水纸以保证压花品质。

②常绿阔叶树的叶子大多属于革质叶，叶片厚实坚挺，表面多具角质层或蜡质层，如橡皮树叶、花叶垂榕叶和变叶木叶等，这类叶材往往不易彻底干燥，因此若不经过特殊处理，通常不能用做压花。

③常绿针叶树的叶子具有极厚的角质层和蜡质层，叶小且硬，多呈针形或鳞片状，内部油脂含量较高，多会分泌树脂胶，如油松叶等，这类叶材体内成分复杂，不易干燥，较难获得平面性好的压花成品。

④多浆植物的叶子大多属于肉质叶，叶片肥厚，内部含水量较高，如虎尾兰叶、长寿花叶、绿铃（翡翠珠）叶和生石花叶等，这类叶材往往不宜直接压制，但若处理得当，也可以制成较好的压花成品。

4.1.1.2 花材的选择

自然界中的花千变万化，美不胜收。有以姿态、造型著称的，如虞美人，轻盈若回风裙袂；牡丹，繁盛若层楼叠翠；芦花，简素若淡扫娥眉；炮仗花，喷薄若盛日焰火；满天星，蓬盈若浩瀚星河；郁金香，仰擎若把盏金杯；铃兰，低垂若辕马银铃等。有以色彩著称的，白有梨花似堆雪，玉兰若凝脂，珍珠梅赛高粱米；黄有蜡梅似蜂蜡，连翘若鸭绒，金盏菊赛黄金盏；红有桃花似彩霞，石榴花若烛火，杜鹃花赛英雄血；蓝有六倍利似晴空，矢车菊若碧波，风信子赛蓝宝石等。有以纹样及整体效果著称的，如耧斗菜，辐射层叠若缤纷的万花筒；如三色堇，铺陈奇巧似怪异的鬼脸假面；如蛾蝶花，精勾细绘若灿烂的蛾翼蝶翅等。

　　不同种类的花朵不但在花瓣的数量、大小、形态、色彩和质地上具有较大区别，而且就花萼和花蕊而言也不尽相同，因此并不是所有的花朵都适宜制作压花。

　　①花瓣数量少的单瓣花和复瓣花，可直接进行整体花型的压制干燥，如美女樱、八仙花和飞燕草等；重瓣性较强的花可将花朵拆分后再进行压制，如月季、香石竹和山茶等。

　　②白色、黄色和蓝色的花相对容易保持原有的色彩效果，如草莓花、一枝黄花和矢车菊等；红色和粉色的花易出现明显的色彩迁移现象，若要保持原有的色彩效果，则须进行适当的护色处理，如红色的香石竹花瓣和粉色的月季花瓣等。

　　③花瓣薄厚适中、柔韧性好、含水量少的花材宜于压制干燥，便于获得理想的压花成品，如天竺葵、满天星和波斯菊等；花瓣过薄或过厚、质地过软或过硬，且含水量过多的花材不宜压制干燥，难于获得理想的压花成品，如昙花、牵牛花、君子兰、长寿花、秋海棠、杜鹃花和石蒜花等。

　　④已经凋谢的花朵经压制干燥后，其色彩和质地都会受到严重的影响，因此应尽量挑选刚刚盛开的新鲜花材。

　　为使画面逼真，压制花朵时通常保留花朵上的花萼和花蕊，必要时可将花萼和花蕊摘下，另行压制，然后再与花瓣重新组合成花朵的效果。而有些植物的花萼与花蕊具有特殊的造型和美感，也可单独用于压花制作，如月季花萼、合欢花蕊和糖槭花蕊等。

4.1.1.3　枝材的选择

　　自然界中植物的枝条、藤蔓、茎秆等主要起支撑和延伸的器官也是形态各异、充满韵致的，只是这些骨架的优美造型通常隐匿于叶丛和花丛之中，鲜为人们所发觉和注意。就枝条的形态而言，有的平若层云，如合欢；有的蔓若碎波，如龙须柳；有的举若利剑，如钻天杨；有的垂若帷幔，如垂柳；有的凝锥成刺，如山皂荚；有的圆硕成指，如光棍树等。对于落叶植物而言，在一年四季中，这些美丽的骨架上所呈现的，既有叶茂花簇的荣华繁盛之美，也有繁华落尽的枯落孤素之美，而在这枯落孤素中，既有大漠胡杨铁杆脊梁之苍劲，也有风中凌霄瘦疏筋骨之萧索。

　　枝条是压花作品中必不可少的线形材料，通常不作为主要的表现对象，但在作品中可以起到组织空间、联系物象、丰富层次、调节虚实的作用，能够为画面增添生气，是压花作品锦上添花之笔。但枝条作为植物的骨骼，往往外形粗壮、质地坚硬、不好处理，因此大多数的植物枝条是不便用于压花创作的，选择时应十分注意。通常要从两个方面考虑，首先是构图需要，即枝条要有理想的外观效果，或者造型优美、曲直有态，或者色彩亮丽、不同一般，具有较强的审美价值，便于应用，因此多选择形态自然弯曲或缠绕、分枝优雅或形式独特的枝条；其次是工艺要求，即枝条要便于压制干燥，且容易获得平整性好的压花成品，因此应尽量选取幼嫩或质地柔软的枝条，而对于一些结构紧凑、横截面圆鼓的枝条，虽不易整个压制，但可通过一定处理使其获得较好的平面性后再进行压制。

4.1.1.4　树皮的选择

　　自然界中植物的表皮对植物体起着重要的保护作用，它们虽然不是植物体主要的观赏部位，但是树皮就好比植物的肌肤，同人类和动物的皮肤一样，也具有形、色、质的缤纷变化，为我们展现着不同的风韵。就树皮的状貌而言，有的呈斑驳的拼图，如悬铃木；有的呈龟裂的甲胄，如马尾松；有的呈诡异的撕裂状，如白千层；有的还具有圆顿的刺钉，如木棉；有的具有神奇的眼睛，如白桦等。就树皮的色彩而言也十分丰富，既有青桐的苍翠，也有红瑞木的艳朱，既有白桦的亮白，也有紫竹的黝黑。而就树皮的质感而言，同样有干燥粗糙和光滑细腻之别。前者多为老树，如油松、落叶松、黄檗、胡杨和榔榆等的老树；后者多为幼树，如风桦、山桃、七叶树、青杨和冬青等的幼树。

树皮在压花作品中主要用于表现泥泽地面、嶙峋山石、房屋村舍和篱笆院落等充满自然生趣和山野情致的事物。选择树皮时，在其观赏性方面主要考虑具有明显特征的材料，如白桦的树皮等。但就树皮对于植物体的保护性而言，则还需考虑采剥树皮会对植物造成的伤害，应将这种创伤可能带来的危害降低到最小程度。因此，适宜选取具有自然剥落现象的树皮，如风桦、悬铃木、落叶松等植物的树皮；而有些植物的树皮虽然不会自然剥离或脱落，但人工采剥容易，如黄檗的树皮等，也可以适当选用；不宜选取组织致密难于采剥的树皮。另外，理想的压花材料以薄厚适中、平面性好且具有一定柔韧性的树皮为佳，质地过于粗糙或坚硬的树皮则不适合制作压花。

4.1.1.5 果材的选择

自然界中植物的果实与人类的生产生活关系最为密切，是我们最为熟悉的植物材料。人们利用果实的方式虽然以食用为主，但随着经济的发展、文明的进步，果实的观赏价值也越来越受到人们的重视，并且随着工艺水平的提高，许多废弃的果核、种皮等被用来制作精美的工艺品或生活饰品。对于果实来讲，其观赏价值也体现在形、色、质3个方面，以造型取胜的果实有朝天椒、豆荚、佛手、乳茄和葫芦等，以色彩取胜的果实有雪果、山楂、葡萄、茄子和毛梾等，以果皮质感取胜的果实有荔枝等，当然也有以形、色、质的综合效果取胜的果实，如草莓等。

果实在压花作品中主要用于表现自身的形貌特征和语素概念，常见于生活气息浓郁、富有情趣的写实式压花作品和生动活泼的图案式压花作品。而且由于果实在各类植物材料中是最难压制干燥的一类，多数须经过特殊的技术处理，以真实的果实作为压花材料直接表现果实效果，往往能够提升该压花作品的价值，令人有奇货可居之感。在选择果实时，不但要考虑其重要的观赏价值，更要注意现有技术的可行性和适用性。通常相对柔韧的果皮是理想的压花材料，它们不但是果实观赏特征的主要体现者，而且也比较容易采切、剥离及压制干燥，如荔枝、茄子、辣椒、草莓的果皮等，但鲜嫩的果肉和坚硬的果核则不适合制作压花。

另外，对于植物材料的选择还应有意识地变换角度，打破常规，如纵向剖切果实可以获得自然的果实形态，而横向剖切果实则可获得意想不到的图案效果。我们要能够灵活地运用所学知识，在继承传统经验的同时，开拓思路，不断创新，不断地发掘新材料和新方法，丰富压花种类，发展压花事业，使压花艺术的魅力得以充分的体现和发扬。

4.1.2   植物材料采集

为压花而进行的植物材料采集通常有两种情况，一种是有具体目标地进行所需植物种类的压花植物材料的采集，一种是没有特定目标，而是根据所遇到的植物种类采集适宜压花的植物材料。前者多见于生产部门进行标准化大批量的压花生产中的植物材料的采集，具有较强的目的性和选择性，一般一次采集量较大，且要求材料具有较好的一致性和整齐度，便于成批处理和分类包装，因此所选取的植物种类颇为集中，而采集的材料类别也比较单纯。后者多见于压花爱好者为了今后的压花艺术创作而进行压花储备的植物材料的采集，具有一定的随机性，一般一次采集量较小，且要求材料具有较好的多样性和丰富度，便于表现各类事物，担当多种构图元素，因此所选取的植物种类十分广泛，而具体采集的植物材料也是形色缤纷、材质各异。

无论是上述哪种情况，在植物材料的采集时都应当把握3个方面的基本原则：其一是要基于生态和环保的原则，要求在采集植物的同时，注意对自然生态和现有环境的维护与保持，将采集对自然生态环境的负面影响降到最低限度，确保植物资源的可持续发展。其二是必须保障压花质量的原则，要求在采集植物时明确压花工艺的技术原理，认清影响压花成品质量的因素，制订对提高压花成品质量行之有效的采集策略，如选择适宜的采集时间和地点等。其三是力求节约避免浪费的原则，在采集植物时，要量力而行，不能贪多，同时还要注意如何对采集的新鲜植物进行保鲜等问题，从而避免人为浪费所造成的不必要的损失。根据上述3项基本原则，在进行植物采集时需从采集时期、采集时间、采集地点和采集用具方面进行具体规划和仔细考虑，而对于采集过程中的一些操作细节也应有所注意，对于可能出现的问题要尽量做到提前预防。

4.1.2.1   采集时期

植物的采集时期包括2个方面的内容，其一是指一年当中适宜采集压花植物材料的季节；其二是指具体的植物材料适宜采集做成压花的生长时期。前者要依据植物的生长特点和开花习性而定，后者应视植物材料的新鲜程度而定。通过前面的学习，我们知道影响压花成品质量的关键因素之一是植物的新鲜度，因此花材的采集宜在花朵初开至盛花期间进行，由盛花期转向衰败期的花朵不但花型有损，且内部的理化性质已经发生改变，不利于脱水干燥和保色，所以此时不宜进行花材采集。

对于目的性强且每次须大量采集同类植物材料的压花生产来讲，掌握植物的生长特点和开花习性尤为重要。所谓"昼夜有长短，花开各有期"，采集花材一定要应时、应季，如春采连翘、迎春、桃花、梨花、樱花、紫藤、侧金盏、报春花、瓜叶菊、紫罗兰、福禄考、矢车菊、鸢尾、芍药和牡丹等；夏采木槿、绣线菊、石榴花、毛蕊花、虞美人、三色堇、萱草、蜀葵、落新妇、婆婆纳、玉簪和楼斗菜等；秋采桂花、菊花、鸡冠花、波斯菊和一串红等；冬采蜡梅、山茶、水仙、仙客来和风信子等。采集特殊叶色的叶材也须如此，如春采臭椿、香樟、重阳木、乌桕和山麻杆等的春色叶；秋采银杏、柞树、悬铃木、糖槭、茶条槭、火炬树和黄栌等的秋色叶。而对于生产上已经实现了周年供应的传统鲜切花来讲，虽然随时都可以进行相应花材的采集，如切花月季、百合、非洲菊、一枝黄花、情人草、满天星和勿忘我等，但是也要从降低成本方面考虑，尽量避开节日等需花旺季以及花材的反季销售期。如采集月季避开情人节，采集香石竹避开母亲节，采集菊花避开清明节等，而大部分鲜切花的采集则应避开冬季。另外采集季节的选定还应考虑气候条件对压制干燥过程的影响，如南方的梅雨季节阴冷潮湿，不利于脱水干燥，不宜进行植物材料的采集。虽然一年四季花开不断，理论上花开放的季节都可以进行花材的采集，南方四季皆可，北方则集中于春、夏、秋三季，并以春、秋两季为主，但是根据植物的季相变化和当地的气候特征进行采集，不但有利于我们在不同季节有针对性地采集所需的花材，而且有利于开展花材采集之后的后续工作，对于压花生产部门而言，可以据此制订全年的采集计划，便于进行科学合理且系统规范的压花生产，收益显著。如将花材的采集同种植修剪结合起来，一方面有利于植物生长；另一方面又避免了人力物力的浪费。

4.1.2.2 采集时间

植物材料的采集时间也同样包括两个方面的内容，其一是指某些具有特殊开花习性花材的适宜采集时期；其二是指适宜采集花材的具体时间，以及一日当中适宜采集的最佳时间。

前者是为了追求完美的压花造型，根据花冠开展与闭合的特点，选择花材造型效果最佳的时期进行采集。自然界中存在着一些花朵盛开后，花冠还能够自由敛放的植物种类，而这种特性通常与光照有关。古人们很早就注意到了这一奇妙的自然现象，并赋诗加以歌颂，如对昼开夜合的合欢便有"夜合枝头别有春，坐含风露入清晨。任他明月能想照，敛尽芳心不向人。"的美妙诗句，而对夜开昼合的月见草则有"香熏夜色意高标，透剔晶莹影更娇。夜里大都花睡去，欣她俏放涌灵潮。"的佳篇。当然我们现在所了解的远不止这些，如喜于强光下盛放的有酢浆草、郁金香和半枝莲等，喜于弱光下盛放的有紫茉莉、烟草花和夜来香等。另外，小小的蒲公英在每天9：00~10：00开放，之后很快就变成种子飞散，因此采摘蒲公英应在每天9：00~10：00进行。对于这些具有特殊开花习性的花材，若想获得花型饱满的花材，其采集不但要应季，而且要应时。

后者主要是为干燥环节的顺利进行和压花成品的质量考虑，根据天气情况和植物生理状态而定。通过前面的学习，我们知道潮湿的空气环境和体内较高的含水量均不利于植物材料的干燥，影响压花成品的质量，因此压花植物材料的采集宜选择晴朗、干燥的日子进行，尽量避开空气湿度较大的阴雨天。若在阴雨天采集花材，不但淋雨后的花材经过压制干燥会发生明显色变，使其观赏性大打折扣，而且一旦处理不当还很容易发霉、变褐，根本无法应用。但是空气过于干燥的大风天气也不适宜花材的采集，因为这种天气对花材的保鲜不利。然而一天当中也并非所有时段都适宜花材的采集，过早或过晚都会影响压花成品的质量。通常一天当中采集的最佳时间为7：00~11：30，北方的春、夏、秋三季以晴天露水自然消失的9：00~12：00为最佳。过早，植物材料带有露水或含水量较高，不利于压制干燥；午后，阳光过强，植物蒸腾量大，采集过程中花材容易失水萎蔫，发生变形，花色也容易变浅，会直接影响压花成品的质量。而对于弱光下开花的植物，如美女樱、紫茉莉等，则以傍晚时分采集花材为宜。

4.1.2.3　采集地点

对于压花的生产部门而言，为了能够长期稳定地获得所需的植物材料，同时避免大量采集所带来的环境压力，最好的途径就是建立压花植物的种植基地，栽培并繁殖所需的植物，通过一定的技术手段确保相应植物的一致性与整齐度。而对于压花爱好者而言，如能在家居环境中拥有一个自己的小花园，种植一些适合制作压花的中小型花卉或盆景植物，如取叶材的铁线蕨、凤尾蕨、翠云草、天门冬、文竹、常春藤、皱叶椒草、一品红、银边翠和雪叶莲等；取花材的梅花、海棠、山茶、月季、吊钟花、蝴蝶兰、文心兰、水仙、火棘和瓜叶菊等；以及花叶俱佳的菊花、八仙花、美女樱、天竺葵、小苍兰、酢浆草、旱金莲、茑萝、叶子花和南天竹等。在家里便能够进行压花植物材料的采集，也将是十分惬意的事。

采集自然状态下的野生植物，需充分了解野生植物的地理分布和生态习性。有些植物分布广、适应性强、繁殖力旺盛，在其生长季节几乎随处可得，这些植物多为地被植物、伴人植物，甚至农田杂草，如荠菜、葶苈、白花三叶草、二月蓝和红蓼等。有些植物喜凉爽，多见于北方或高海拔地区，如蓝盆草、金莲花和唐松草等；而有些植物则喜温暖，多见于热带和亚热带地区，如马缨丹、九里香和含羞草等。有些植物喜湿，多见于水边或湿地，如木贼、千屈菜和泽泻等；而有些植物则喜干，多见于沙地或戈壁，如雀麦、半枝莲和卷柏等。有些植物喜阴，多见于林下或石洞内，如铃兰、玉簪和翠云草等；而有些植物则喜阳也耐半荫，多见于草地或林缘，如飞燕草、柳兰和唐松草等。

另外，采集地点的选择还应注意选择植物种类较为丰富的地点，以获得丰富多样的植物。同时，为确保花材的整洁度和自然稳定的理化性质，采集地点应尽量远离污染区。对于压花爱好者来讲，尤其要远离扬尘污染严重的地段，如道路两边、立交桥下和建筑工地等处，一般城郊草甸及丘陵地带是比较理想的采集地点。

4.1.2.4　采集用具

具体采集前必须做好采集用具的准备工作。采集花材所需的器物与工具通常包括以下几类(图4-1)：

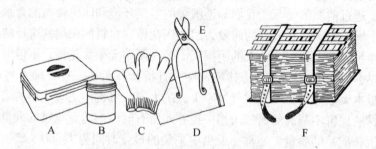

图4-1　平面干燥花材采集工具

A. 塑料盒　B. 消炎消毒等药物　C. 手套　D. 可密封塑料袋　E. 枝剪　F. 标本夹

（1）剪切工具

花材采集所需的剪切工具主要有普通剪刀、花艺剪、花艺刀、园艺剪、小枝锯和美工刀等。其中普通剪刀适于采切较为柔弱的叶柄、花柄、花葶和花枝，如荠菜、蒲公英和小苍兰等；花艺剪和花艺刀适于采切较为粗壮的花葶和花枝，如玫瑰、八仙花和百子莲等；园艺剪和小枝锯适于采切木质化较强的枝条，如紫藤、龙柳，以及桃花枝和梅花枝等。而美工刀则主要用于采剥白桦等植物的树皮。

（2）收纳器具

花材采集所需的收纳和存放器具主要有塑料袋、塑料桶、保鲜盒和标本夹等。其中塑料袋和塑料桶只有收纳功能，本身不具备保鲜功能，适宜暂时盛放少量的花材，主要用于基地与家庭等即时采集；保鲜盒不但可以进行收纳，而且还能起到一定的保鲜作用，适宜短期盛放少量的花材，主要用于近郊的野外采集；标本夹可以对花材进行简易的压制处理，既能节省材料的占地空间，又能避免运输过程中材料相互碰撞而损坏，适宜收纳大量的花材，可用于远郊的野外采集。如果条件允许，对于长途的野外采集还可以配备便携式冰箱，用来存放容易脱水萎蔫的花材。

（3）保护用具

花材采集所需的保护用具主要是针对采集者的劳动保护和简单的医疗急救而备。包括防止伤手的塑胶或棉质手套，野外阳光下作业所需的遮阳帽，防止蚊虫叮咬的花露水，用于过敏和创伤等意外伤害的止痒止痛或消炎消毒等药物，创可贴、纱布、绷带，以及跌打药膏等。

4.1.2.5　采集步骤

花材采集的具体操作包括以下几个环节：

（1）选择适宜的植株

因为植株个体的生长状态和生长势在根本上决定了花材的质量和该花材资源的可持续性，所以应挑选健康苗壮、花和叶产量高、自愈能力强的植株个体进行相应植物材料的采集，而尽量避开病弱的植株。

（2）选择适宜的花材个体

由于同一植株上的叶片和花朵也会存在质量上的差别，所以在采集时还应对具体的剪取对象进行认真筛选，通常取完好无损、没有病害、观赏效果最佳的个体，而不取残缺不全或带有病斑的个体。但有时材料上面的虫蚀痕迹形成了奇妙的图案，或使材料发生了造型和质感的改变，从而产生了特殊的观赏效果，这种材料也可以适当取用，其压花成品会激发压花艺术创作的灵感，也会增添压花艺术品的情趣。

（3）植物材料的剪取

用锋利的剪刀或刀将所选的花、叶、枝等材料迅速剪下置于收纳器具中。剪取的操作一定要干净利落，避免母体部分的截口出现撕裂等损伤。一般剪取时依照生态和节约的原则，仅取所需部分即可，但在野外采集时为保障花材的新鲜度，通常会连带一小段枝茎一同剪取。而对于一些具有浆液的植物，如白屈菜、银边翠和一品红等，剪取后应立即将伤口处理干净再行收纳，否则会污染花材，破坏花材色泽。剪取时还要注意保持植物枝、叶的原有姿态，并在压制干燥时尽量保持其形态，以便在艺术创作中加以利用（图 4-2）。

（4）植物材料的收纳

大量采集时最好将剪取下来的花材按叶材、花材、枝材等归类收纳，分别置于不同的收纳器具中。对于相对柔嫩的花材，同一器具中一次收纳花材的数量不宜过多，避免花材间相互挤压，而破坏了其完美的自然形态。为避免水分过量蒸发而造成花材萎蔫，可在收纳花材时进行简单的保鲜处理和操作，如在桶内放入两块湿棉球后再盖好桶盖，或者在塑料袋封口前先让袋中充气等。

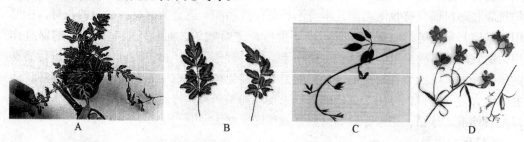

图 4-2　植物材料的剪取

A. 花材的剪取　B. 按叶的原有姿态压制　C. 按枝的原有姿态压制　D. 按花的原有姿态压制

（5）植物材料的存放

采集下来的花材越快处理越好，如果不能马上进行脱水干燥，应将其置于阴凉处，一般 24h 内可保持花材的新鲜度，而尽量避免放在阳光下暴晒。有条件的话，可将其置于适宜的低温环境中进行短期冷藏；无条件的话，也可用标本夹等对其进行简易的预压处理。但无论哪种情况，花材的存放期都不宜过长，因为拖延压制会影响压花成品的质量。

另外，采集时基于生态与环保的原则，还应考虑对物种资源与景观资源的保护，因此一些操作中的细节问题也要十分注意。首先应杜绝带根采掘，避免造成物种资源的流失和地表环境的破坏，采集应尽量做到"用之采之"，即要具体到位，针对性强，勿伤其命脉；其次应避免"皆伐"现象，否则，即便不伤根，但在同一地区、同一植株或同一部位，对相应压花植物材料进行全面采集，不但会有损景观效果，不利于资源保护，尤其是对花材和籽实的采集更是如此，因此采集应做到分散进行、"间留间取"。最后考虑到采集的安全性问题，还应该尽量避免到岩壁、悬崖边、沼泽地等危险地带进行采集。

4.2　植物材料护色与染色

植物材料在干燥的过程中会发生颜色的改变，也就是产生色变现象，而大多的色变现象对于平面干燥花(以下简称压花)的制作是不利的，也就是说发生色变后的植物材料的色彩很难保持原有或是较好的观赏性。因此我们必须认识植物材料在干燥过程中的色变特性，并对植物材料压制干燥后所呈现的色彩加以控制，针对不同的色变原因和色彩需求采取不同的处理方法。

通过前文的学习，我们已经了解了相关的护色原理，明确了压花制作中色变的主要类型有褐变、褪色、色彩迁移和色彩加重 4 种，引发色变的因素主要有水分、温度、氧气、光和酶 5 种，pH 值的变化和微生物的参与等，而色素的稳定性则在根本上决定了花材压制干燥后的颜色的改变特性。我们已经初步了解了一些防止植物材料发生色变的方法。如为防止褐变而采取的快速脱水法、控温（低温）干燥法，以及通过对新鲜的花材进行热烫和重金属盐溶液浸泡等处理来减弱酶的活性等物理护色法；为防止褪色而采取的金属离子络合法，即用铝、镁、铁、钾等金属离子络合花青素类色素以增强色素稳定性；为防止色彩迁移而采用的酸性溶液浸泡法，即通过降低 pH 值来保持原有色彩不变；为防止色彩加深而采取的脱色剂法，即将花材浸入脱色剂中数分钟或数秒钟后再行压制以获得理想色彩的方法。花材的护色方法包括物理和化学的两大类。其中物理护色法是通过控制水分、温度、光和干燥介质中的氧的含量等外界条件，保持花材原有色泽的方法；化学护色法是在干燥压制前对新鲜花瓣进行化学药剂处理，利用化学药剂与花材的色素发生化学反应，通过保持或改变原有色素的化学结构和性质保持花材原有色泽的方法。

　　这里我们所要了解的不仅是花材的护色方法，也包括花材的染色方法。虽然通过染色的方法获得的压花成品大多色彩过于跳跃，给人不真实感，在以往的教学和科研鲜有涉及，但在生产生活中，染色的压花成品屡见不鲜，也颇受群众喜爱。为了使知识全面系统，我们客观地将花材的染色与护色合并为花材的控色。下面就分别从花材的护色和染色 2 个方面介绍一些具体的方法和技术。

4.2.1　植物材料护色

4.2.1.1　物理护色法

　　平面干燥花的干燥制作中，微波干燥法护色效果最好。由于微波干燥法干燥速度快，对于有些单瓣的小型花材甚至几十秒钟便可以完成整个干燥过程，可以非常有效地抑制细胞内酶活性，避免各种色素的分解。下面介绍两种采用物理方式对压花花材进行护色处理的方法，原色压花护色法和微波压花护色法。

（1）原色压花器护色法

　　采用硅胶脱水压花法的原理，所用的夹板为轻便、透气性能好的木质板，板上钻一定数量的孔，以便透气。每层吸水纸上放一块薄的泡沫海棉。压花的层数依据放置容器的大小而定，但不超过 5 层。数层吸水纸摆放后，两边用带孔的木板夹住，四角用螺钉压紧或四边用金属夹子夹紧，然后将其放入能密封的塑料容器中，容器内放入用粗布袋装的硅胶。将容器密封后放在温度为 20℃左右、较为干燥的室内，3～4d 后花材即可干燥。利用这种方法压干的花材除保持花卉的自然颜色外，还保持了花材的柔韧，使其表现逼真。原色压花器构造如图 4-3A 所示。

（2）微波压花护色法

　　微波压花器由一对陶瓷板、2 张棉毡垫和一对塑料夹子组成。压花时如图 4-3B 所示，只需将新鲜花朵平摆在两张棉毡垫中间，两边放上陶瓷板，最后用塑料夹子固定，放入微波炉内加热干燥。使用微波压花器可干燥大多数单瓣的花朵，使用微波炉的中

图 4-3　用于物理护色的压花器
A. 原色压花器　B. 微波压花板

火，仅需要 30~90s 即可使花瓣完全干燥。检验花材是否干燥的方法是，待花材完全冷却后，将花材对折，如能轻易折断，则表明花材已经完全干燥。使用微波压花器压制的花材护色效果好，且颜色能够长久保持，若能够将花材保持在真空环境下则保色效果更佳。

4.2.1.2　化学护色法

化学的护色方法是指使用弱酸、弱碱或盐等化学药剂对花材进行浸泡、涂抹、煮沸等处理，通过调节花材的内部环境，防止色素的降解，或使花材的色素发生化学反应，使其保持或改变原有色素的化学结构和性质，增加色素稳定性的护色方法。调节花材内部环境是用化学药剂改变细胞内部的酸碱度、胶体状态等以达到使色素稳定的目的，其中，酸碱性的变化可以抑制微生物的活性；增加色素的稳定性，主要是用化学药剂中金属离子或集团与色素分子发生置换或络合反应，如用金属离子络合花青素类色素使这类色素达到稳定状态。化学护色法常用的药剂有酒石酸、柠檬酸、硫酸铝、明矾、氯化锌、氯化锡、氯化亚锡、蔗糖等。其中酒石酸、柠檬酸可以使植物材料的 pH 值下降，使花青素类色素较好的保持红色；明矾、氯化锌、氯化锡、氯化亚锡可作为提供络合金属离子的试剂，同时还起到胶体核的作用；蔗糖的作用主要是提供胶体的状态结构。

（1）化学护色的处理方法

采用化学护色法对花材进行护色处理时多采用煮沸、浸泡、涂抹、内吸等处理方法。

煮沸法　使用可加热的容器，先将配制好的保色液加热煮沸，然后放入花材，根据不同的花材特性煮制一定时间后取出，将花材平铺在干净的玻璃板上，将玻璃板倾斜放置一段时间，滤掉多余水分，即可进行压制干燥。煮沸法多在对绿色叶材护色时使用，使用此法的关键是对不同花材煮沸时间的把握。

浸泡法　先将花材分解成互不牵连的独立的部分，如对于重瓣性较强的花朵应将花瓣彼此分离，然后将分解的花瓣逐一浸泡于调配好的化学药剂中，用玻璃棒搅拌均匀，避免发生粘连、靠贴的现象，使每片花瓣都能充分地与药剂接触，静置一段时间后取出花瓣，吸干花瓣表面的药液，即可进行压制干燥。该方法多用于香石竹等柔韧性较好的花材，很适合对大量的同种花瓣进行护色，但不适于对整朵花进行护色。操作过程中还应注意，取出花瓣时尽量用圆嘴或平头的镊子夹取花瓣，以免戳伤花材。

涂抹法　先用刷子将调配好的化学药剂均匀涂刷在玻璃板或蜡纸上，然后将花瓣正面朝上平摊于玻璃板或蜡纸，使花瓣背面与药剂充分接触，再用毛笔蘸取药剂，将其均匀地涂抹于花瓣的正面。当花瓣表面的药剂完全均匀渗透后，吸干花瓣表面的残留药液，即可进行压制干燥。该方法不仅适用于月季等花瓣的护色，也适于对整朵花进行护色，操作时用毛笔蘸取药剂分别均匀涂抹于花材各个花瓣的正反两面，使之充分吸收药剂即可。但是该方法通常只用于单瓣花或某些复瓣花的护色，多数复瓣花或重瓣花的护色不能采用该方法，因为一方面花瓣过多残留药液不易去除干净，另一方面花瓣重叠很容易造成药剂分布不均，两者都会使压花成品色彩斑驳，质量下降。

内吸法　是将花材的茎浸泡在配制好的护色液中，使其通过输导组织吸入花材组织内各部，处理时间一般为 5～15h。内吸法可适用于立体干燥花的化学护色，也可用于平面干花压制前的护色处理，其优点是处理后干制较为便利，干燥速度快，但吸入往往不均匀。

（2）植物叶材的护色

叶材的护色通常有两种情况，一种是对普遍的绿色叶的护色；另一种是对臭椿、黄栌、火炬树、茶条槭和五角槭等彩色叶的护色。

绿色叶的护色　大自然中有些植物叶片中的叶绿素是比较稳定的，压制干燥后不易变色，如榆树、洋槐以及一些蕨类和苔藓植物等，这样的叶材通常不用进行特殊的护色处理，直接压制干燥后的效果就很好。而对于野菊和荆条等大多数植物的叶片，如想保持原有的美丽色泽就必须进行相应的护色处理。

绿色叶常用的护色方法是醋酸铜或硫酸铜溶液煮沸法。具体操作步骤如下：①根据叶子的薄厚、多少，颜色深浅，配制5%直至饱和的不同浓度的硫酸铜溶液。②将配好的溶液加热到85℃或至沸腾后投入待护色的枝叶，浸煮30～60s，叶色由绿变褐，再由褐变绿，直至恢复原有颜色。③将叶子捞出，移入盛有清水的容器中漂洗2～3次。④将冲洗过的叶子平铺在干净的玻璃上，滤去叶子上的大量水分，待叶子半干时即可压制。对绿叶进行保色时，亦可用50%醋酸溶液溶解醋酸铜作为原液，用时加4倍水，用同样方法煮制。此法处理的叶子更鲜绿，但刺激气味大，煮制过程必须在通风橱内进行，没有通风橱的情况下尽量采用硫酸铜溶液代替醋酸铜溶液。对绿色叶护色的原理是植物细胞中的叶绿素与蛋白质结合成叶绿素蛋白复合物，又由多种叶绿素蛋白复合体构成叶绿体。当细胞死亡后，叶绿素就游离出来，游离的叶绿素很不稳定，对光和热都很敏感，极易分解。在叶绿素分子结构的中央络合着一个镁离子，用酸处理叶绿素，镁被氢取代，叶绿素失去绿色，而叶绿素其他部分不受损坏，所得产物称去镁叶绿素。去镁叶绿素很容易与铜离子等结合而重新呈现绿色，且比原来的绿色还稳定。因此，在制备平面干燥花材时，常采用此法保持植物绿色长久不变。要注意，煮制后的叶材一定要漂洗干净，以免叶材上留有醋酸铜或硫酸铜的残液，导致压制干燥后的叶材表面出现斑痕，色彩不均。此外，漂洗后的叶材一定要完全展开，平摊于塑料板上，不能有折叠、褶皱或凸凹不平的现象，否则也会影响压制后的成品效果。

彩色叶的护色　大自然中许多植物在春季发叶期和秋季到来时所呈现出的红色叶较

之常见的绿色叶更令人欣赏和喜爱,素有"霜叶红于二月花"的赞叹,单纯的一片红叶就可以成为人们互致友谊的纪念品。很早人们便通过塑封的办法将压干的红叶装裱起来,做成书签或贺卡寄情,但红色叶在压干后颜色变化较大,不能很好地保持原有的鲜亮色泽。通过对茶条槭和火炬树红色叶的护色研究,基本研制出适宜这两种红色叶的护色技术。茶条槭红色叶的保色方法如下:用柠檬酸、草酸和乳酸 3 种有机酸按2:1:1的比例配制成混合溶液,将茶条槭红色叶浸泡在配制好的混合液中约2h,待叶片表面颜色均匀时将叶片取出,用吸水纸滤干多余水分后进行压制干燥。采用这种方法处理的茶条槭红色叶能够获得理想的护色效果,压干后的红色叶可以保持原色2~3年不变。火炬树的红色叶的保色方法如下:将 21.0g 柠檬酸、16.0g 盐酸、4.0g 氢氧化钠和1.0g十二烷基硫酸钠溶于水中并定容到1L,配制成火炬树的红色叶的护色液。将火炬树的红色叶浸泡在护色液中3h 左右,待叶片表面颜色均匀时将叶片取出,用吸水纸滤干多余水分后进行压制干燥。采用这种方法处理的火炬树的红色叶能够获得理想的护色效果,压干后的红色叶也可以在2~3 年内保持原色不变。

(3)花材的护色

前文已经了解到决定花朵颜色的色素类型主要是类胡萝卜素、类黄酮和花青素三大类,类胡萝卜素呈现的花色为红色、橙色和黄色;类黄酮呈现的花色为浅黄至深黄色;花青素呈现的花色有红色、橙色、粉色、紫色和蓝色等。自然界中大多数花卉花色变化主要来源于花青素,因此花材的护色主要体现在稳定花青素和防止色彩迁移上。一方面花青素可与铝、镁、钾等金属离子络合,形成比较稳定的络合物,从而达到护色的目的。明矾、氧化锌、氧化锡、氧化亚锡等化学药品都能提供络合金属离子。另一方面,对于一些红色、粉红色的花,如月季、香石竹、美女樱、八仙花和百日草等,经过压制干燥后所发生的色彩迁移,可以利用酒石酸和柠檬酸等化学药品,使花材酸化而显现原有的色彩。其中酒石酸可以显现美丽的红色,柠檬酸可以显现鲜艳的粉红色。具体操作方法可采用浸泡法和涂抹法。

①红粉色系花的护色方法　大多数红色和粉红色花朵,经过干燥以后会发生变黑或变紫等加重色现象,在采用化学护色法时有两种方法可以选择,即干燥前浸泡处理法和干燥后涂抹处理法。一般红色花使用酒石酸、粉红色花使用柠檬酸护色效果较好。

浸泡法　浸泡处理法多是将花材浸渍于药剂中,处理时间一般 15~40min。不同种类的花处理时间不同,直到花朵色素有少量渗出为止,要灵活掌握。具体操作如下:第一,配制5%~10%柠檬酸或酒石酸水溶液。第二,将花瓣浸泡在溶液中 15~40min 直到花朵颜色浸透出来为止。第三,花朵颜色渗出来后立刻取出花朵,用吸水纸吸干水分再放入压花器中进行干燥。

浸泡处理法可充分渗透到整个花组织中,处理效果均匀,但处理后干燥速度慢,给干燥操作带来极大的不便,还要注意把多余的药剂用吸水纸擦掉,否则保色效果不均匀。其中,花朵颜色渗出时间,依花朵的种类及状态有所不同,需掌握适当的浸泡时间。此法适合于筒状花、蓟、莲花等类型花朵的干燥。在进行浸泡法保色时,还会经常遇到花材腐烂变质的问题。花材经浸泡后含水量大大增加,使微生物生命活动更加活跃,若无法加速干燥过程则极易腐烂变质。因此护色液中还常加入福尔马林等防腐剂。

解决这一问题可采用下面适用于红色花朵的护色配方：在氯化锡 20g、福尔马林 10mL、亚硫酸 2mL，明矾 2g、氯化镁 10mL、硼酸 10g、三氯化铁 20mL，加蒸馏水 800~1000mL。此配方适用于千日红、白日草、一串红、鸡冠花、玫瑰花、月季等多数红色花材。

涂抹法　涂抹处理法适用于干燥前的花材，同时也适用于干燥后的花材。将配制好的化学试剂均匀涂抹于花材表面，使化学药剂与花材表面细胞内色素发生作用而达到保色的目的。具体操作如下：第一，配制 5%~25% 的柠檬酸或酒石酸水溶液，加入一滴中性洗涤剂以使液体易于浸入到花朵内部，以达到颜色均匀的效果。第二，把新鲜花瓣或经压制干燥后的花朵朝上排列在表面光滑且吸水性弱的纸上。第三，用毛笔蘸取柠檬酸溶液，均匀涂抹花朵表面。第四，充分涂抹后，用吸水纸吸干多余水分。第五，采用自然干燥法，或放入装有硅胶的空罐，密封数小时后花材便可以使用。

此法适合太阳花、莲花、康乃馨、木槿、红色仙客来等类型的花朵。不同类型的花朵保色处理时间不同，像樱花等花瓣较薄的花朵，保色时间 10min 即可；像郁金香等花瓣较厚的花朵则需 30~60min，甚至更长的时间。

内吸法　将带有红色或粉色花朵的植物的茎秆浸泡在 15%~25% 的柠檬酸或酒石酸水溶液药剂中，吸附处理时间一般为 5~15h，待确定护色液已经吸入到花朵部位且吸入均匀时，剪取花朵进行压制干燥。采用内吸法应选择茎秆维管束发达且花朵较小的单瓣花的花材。

②白黄色系花的护色方法　大多数白色花中含有无色或淡黄色的黄酮或黄酮醇类色素；黄色花中有含有类胡萝卜色素的，也有含类黄酮类色素的，但大多数黄色花同时含有上述两种色素。白黄色系花在干燥后最易发生的颜色变化是褐化。采用亚硫酸处理主要是提供巯基，保护蛋白的稳定性，防止过多游离氨基酸的产生，同时抑制酚酶将酚氧化成醌类聚合物；亚硫酸还是较好的还原剂，可在酶失活前抑制色素的酶促氧化作用，达到防止褐变的效果。试验表明，亚硫酸具有极好的防褐变的效果，在白色花中尤为明显。具体操作方法为：第一，配制 10%~20% 亚硫酸水溶液。第二，将花瓣浸泡在溶液中 30~60min，直到花朵完全浸透为止。第三，用平头的镊子取出花朵，用吸水纸吸干水分再放入压花器中进行干燥。

③蓝紫色系花的护色方法　蓝紫色系花在干燥中会遇到 3 种情况。一种是花瓣内含色素极稳定，干制后花瓣颜色基本保持不变，并能长久保色，如蓝色大花飞燕草花朵、矢车菊花瓣、蓝色鼠尾草等；另一种是花瓣内含色素极不稳定，一经干燥花瓣颜色明显褪色，一段时间后花瓣颜色彻底消褪，如蓝色鸢尾、蓝色苜蓿花等；第三种是发生颜色迁移现象，这种现象大多发生在紫色或蓝紫色花上，发生颜色迁移的花朵一般较为稳定，不影响其在平面干花创作中的应用。

研究结果表明，干制后花瓣颜色保持不褪色的蓝紫色花内所含色素大多呈络合状态，色素分子结构较为稳定。对于易褪色的蓝紫色花材，可使用明矾、氯化锌、氯化锡、氯化亚锡等化学试剂作为提供络合金属离子的来源，同时还起到胶体核的作用，同时添加适量蔗糖，以提供细胞内胶体状态结构源。具体操作法为：第一，配制 10g 硫酸铝、2g 明矾，加蒸馏水至 500mL 的溶液。第二，将花瓣浸泡在溶液中 1~2h 后取出。

第三，平铺在干净的玻璃上，滤去花瓣上的大量水分。第四，放入压花器中进行干燥。

通常情况下，利用药剂处理的方法可以使许多易出现褐变、褪色现象的植物材料保持原有的色彩；还可使基本保持原色的花材色泽更鲜艳，如鸡冠花、一串红、玫瑰、荷花、月季、扶桑、香石竹、木槿、仙客来、胡枝子、波斯菊等。试验表明药剂处理对多数花朵有保持花色鲜艳的作用。应当指出，任何花材的最佳护色方法均有其特殊性，需要在实践中不断摸索。对化学护色机理的研究近年来有较多的报道。红色月季花瓣采用氯化镁＋柠檬酸的配方浸泡花瓣48h，经干燥，获得与原花色相近的颜色并保持长久不变，经过6个月的自然日光照射试验，筛选出最佳保色剂及其处理方法。护色前后的花瓣色素分析结果表明，花瓣内主要色素为花青素（3,5,7-三羟基-二苯基苯吡喃）和八氢番茄红素，其中的花青素与护色剂中的镁盐作用生成花色苷及其苷元等较稳定的红色物质，使红色月季花瓣在干燥后保持鲜花颜色并长久不褪色（洪波，2001）。

压花的护色是一个受多因素影响的综合性问题，我们所讲述的化学护色法多是以物理护色法为依托的，而物理护色法若结合了化学护色法则效果更为理想。现代的护色方法往往是综合了两种方法的优势而形成的，如在微波护色干燥处理前往往要用化学护色法进行预处理。在选择护色方法时要具体问题具体分析。

4.2.2　植物材料染色

一些白色的花材经过压制干燥后颜色会变黄、变旧，一些红色或粉红色的花材经过压制干燥后颜色会变浅，为了使其压花成品能够具有漂亮的颜色，而保持良好的观赏性，对这些花材进行染色处理也是一种十分有效的手段。目前花材最佳的染色方法是活体吸色法。活体吸色法是利用鲜切花能够从基部切口处汲取水分和营养，并将其运送至枝体各个部分的生理特性，将采切下来的鲜活的花枝或花茎插入染料溶液中，使其在吸收水分的同时也吸入染料，并将染料随同水分运送至花朵，令其均匀地分布于各个花瓣中，使花瓣逐渐呈现相应染料颜色的一种染色方法。与护色法和其他染色法相比较，活体染色法具有3项优点：首先，颜色可控性强，能够获得人们所需的多种颜色；其次，着色均匀，效果比较自然，压花成品色彩稳定亮丽；最后，器具简单易得，无特殊条件限制，操作简便快捷，省时省力，便于普及。因此活体吸色法广泛用于压花生产和娱乐休闲，成为压花制作工艺中普遍采用的花材染色法。

此外，平面干花的着色还多采用涂色和喷色法，但操作相对简单：将花材压制干燥后放在垫纸上，用毛笔涂色或使用喷色筒在花材上均匀喷色，然后自然晾干即可，如图4-4所示。

4.2.2.1　染料与器具

（1）染料

用于花材染色的染料主要有两种：一种是通常用来进行显微镜切片观察的生物染料，有红、绿、黄、蓝、紫等色，价格相对较贵；另一种是食品色素染料，有红、橙、黄、绿、蓝、紫等色，价格合理，而且无毒、无污染，使用方便，还可反复使用。

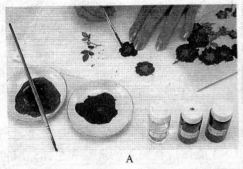

图 4-4 平面花材的染色处理

A. 涂色处理 B. 喷色处理

(2) 容器

用于花材染色的容器主要有两类：一类是盛放染液用于花材吸收的敞口容器，如广口瓶、大烧杯、桶或盆等；另一类是回收用过的染液、以便下次使用的密闭容器，如药品瓶、饮料瓶等。容器最好专色专用，以免混用而导致色彩不纯。

(3) 工具

用于花材染色的工具也分 2 类：一类是盛取染料用的药品匙；另一类是调匀染液的搅拌棒，可以是玻璃或木制、竹制的搅拌棒。同样，用于花材染色的工具也要专色专用，以免串色影响花材的染色效果。

4.2.2.2 步骤与方法

(1) 选色

根据需要选取相应的染料。食品色素常见的颜色有胭脂红、苋菜红、苹果绿、明黄、宝石蓝、玫瑰紫等。根据花材的多少和所需颜色的深浅确定取用染料的数量。花材多，颜色深，所需染料的数量也较多；相反，花材少，颜色浅，所需染料的数量也较少。

(2) 调色

溶解染料调制相应浓度的染液。用药品匙取大约 50g 的染料放入敞口容器中，加入少量温水，用搅拌棒搅拌，待其完全溶解后倒入适量清水，使染液浓度在 30%，用搅拌棒继续搅拌使染液调匀。

(3) 吸色

进行活体吸色。将采切下来的新鲜花枝插入调制好的染液中，待花色达到所需效果后，取出花枝，即可进行压制干燥。花枝吸色的速度与植物本身的性质有关，同时还受染液浓度和室内温度的影响。一般来讲，染液浓度大，吸色速度快，染液浓度小，吸色速度慢；室内温度高，吸色速度快，室内温度低，吸色速度慢。在室内温度为 27℃ 时，大约 1h，就可以得到理想的花色效果。另外，吸色的时间还同所需颜色的深浅有关，所需颜色较浅，吸色时间就相对较短，所需颜色较深，吸色时间就相对较长。

(4) 注意事项

在染色的过程中要注意以下事项：①染料要充分溶解，不要留有染料颗粒，尽量用温水化开；②溶解和稀释染料要用纯净水或中性水，有的地区自来水的杂质成分或碱性偏高，会影响吸色效果；③吸色时间最多不能超过2.5h，否则花朵容易枯萎；④吸色后的染液还可重复使用，应回收于密闭容器中，置于阴凉避光处存放。

4.3　植物材料压制

采集的植物材料，经过护色、染色处理后，应趁其新鲜、舒展时尽快进行压制干燥。这样获得的平面干燥花（以下简称压花）才能保持其完美的造型和色泽，取得良好的压制效果。通常用于花材压制的器具包括两部分：一部分是修整、移取和摆放花材的工具，如剪刀、解剖刀、美工刀和镊子等；另一部分是吸收水分和压制花材的器具，如吸水纸、脱脂棉、压花板、硬纸板、标本夹、金属夹、弓形夹和重物等。

其中剪刀主要用来剪取和拆分花材；解剖刀和美工刀主要用于对枝条、果实等本身不具备较好平面性的植物材料进行纵向剖解和有效切分，从而获得便于压制的个体；镊子以尖嘴镊为好，不但可进行材料的移取和摆放，还可对一些果实内部的多余成分进行清理；吸水纸和脱脂棉主要用于植物材料的干制，宣纸、面巾纸、报纸等都能起到较好的吸水作用，但是要注意紧贴植物材料的第一层吸水纸应干净平整，无掉色、印花或褶皱现象，以免污染花材或使压花成品表面出现印痕，因此报纸和印花纸巾尽量不要紧贴花材摆放；压花板、硬纸板和标本夹主要用于花材的定型，因此要有一定的硬度，同时也要具有较好的透气性，使内部潮气能够及时地发散出去；金属夹和弓形夹主要用于花材的挤压，应具有较好的弹性和收缩力，而且要结合相应的干燥方法进行材质的选择，如微波干燥法就不能使用金属夹等；重物属于花材压制的辅助材料，以便使花材迅速脱水干燥，获得平整性好的压花成品，适于枝条和树皮等具有一定厚度和硬度的花材的压制，也要具有良好的透气性。另外，为了更好地掌握压制干燥的时间，使操作科学规范，还应用小标签对所压花材的名称、种类（叶、花、果等）和压制时间进行登记和标注。

材料和用具准备好后就可以进行压制了。通常花材的压制包括3个基本环节：花材的整理、摆放和挤压定型。其中花材的整理是对花材进行有利于压制干燥的处理，主要包括对染色花材的剪取、对飞燕草等大型花序进行的独立小花的拆分、对月季和香石竹等重瓣花材的分解、对某些花材的平面性切分以及对草莓等含水量较大的植物材料的处理等；花材的摆放要根据造型和干燥的需要，对花材进行有序的分配和合理的摆放，力争节省空间、提高效率，主要包括组间归类、层间分配和同层安置3个方面；花材的挤压定型是通过板、夹以及重物等对摆放好的花材实施挤压，令其迅速脱水干燥，从而获得一定造型的压花成品，主要包括吸水纸的排布、压花板的安置和金属夹的固定等。对于不同种类的花材，在具体的操作过程中还会有相应的侧重与注意，下面分别从叶材、花材、枝材和果材这4类入手，通过实际图例进行详细的说明。

4.3.1　叶材压制

4.3.1.1　叶材压制的步骤与方法

(1) 整理叶材

如图 4-5A 所示，先用干燥柔软的纸巾或脱脂棉轻轻擦拭叶材表面，去除附着于叶材表面的灰尘等杂物，使叶片干净整洁。对于大多数表面光滑、很少吸附灰尘的叶片，可以省略该步骤，但对于一些表面粗糙、灰尘滞留量较多的叶片，则一定要将其表面清理干净，否则会影响压花效果。而对于预先进行了护色处理的叶片，还必须用吸水纸将其表面残存的药液吸干，以避免由于药液在叶材表面分布不均所产生的色斑现象。

(2) 准备吸水纸

先在桌面上放置一块压花板，再在压花板上逐层地叠加吸水纸。叠加的吸水纸的层数视所压制的叶材厚度和含水量而定，叶材较厚或含水量较高则所需叠加的吸水纸的层数较多，叶材较薄或含水量较低则所需叠加的吸水纸的层数较少。对于大部分叶材而言，通常叠加 3～5 层吸水纸。可以采用相同质地的吸水纸，也可以搭配使用不同质地的吸水纸。不同质地的吸水纸在搭配使用时要将质地较为粗糙者，如报纸、卫生纸或草稿纸等置于底层，而将质地较为细腻者，如宣纸、棉纸或无印花纸巾等置于顶层，直接接触叶材。

(3) 摆放叶材

如图 4-5B 所示，将所需压制的叶材根据其形状、大小，以及造型需要进行有序摆放。为节约空间，通常先将较大的叶片逐行均匀分布于吸水纸上，再以较小的叶片填充于大叶片的空隙间。叶与叶间要留有适量的空间，避免出现相互叠压的现象。叶片间的空隙要视叶片大小和形状而定。叶片较大或无叶裂者，其间隙要略大些；叶片较小或叶裂较深者，其间隙可略小些。对于大部分叶材而言，其间隙以 1～1.5cm 为宜。另外除非有特殊的造型需要，一般来讲，叶片要尽量平展放置，以体现其完美的自然外形。

(4) 压制叶材

摆放好叶材后，将吸水纸逐层地叠加于叶材上，如图 4-5C 所示。若为相同质地的吸水纸，则依次叠加至适宜层数即可；若为不同质地的吸水纸，则将其原有顺序颠倒，以质地细腻者平铺于底层，直接靠贴于叶材表面，其上再叠加质地粗糙者至适宜层数。然后如图 4-5D 所示，另取一块压花板平压在吸水纸上，用金属夹等工具将两块压花板夹紧固定，即可接续进一步的干燥处理。压好后的成品将呈现出我们所需要的压花造型。

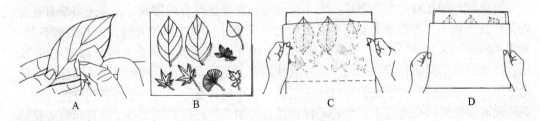

图 4-5　叶材的压制步骤

4.3.1.2　叶材压制的注意事项

①压花板应较吸水纸略大些，同时叶材摆放时不要紧贴吸水纸的边缘，而且在逐层叠加吸水纸时一定要上下对正，切忌偏斜，以免外围叶材全部或部分地暴露于压花板外侧，而未能压平或受力不均，导致皱叶现象。

②总体上讲，以不同质地的吸水纸进行搭配使用时，其叠加顺序就是要将质地相对细腻的吸水纸置于内侧，接触叶材，而将质地相对粗糙的吸水纸置于外侧，远离叶材，以免破坏叶材表面的平整性和光泽度。

③用金属夹等工具夹紧压花板时应注意金属夹的数量和位置。通常对于长方形的压花板，以4个金属夹于压花板的长边，两两相对夹紧固定即可；对于正方形的压花板，以4个金属夹于压花板的四边两两相对夹紧固定即可。两个靠近的金属夹间要留有一定的空隙，以便潮气挥发。

④由于叶材相对平整易压，因此为节约材料，提高效率，两块压花板间可以压制多层叶材，两层叶材间以单层吸水纸隔离即可。以金属夹等工具夹紧固定的压花板间通常可压制3~5层叶材，而以标本夹压制叶材时则可多达10~12层。

4.3.2　花材压制

4.3.2.1　花材压制的步骤与方法

这里以八仙花为例介绍花材的压制，如图4-6所示。

(1)整理花材

对于这样一枝健康饱满的八仙花而言，其花、叶、枝均可作为压花材料，要将其各个部分充分地利用起来，避免花材的浪费，就必须重视花材的整理，通过有效的疏剪和切分，使分解的花枝、花叶、花朵都能尽显其美。首先要对花枝进行全方面、多角度的审视，取其最佳效果的观赏面作为所要保留的压制正面，再根据这一观赏面的最佳审美效果对相应的叶、花进行疏除，如图4-6B~D所示，用剪刀将花枝上多余的叶片和过多的花朵从基部齐根剪除，剪口要干净利索，不留残存，使修整后的花枝花叶舒爽、造型美观，然后用美工刀将较厚硬的花枝纵向剖削，使其正面为观赏面进行压制。

(2)准备吸水纸

同叶材。

(3)摆放花材

将整理好的花材根据其形状、大小以及造型需要进行合理摆放。通常先将带有花叶的花枝背面朝下，正面朝上安置于吸水纸上，调整叶片和花朵的方向，使其美观自然，如图4-6E所示。再将分解下来的叶片和花朵填充在吸水纸的剩余空间，如图4-6F所示，摆放时根据同质相近的原则，使叶与叶靠近，花与花靠近，彼此间同样要保留一定的空隙。一般来讲，较平整的叶与叶间空隙可略小些，薄厚不均的花与花间空隙可略大些。相对厚硬的枝条附近不宜摆放叶材和花材，如条件所限必须如此，则其间隙应保持在2cm左右。另外除非有特殊的造型需要，一般来讲，对于八仙花这样的平展型花朵，

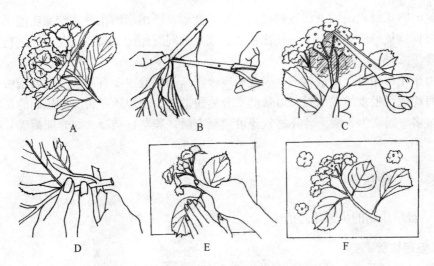

图4-6 花材的压制步骤

在摆放时应尽量使花瓣舒展，以体现其完美的自然造型。

（4）压制花材

同叶材。压好后的成品呈现出我们所需要的压花造型。

4.3.2.2 花材压制的注意事项

①由于花材是压花材料中最富于变化、最具魅力的一类，因此在花材压制时应就花材的观赏性和易压性进行一番审慎的考量，选取相应科学合理的压制策略。适宜整朵花或整个花序进行压制的花材有三色堇、旱金莲、仙客来、鸢尾、芍药、黄刺玫、吊钟花、米兰、绣线菊、波斯菊、矢车菊、非洲菊、小苍兰、鼠尾草和红蓼等；必须分解压制的花材有月季、单花香石竹、睡莲、菊花、大丽花、美女樱、福禄考、石竹梅、天竺葵、鸡冠花、飞燕草、柳兰、胡萝卜花、满天星和情人草等。

②花材整理时应注意对花葶或花柄以及花冠筒的处理。一般来讲，对于平展型花材，去除花葶或花柄有利于压制干燥，在仅取花冠造型时，须将花葶或花柄在与花冠连接处齐根剪除，但如果需要保留花材的自然形态，则应留取适当长度的花葶或花柄，以利构图，或者采取分解压制，再行组合的方式。而对于一些花冠筒较长的花材，如美女樱等，即便构图无需保留其花冠筒部分，但也不能将其在基部齐根剪除，否则会在花心处出现一个漏洞，破坏观赏效果，通常留取5mm左右剪除。

③对于花材上某些含水量较多或组织较厚而不易干燥的部位，如花托基部、花葶和花柄等，可以在压制前对其进行特殊处理，破坏其结构，使水分得以散失。目前普遍采用的方式有两种，一种是用砂纸打磨或按压，适用于花葶和花柄，可根据需要选取不同颗粒粗细的砂纸；另一种是用大头钉或缝衣针等尖锐物刺扎，适用于花托基部，操作时应避免刺穿花材或留下明显痕迹。

④花材摆放时应考虑压制的效果，选择合理的朝向。虽然通常摆放花材时以正面朝上为主，但实践中很多时候，花材正面朝上较难控制其姿态，尤其是留有花葶或花柄的

情况，这时将花材正面朝下放置则可避免晃动变形，压出来的花材才能端庄饱满。为使花材能够保持较好的姿态不变，往往在摆放花材的同时还用手指按压花材，进行适当的预压处理。

⑤由于花材相对含水量较多，因此相应吸水纸的层数也要有所增加，两层中间还可以夹入海绵或可吸水的泡沫板，以帮助水分尽快散失。两块压花板间所压制的花材数量也不宜过多，通常为3层，若花材较薄可增至5层，若花材较厚，如非洲菊等，则可单层压制。

4.3.3 枝材压制

4.3.3.1 枝材压制的步骤与方法

(1)整理枝材

如图4-7A所示，先对枝材进行修剪和分解，将剪下的叶片和卷须等单独压制。再如图4-7B所示，用美工刀将枝材纵向切分，这样，不但可以获得较为平整的压制面，而且如果操作得当，还能够获得两组可压枝材。但要注意对叶片和小枝的分配，尽量做到枝枝带叶，叶成互生的状态。不过实际操作中这种效果往往较难实现，因此常采用分解压制，再行组合的方式以弥补这一不足，从而也降低了枝材修整的难度。

图4-7 枝材的压制步骤

(2)准备吸水纸

同叶材。

(3)摆放枝材

如图4-7C所示，将枝材正面朝上摆放在吸水纸上，同时为枝材进行造型处理。由于枝材的柔韧性较好，因此可塑性较强，可以根据需要将其顺势弯曲或者盘旋，使其呈现美丽自然的曲线。对于枝条上的叶片，也要根据需要进行适当的调整，如梳理重叠的叶片或拉展卷缩的叶片等。但是某些枝条和叶片的弹性较大，很容易回复初始的状态，并且很难通过适当的预压处理将其定型，遇到这样的情况，则须采用透明胶带等辅助材料将其造型暂时稳定住，待压制前再将其迅速撤离。操作时须注意透明胶带的粘连面积不宜过大，更不宜过牢，以免撤离时损伤枝材。主要枝材的位置和造型确定好后，就可以如图4-7D所示，在其周围空隙处摆放剪下的叶片和卷须等材料，注意彼此间隔，勿使连带或重叠即可。

(4)压制枝材

同叶材。在枝材上先叠放吸水纸，再在吸水纸上压盖压花板，用金属夹等工具将两块压花板夹紧固定，即可接续进一步的干燥处理。压好后的成品呈现出所需的压花造型。

对于一些硬枝花材，如杏花枝、海棠枝、桃花枝、樱花枝等，在压制时要根据枝条上花朵开放的不同程度，压制出不同姿态的花朵。先将花朵完全开放的用剪刀剪下，正面朝下压制成花朵开放姿态，如图 4-8A 所示。将半开的花朵侧面压制成花朵初开姿态，如图 4-8B 所示。花蕾则保留在枝条上，与枝条一同压制。最后用美工刀将整枝的枝材纵向切分，摆放在吸水纸上进行压制，如图 4-8C,D 所示。

   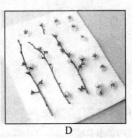

图 4-8　杏树花枝的压制步骤

4.3.3.2　枝材压制的注意事项

①由于压花制作中主要应用的是枝材的造型美，且枝材通常含水量较小，因此对于吸水纸质地的选择可以较为粗放，吸水纸的层数也无需过多，2～3 层即可。但是由于枝材本身的平面性较差，为了使其能够通过压制获得较好的平面效果，其吸水纸的质地可适当硬些，而不宜过软，过软则很难传递外界所施加的压力，不能对其进行有效的平面性改造。

②对于木质化程度较强、质地相对坚硬的枝材，为了使其压制更有效果，除了通过剖削整理以削弱其硬度外，通常还从压花器具上下功夫。一般不采用压花板来压制这类枝材，而采用标本夹进行压制，并且通过麻绳缠绕，不断地对其施加压力。如果家庭压花不具备这样的条件，也可通过向压花板施加重物的方法，增加其压力。而且两块压花板间所压枝材的数量也不宜过多，以 1～3 层为宜。

③由于枝材相对较硬，因此不适宜与其他植物材料同在两块压花板间分层压制。否则一旦处理不当，就会使枝材对其他层中压制的植物材料造成一种局部范围的挤压力，而在干燥后，处于其上下两层同一位置的植物材料表面就会烙下明显的印痕，其他位置的植物材料也会因为受力不均而发生表面起皱不平的现象，影响压花效果。

4.3.4　果材压制

4.3.4.1　果材压制的步骤与方法

(1) 整理果材

如图 4-9A 所示，先用解剖刀将果材(秋葵)纵向切分，形成便于压制干燥的两部分。再用解剖刀、镊子等工具将果材内部的籽实等杂物清理干净，以免影响压制效果，

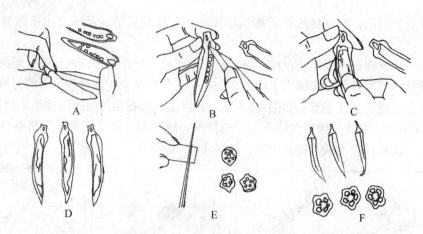

图 4-9   果材的压制步骤

并将较厚的果肉适当去除，留有能够体现果材造型、色泽和质感的必要的表皮和相应的支撑组织即可，如图 4-9B 所示。如图 4-9C，D 所示，先用干燥的脱脂棉对较为湿润的果材内壁进行擦拭，使之相对干燥，再用干燥清洁的脱脂棉对果材内部中空的部分进行填充，一方面有利于果材干燥；另一方面对果材的外形也能起到一定的支撑作用，保持果材自然良好的造型效果。另外，有些果材可以采用横向切分的方法，如丝瓜等表面多棱的果材。如图 4-9E 所示，通过对果材（藕）的横向切分，获得了具有五角星图案效果的植物材料，不但材料的造型生动可爱，而且其过程充满了趣味性和启发性。但在具体操作时还应注意对其厚度的控制，对于压花制作，自然以薄厚适中为宜。

（2）准备吸水纸

同叶材。

（3）摆放果材

同叶材。

（4）压制果材

同叶材。压好后的成品便如图 4-9F 所示呈现出我们所需要的压花造型。

大多数植物的果实水分含量很高，在果材的压制中应根据所选材料的具体特点对其进行特殊处理，如压制肉质类果实草莓时，要将草莓的果实从中间切开，用小刀将内部果肉去除，保留果肉壁约 0.3cm 厚，在其中填满干燥清洁的吸水纸，使果皮面向上进行压制，并注意一定在压制干燥期间更换吸水纸 4～5 次，这是与其他材料压制干燥所不同的。草莓的压制如图 4-10A～F 所示。

4.3.4.2   果材压制的注意事项

①对于含水量较大的果材，最好采用多层吸水纸进行单层果材的压制干燥。

②对于含水量较大的果材，在压制时，为防止果肉与吸水纸粘连，给成品的取用带来麻烦，或者影响成品质量，通常可在贴近果肉的一侧衬垫一张表面平滑、韧性较好且具有良好透气性的薄膜纸，既能有效地防止粘连，也不会影响果材的干燥。

③目前用于压花制作的果材种类相对有限，因此该方面可开发利用的空间较大。在

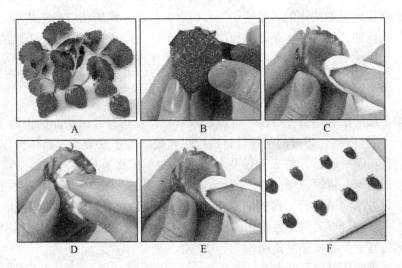

图 4-10 草莓果实的压制步骤

果材的整理上尤其要大胆尝试，努力创新。只有转变思想，打破陈规，才能有所收获，不断地推出新的压花材料，为压花的应用开发新资源，扩充新素材。

从总体上讲，在进行植物材料的压制时还应本着同质归类、按类压制的原则，即将植物材料按照含水量、平面性，以及硬度等性质进行归类。同一平面性或硬度的植物材料可以同层摆放，不同平面性或硬度的植物材料应该分层摆放；同一含水量和同一硬度的植物材料可以在同一组压花板中进行压制，不同含水量或不同硬度的植物材料应该分别于不同组压花板中进行压制。这样不但有利于进一步的干燥处理，而且能够避免由于受力不均所带来的不良影响。

4.4 植物材料干燥

压花制作的关键技术环节就是植物材料的干燥。其实在对植物材料进行压制的过程中，就已经涉及植物材料的干燥，因此我们常将二者联系起来说，即植物的压制干燥。它的基本原理是在花材被干燥的过程中对植物施加一定的压力，使干燥后的植物保持平整的造型，可以简单地用一个程式表示：压制——植物体水分扩散——介质水分扩散——干燥。在这一过程中，可以明显地看出，整个过程中"压制"是最基本的方法，而"干燥"则是最终的结果，两者中间贯穿着植物体内水分扩散的两个步骤，首先是植物体内的水分由于湿度梯度差的作用从植物体转移到周围介质中，接下来是周围介质中的水分得以散失，而不断地带走植物体内的水分，直至植物体干燥。

为了能够迅速有效地进行植物材料的压制干燥，必须从植物体水分排出和介质水分散失这两个环节入手，采取措施，努力提高二者的速度。植物体水分排出的速度在根本上由植物体内水分的存在形式决定，但也与所受的机械力（即压力）有关，而且受介质湿度（即介质含水量）以及环境温度等因素的影响。介质水分散失的速度则受介质含水量、环境温度和湿度等因素的控制。由此可见，通过对环境条件的控制和对介质的处理可以直接或间接地影响植物的干燥速度。目前有关压花干燥的相应措施基本上都是围绕这两个方面进行的,如对环境条件的控制所采取的恒温箱干燥法、熨压干燥法、硅胶干燥法和微波干燥法等,以及对介质的处理所采取的压花器干燥法和简易干燥法等。

4.4.1　恒温箱干燥法

恒温箱干燥法是利用温度可以自行设定调节,并且具有鼓风功能的恒温干燥箱(简称恒温箱),对经压制处理过的植物材料进行快速脱水的干燥方法。具体操作是:在对植物材料进行压制处理后,将夹有植物材料的压花板依次有序地放入恒温箱的干燥舱内,然后接通电源,将恒温箱的温度调到适宜温度,并打开鼓风机,待植物材料干燥后取出即可。该方法简单易行,可同时对数量较多的植物材料进行干燥,且干燥速度较快,一般1~2d即可,另外还可根据需要购置不同舱型、功能和价位的恒温箱,选择性较强,极其适宜生产和实验室使用。

但在操作中应注意以下几点:

①对温度的设定十分重要,以低温干燥为宜,温度过高易使植物材料发生褐变,甚至会造成焦糊的现象,通常温度应控制在40℃左右,而不宜超过45℃。在这一温度范围内,大多数植物材料1d即可完成干燥。

②对于压花板在干燥舱内的摆放也应有所考究,以留有一定空隙的侧向立排为宜,尽量避免层叠和挤压,尤其应避免为了抢占空间而进行的堆砌。

③干燥速度不同的植物材料应分层放置或分列放置,对于有分层板的干燥舱,可将干燥速度较慢的植物材料置于各层的里侧,而将干燥速度较快的植物材料置于各层的外侧;对于没有分层板的干燥舱,可将干燥速度较慢的植物材料置于干燥舱的底层,而将干燥速度较快的植物材料置于干燥速度较慢的植物材料上方,这样便于分期收取,规范生产。

4.4.2　熨压干燥法

熨压干燥法就是利用家庭常备的电熨斗,根据熨烫衣物的操作原理,对植物材料进行压制熨烫,从而实现快速脱水的干燥方法(图4-11)。具体操作是:先在熨衣板上放置一块压花板,再在压花板上叠加2~3层吸水纸,然后将植物材料依次摆放在吸水纸上,再取另外2~3层吸水纸覆盖在植物材料上,上面盖以白布或纱布,最后用电熨斗进行熨烫,直至完成干燥。该方法操作简便,不受条件的限制,且干燥速度快,一般30~60s即可除去植物材料中约90%的水分。但不是所有花材都适用,仅适用于单瓣花和单片叶子。

由于其为瞬间脱水,干燥迅速,过程较难控制,因此在具体操作时还应注意以下几点:

①不同种类花材的适宜温度不同。熨干

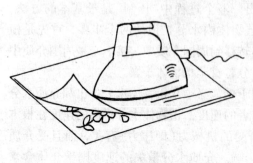

图4-11　熨压干燥法

时要将电熨斗的温度调到中温档，大多数花材以140℃左右为宜。

②熨烫时要不断检查所压材料，每隔几秒钟就应翻开看看，当材料干燥后立即停止熨烫，以免时间过长烧焦材料。

③移动电熨斗的动作要轻柔缓慢，而且应按照一定方向有规律地依次行进，尽量做到均匀到位，切忌在局部来回熨压。

④该方法干燥后的植物材料往往颜色会有所改变，有些种类能够保持较好的观赏性，如菊花、月季、睡莲、蟹爪兰、蕨叶、水杉和文竹等，而有些种类的观赏性则会遭到严重破坏，如非洲菊、长春花、扶桑和酢浆草等。

⑤由于植物材料在操作后的降温过程中有可能会发生返潮现象，为使其彻底干燥，可结合简易压花干燥法，使植物材料继续保持压制状态，一般经过一个晚上即可彻底干燥。

4.4.3　硅胶干燥法

硅胶（氧化硅胶）是一种最为常见的干燥剂，市场上多有销售，并且可反复使用。刚买的硅胶呈深蓝色，使用吸湿后会变成粉红色，通过晒干或烘干后又会变成深蓝色，同时也恢复了相应的干燥能力。硅胶干燥法就是利用硅胶干燥剂的这一性能，对植物材料周围的环境进行吸湿处理，从而实现植物材料快速脱水的干燥方法。具体操作是：先准备一个带盖的干燥盒作为埋花的容器，选择不吸收湿气的塑料盒或金属盒，家庭常备的保鲜盒和饼干盒等均可，条件有限时也可采用鞋盒；然后在干燥盒底铺上一层1~2cm厚的硅胶。将夹有植物材料的压花板装入干燥盒中，置于硅胶上；再在压花板四周及上方填充硅胶，使压花板上方的硅胶约2cm厚，盖上盒盖，待植物材料干燥后取出即可。该方法在常温下进行，条件温和，不但能够较好地保持植物材料的自然色泽，而且能够保持植物材料良好的柔韧性，压花成品自然逼真，效果理想，几乎所有植物材料都适宜采用该方法进行干燥。但其干燥的时间相对较长，通常需5~6d完成干燥，因此对大批量的周期性生产不利，而较适于实验室和家庭使用。

在具体操作时还应注意以下几点：

①硅胶干燥法所用的压花板应有良好的透气性，最好是轻便、透气性能好的木板或纸板，塑料板和金属板也可应用，但通常要在板上打上一定数量的孔穴，以便透气。

②所压植物材料应较易脱水干燥，否则时间过长会影响压花效果。所压植物材料的层数可依据干燥盒的大小而定，但以最多不超过7层为宜，以免影响水分散失。

③由于硅胶极易吸收空气中的水分，所以干燥盒的密闭性十分重要，对于盖上盒盖的干燥盒，还可为其套上塑料袋，并用透明胶进行密封，以确保其内部环境不受外部空气的影响。

④做好密封处理的干燥盒最好放置于温度在20℃左右且空气较为干燥的室内，这样大多数花材在3~4d后即可干燥。因此该方法比较适宜北方干燥季节或冬季有采暖的房间使用，而不适宜在南方的多雨季节，尤其是梅雨期进行。

⑤用过一次的硅胶可通过加热烘干的方法，使其脱去所吸收的水分而还原。若平时不用，应将其放在密封的容器中贮存。

4.4.4　微波干燥法

微波干燥法就是利用现代家庭常备的炊具——微波炉，根据微波干燥的原理，对经压制处理过的植物材料进行快速脱水的干燥方法。具体操作是：在对植物材料进行压制处理后，将夹有植物材料的压花板依次有序地放入微波炉的操作舱内，然后接通电源，将微波炉的设置调到低温档，并选择适宜的时间，待植物材料干燥后取出即可（图 4-12）。该方法操作简便，且干燥速度快，一般植物材料在几分钟内即可完成干燥，极其适宜家庭使用或实验室的应急处理。但微波环境对于应用材料是有严格限制的，而且微波干燥法与熨烫干燥法一样为瞬间脱水，干燥迅速，其过程较难控制。

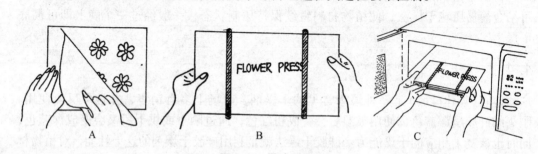

图 4-12　微波干燥法
A. 压花　B. 固定压花板　C. 放入微波炉中

在具体操作时应注意以下几点：

①使用微波炉要用专门的器具，一定不能用金属器具，所用的压花板必须采用相应的木、纸、塑料或塑胶等用品，在固定压花板时需使用橡皮筋或塑胶扣等进行固定。

②由于家用微波炉操作舱的空间有限，且干燥时应留有一定空间，不能将操作舱塞满，因此每次干燥植物材料的数量不宜过多，所压植物材料以单层为宜。

③干燥时间要依花材特性而定，宁短勿长。最好分阶段进行，即每隔 15～30s 取出查看一下，一旦干透则及时停止，以免影响压花质量。

④操作时还可以将压花板夹在硅胶颗粒中，一同放入微波炉处理，这样微波炉既干燥了植物材料，也干燥了硅胶；或先用每次 5～10s 的微波处理，再转入硅胶干燥，既可缩短总体的干燥时间，也可确保良好的压花质量。

4.4.5　压花器干燥法

压花器干燥法就是采用为压花制作而专门研制的压花器对植物材料进行干燥处理的方法。所谓的压花器，简而言之，就是用于压花制作的专用器具。我们还可根据压花器所解决问题的多寡，将其分为单纯压花器和完全压花器两类。单纯压花器，更确切地说就是压制器，它的研发主要是针对植物材料压制干燥的这一环节，多与硅胶干燥法和微波干燥法相结合，使操作更加简便易行，而没有对植物材料的护色进行特殊考虑。完全压花器，不但能够解决植物材料压制干燥的问题，而且本身具备一定的护色功能，因此无需其他相关的辅助处理，即可完成整套的压花制作，故而也被称为"原色压花器"。

目前，市面上所能购买到的压花器主要产自中国台湾，美国、日本和韩国等地。中国台湾和韩国生产的压花器价位相对较低，属于压制器，压花板间有海绵夹层，多用硅胶干燥，也可进行微波干燥，干燥时间通常为 3～4d；美国生产的压花器价位中等，也属于压制器，主要用于微波干燥，干燥时间通常为 3～4min；日本生产的压花器类型较多，且价位不等，其中高价位产品属于完全压花器，压花板间的吸水层和隔离层都由特殊材质制成，并经过特殊处理，因此可对植物材料进行护色，能够相应地保持材料的原有色泽，干燥时间通常为 2～4d。我国目前也有压花器的相关研发。

4.4.6　简易干燥法

简易干燥法就是使植物材料在压制状态下自然干燥的方法，是一种较为传统和最为基本的干燥方法，类似于植物标本的制作。具体操作是：将植物材料整理好或进行分解后，均匀地平放在吸水纸上，上面再盖上吸水纸，每层植物之间垫以足够的吸水纸，将多层夹好植物材料的吸水纸叠放起来，用石头从最上方压住或用标本夹从两面夹紧，然后放在较为干燥的室温下，期间用干燥的吸水纸多次更换已经吸满水分的吸水纸，以免内部湿度过大而引起植物材料霉变，待植物材料干燥后即可取出。该方法无须特殊器具或设备，只要能够找到适宜的吸水纸就能完成操作（如果能够找到硬纸板等定型器具固然好，没有也无妨），因为其所需的压力既可以通过金属夹获得，也可以通过橡皮筋和线绳等材料进行绑缚捆扎获得，还可以通过重物的压力获得，所以是最为简单易行的干燥法。由于该方法不涉及高温处理，所以其对植物材料的潜在伤害也比较小。

若想获得良好的压花效果，在具体操作时应注意以下几点：

①该方法仅适宜北方干燥季节或冬季有采暖的房间使用，而不适宜在南方的多雨季节，尤其是梅雨期进行。室内要尽量保持理想的温度（20℃以上）和通风透气的条件，冬季可以借助家中暖气等设备加快干燥的速度。

②吸水纸的更换要及时，先期应频繁些，后期可略为减少，要始终保持吸水纸干燥、透气，否则容易使植物材料发霉变质。

③压力要均匀有效。压力集中或过轻会使植物材料皱缩变形，既不能保持较好的观赏效果，也不能获得良好的平面性；压力过大会降低吸水纸的透气性，影响水分的散失，从而造成植物材料周围的小环境湿度较高，如果这种现象长时间得不到改善则很容易引发霉变；压力不适中还会使花材和吸水纸贴得过牢而难以分离。

④简易干燥法干燥的速度相对较慢，通常要一周左右的时间，适用于三色堇、美女樱、矢车菊、波斯菊、八仙花等单瓣花材和叶片以及分解过的花材。

以上介绍的几种干燥方法都有其优缺点和适用的花材，在实际制作中应考虑其适用性，正确选择适当的干燥方法。

4.5　平面干燥花材收纳与保存

植物材料压制干燥好后就成为压花。压平脱水后的压花，质地较新鲜时会显得薄脆而易碎，如果在收纳时不注意操作细节，就很容易使材料破损，造成不必要的浪费；如果不注意之后的保存，一旦压花吸收了空气中的水分和氧气就会变色或腐烂，而且也容易遭受虫蛀等灾害。因此对于压花的收纳和保存也不能掉以轻心，必须从防止人为机械损伤、防止受潮霉变和防止虫蚁破坏等几个方面认真考虑，有所针对地采取有效措施加以预防和避免。

4.5.1　基本器具

基本器具主要包括镊子、吸水纸、收纳器、硅胶及驱虫剂等。镊子用于移取压花。以圆嘴或平头的镊子为宜，尽量避免用尖嘴的窄头镊子。这样在移取压花时，镊子与材料的接触面积较大，不易戳伤材料。吸水纸用于隔离不同种类压花材料，防止压花吸湿返潮。通常采用具有一定挺实度、吸水性好且表面平整、无印花的白色纸作为压花保存时的吸水纸。以和纸、宣纸、棉质、滤纸和素描纸等为宜，不用质地过于柔软的面巾纸和不够洁白的草稿纸等。收纳器用于收纳压花，要求具有良好的密封效果。通常采用自封袋和保鲜盒，不但能够自行密封，而且尺寸规格较全，可以根据需要进行挑选和分配。硅胶作为干燥剂，用于对保存压花的小环境进行空气湿度的控制和调节，预防霉变。驱虫剂，如樟脑丸和檀香片等，用于驱除虫蚁，预防虫害。

4.5.2　主要方法

根据压花收纳容器的不同，常见的压花保存方法可分为自封袋法和保鲜盒法两种。

（1）自封袋保存

先准备一张大小适宜的玻璃纸，将其对折，对折后的尺寸要刚好可以轻松地放入自封袋内。再在对折的玻璃纸内夹放一张吸水纸。然后用镊子将干燥好的压花成品逐一取出，按类依次排放于吸水纸上，排好后将翻展开的玻璃纸轻轻盖在材料上。将夹有压花的玻璃纸装入自封袋内，排出空气，封上袋口即可。该方法简单易行，且具有良好的可视效果，极其适宜压花的商品化生产与销售。为了集中包装，通常还将几组收纳压花的自封袋同时装入另一个较大的自封袋中，成组出售。用该方法保存压花时一定要注意真空性和密封性，否则一旦有潮气进入，很容易使材料发生霉变，破坏观赏性。而且为了避免由于阳光的直接照射所引起的褪色现象，还须将其置于背光处存放。

（2）保鲜盒保存

先在桌面上放一块大小适宜的硬纸板，再取一张2倍于硬纸板大小的吸水纸，对折后展开，将其中的一侧安放于硬纸板上。然后用镊子将干燥好的压花成品逐一取出，按类依次排放于吸水纸位于硬纸板上方的一侧，排满后将另一侧吸水纸叠压在材料上。再取另外一张吸水纸，如前操作，每一张吸水纸内摆放一层压花，直到适宜层数（以保鲜盒的可容纳量为准，通常为5~10层）。压花叠放好以后，将另一块同样大小的硬纸板压于最上层，并且套上橡皮筋加以固定。最后，将其放入保鲜盒内，旁边放上袋装的硅胶和驱虫剂，盖上盒盖即可。另外，为了便于查找，通常还要在硬纸板上和保鲜盒外标明压花名称、色彩，以及压制日期等信息，而且这些标记应置于比较显著的位置。

4.5.3　注意事项

①为了便于日后的查找和取用，应将压花按照材料性质、造型特点和色彩效果等特征表现进行分类存放。

②在移取压花时动作要十分小心，应轻拿轻放，有条不紊地进行。而且要注意镊子夹取的部位，以夹取叶柄、叶基和叶片中部及花托、花盘和花瓣基部等相对较为厚实的部位为宜，尽量避免夹取叶尖、叶缘和花瓣等十分薄脆的部位。

③微波能够杀灭极其微小的病菌和虫卵，因此为防止压花遭受自带病原体的困扰，在保存前可用微波对其进行杀菌处理。实践证明压花在收纳存储前经微波处理 3～5min，其长期存放的效果会十分理想。也可以将采集的新鲜材料先在红外线灯下照射 10～20min，再进行烘干压制。

④对于压花的大量存储而言，其库房环境应尽量干燥、避光且不透风。为防虫蛀鼠患，应放置相应的灭虫、灭鼠的药物。存放压花的柜子最好是全封闭式的，并在每个抽屉内放置适量的硅胶和驱虫剂，以做好防潮防蛀处理。为防止微生物对花材的影响可将采集的新鲜材料先用甲基托布津消毒后再进行烘干压制。

小　结

本章从植物材料的选择与采集、护色与染色、压制、干燥以及平面干燥花材的收纳与保存 5 个方面，对平面干燥花材的制备进行了系统的介绍。通过本章的学习，应了解平面干燥花材制备的基本理论，掌握平面干燥花材制备的基本技术。首先，做好植物材料的采集工作，提供造型完美、新鲜适宜、便于压制与干燥的植物材料，是获得高品质平面干燥花的必要前提与基础。其次，采用现实可行的压制与干燥方法是获得高品质平面干燥花的重要手段与保障。最后，花材的颜色直接影响到平面干燥花的制作效果与成品质量，对于一些在干燥过程中很容易发生色彩迁移且严重影响观赏性的植物材料，应用科学合理的护色技术是尽可能地保存其原有审美性征的关键。另外，不同种类的植物、植物体的不同部位对于压制干燥的反应是不同的，因此，选择适于进行平面压制干燥的植物材料以及采用相应稳妥的措施，对不易压制干燥的植物材料进行有效处理，对于提高压制干燥的效率也是十分必要的。最后，制备好的平面干燥花材在应用之前还需要对其进行妥善的保存，避免花材的损失。通过本章学习还要加强运用相关原理、原则进行创新创造的能力，能够联系前面所学的知识，一方面加深对技术原理的理解；另一方面则可以自行总结平面干燥花与立体干燥花制作工艺的异同。

思考题

1. 压花材料的采集应遵循怎样的原则？有哪些需要注意的具体事项？
2. 试总结在进行花材压制操作时所应注意的关键环节和主要问题。
3. 试总结在进行果材压制操作时所应注意的关键环节和主要问题。
4. 在平面干燥花的制作中，常用的干燥植物材料的方法有哪几种？
5. 为什么要对平面干燥花材进行妥善的收纳和保存？保存时应注意哪些问题？

推荐阅读书目

1. 压花艺术及制作. 张敦方. 东北林业大学出版社，1999.

2. 押花生活．三采文化．三采文化出版事业有限公司, 2000.

3. 压花风情．彭惠婉．长圆图书出版有限公司, 1995.

4. 押花绘・九州の自然．杉野俊幸．道子．日本ヴォーグ社, 1995.

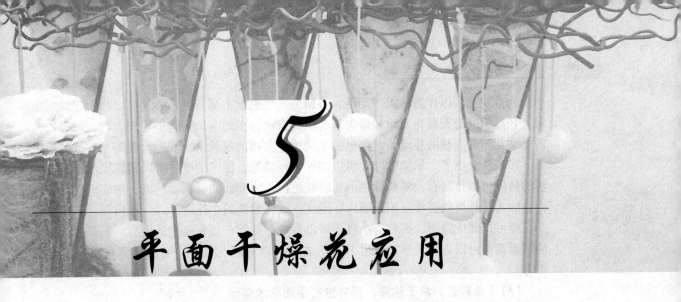

5

平面干燥花应用

5.1 平面干燥花特点

在社会生产和生活中，任何产品或材料的应用方法与应用形式都取决于产品或材料本身固有的属性和特点，压花也不例外。作为干燥花的一个分支，压花不但具有干燥花的共性，也同样具有区别于立体干燥花的特点，而正是这些特点决定了压花在现实生活中的应用方法与应用形式。

（1）取材自然，造型丰富，具备艺术构图所需的各种元素

压花材料取材于大自然中多彩多姿的天然植物，很好地保持了植物自然的观赏性征。丰富的轮廓、流畅的线条、亮丽的色泽、舒展的姿态，以及叶缘的锯齿、脉纹的变化、花瓣的排列、小枝的卷须、树皮的开裂，这些大自然的鬼斧神工使压花作品的创作具备了艺术构图所需的各种元素。这种自然之美具有人工刻意求取也难以描摹的真切，而各类植物材料的大小、阔狭、粗细、平圆和尖钝等的体量变化、形状变化，又使压花呈现出丰富多彩的美丽造型。其中，"点"有实点，如满天星、金毛菊等的小花和地榆的圆柱花序等，有虚点，如蕾丝花等的小花序；"线"有实线，如麦冬叶和紫藤茎等，有虚线，如石刁柏和天门冬等的小枝叶，有直线，如木贼茎等，有曲线，如香豌豆的卷须等，有短粗线，如鼠尾草和虾衣花等的花序，有长细线，如合欢的花丝和小苍兰的花葶等；"面"有实面，如丁香叶和玫瑰花瓣等，有虚面，如波斯菊叶和情人草的花序等，有光滑面，如旱金莲叶和芍药花瓣等，有粗糙面，如银叶菊叶和鸡冠花的花冠等，还有半透明的面，如银边翠叶、蜀葵花瓣和玉米苞片等。

（2）便于修整，适宜拼接，能够表现大千世界的各种物象

压花材料不但可以直接表现其叶、花、果等植物性的概念和特征，而且由于其易于通过修剪和拼接等技巧进行人为造型，因此大千世界的各种物象，无论是植物的还是动物的，是有机的还是无机的，是自然的还是人造的，只要是人们熟悉的物象都能够通过压花材料来表现。除描写自然植物作品外，压花材料还可以表现其他形象和事物。如表现动物，紫色的茄子皮经过剪形可以作企鹅，矢车菊的舌状花可以表现天边的鸿雁，非洲菊的舌状花可以作为鸟类的羽毛，美丽的三色堇加上葡萄的小卷须可以作为飞舞的蝴蝶，轻盈飘逸的蜀葵花瓣略加修剪整合就是自由自在的金鱼等；如表现人物，白里透粉的海棠花瓣是女孩的脸庞，黄褐色的玉米须是女孩的发丝，玫瑰的大花瓣是女孩的裙袂等；如表现自然界，翠绿的叶片可以铺作青青草地，棕黄的叶片可以铺作泥沼土地，坚硬的树皮可以作岩石，翠菊蓝色的舌状花可以作为湖面的粼粼微波等；如表现建筑，砖红色的大叶片可以剪作屋顶或墙体，暗红色或深紫色的小花瓣可以点作门窗，灰白色的小花瓣可以铺成路面，褐色的小枝干可以搭成小桥等；如表现生活用品，五彩的圆形或椭圆形花瓣可以表现气球，大叶片或大花瓣可以表现花瓶，透明的蜀葵花瓣可以作纱帘等。

(3) 平展轻盈，易于粘贴，适宜进行平面艺术创作

压花材料最为显著的特征就是平面性。这种经过压制脱水处理的干燥花不但具有良好的平面效果，而且材质轻盈，通过普通的粘贴技术就能够很好地将其固定于某一表面的确定位置，十分适宜操作。一方面它就像布、绢和纸等传统的贴画材料一样，是进行工艺画制作的优良素材；另一方面，它的材质优势远远超过布、绢和纸这些人工材质。其一，压花不但可以在纸张上进行工艺画的制作，还适宜在布、绢、陶瓷、玻璃、塑料、金属以及木板等多种材质的器具或用品的表面进行装饰，可以说凡是较为平整且具有足够范围的物体表面，都能用压花材料加以点缀。其二，由于上述特点，使得压花材料不但在造型方面具有较强的材质优势，而且在采用的工艺技术上也比传统人工的贴画材料显现出较强的优势，即因其本身就具有一定的艺术造型，可省去很多相关的材料剪裁、组合与粘贴的造型工序。

(4) 薄脆易碎，喜干畏潮，需要进行特殊保护处理

压花材料经压制脱水干燥后，其柔韧性会大大降低，碰撞、摩擦、风吹甚至是静电效应都能使其形态发生改变或表面遭到破坏。若想长期保持压花材料最初的装饰效果，就必须采取必要的保护措施使其表面状貌不受外界影响。正如我们所熟悉的，干燥后的植物材料尤其惧怕潮湿环境，如果空气湿度较大，这些干燥过的材料就很容易吸收空气中的水分而使自身性状发生改变，丧失原来的观赏性。因此，若想长期保持压花材料的观赏性，仅考虑对其位置和造型的保护是不够的，还应该将其与环境中的空气隔绝，避免返潮和霉变的发生。对于希望长期保存的压花制品而言，在制作工序中采取怎样的保护技术便成为压花应用中至关重要的一环。

(5) 畏光怕晒，应避免阳光直射

太阳光虽然是我们所能欣赏到的缤纷色彩的本源，却也可以潜移默化地改变和掠夺干燥花美丽的色彩。用色料染制的物品颜色在没有被阳光直射的情况下，也会发生褪色，只是慢一些，这是因为空气中的氧气会与物体表面的色料发生化学反应，而太阳光中的紫外线和适宜的温度，可以加快这种化学反应的速度，所以就会明显地感觉到太阳光暴晒下物体颜色的褪色现象。而压花材料的褪色又与此不同，它是由于光照对于某些色素成分的稳定性具有较强的影响所致，即便经过护色处理，处在与空气隔离的真空状态下，压花材料也会发生因光照而显著褪色的现象。然而由于天然色素稳定机理与太阳光成分的复杂性，目前克服这些问题还没有特别有效的方法，还不能从根本上解决问

题。但是为了延缓褪色进程，延长压花制品的保质期，在压花应用时要尽量避免阳光直射，压花材料的应用应以与室内环境相适应为宜。

5.2 平面干燥花艺术应用形式

压花的应用十分广泛，通常处于室内散射光环境中的平滑表面都适宜通过压花进行装饰点缀。在现实生活中，压花的应用有多种形式，有体量大型的压花窗帘，有体量小巧的压花首饰盒，有构图复杂、工序较多的压花装饰画，有构图简单、制作简便的压花吊坠，有平面性的各种压花卡片，还有曲面性的压花灯罩等，种类繁多，琳琅满目。根据压花制品的主要用途和表面特点等，可将这些形形色色、丰富多彩的压花制品，归纳为以下几种主要类型：

（1）卡片类

卡片类的压花制品统称为压花卡片，即以压花材料装饰点缀生活中的各类卡片式物品的压花应用形式，包括压花名片、压花书签、压花贺卡、压花请柬以及压花电报等。其特点在于以卡片纸为载体，平面性好，体量小巧，保护处理简单。其用途往往是个人形象的代言（如压花名片等）和礼仪交往的媒介（如压花贺卡等），因此选材考究，做工精致，创作具有较大的自由度。

（2）封面类

封面类的压花制品统称为压花封面，即以压花材料装饰点缀生活中的各类物品封面的压花应用形式，包括压花日记本、压花相册、压花首饰盒、压花礼品盒，以及压花信封等。其特点在于以硬纸板、绸缎、塑料和金属等封面材料为载体，平面性较好，体量中等，但要采用适当的保护措施，才能不影响观赏效果。其用途在于装饰和增加美感，因此创作时要结合物品的整体风格进行设计，构图简洁明快，端庄大方。

（3）首饰类

首饰类的压花制品统称为压花首饰，即是以压花材料装饰、点缀各类首饰的压花应用形式，包括压花发卡、压花吊坠、压花胸针、压花戒面，以及压花手链等形式。其特点在于以金属、树脂、皮革和水晶等较为高档的材质为载体，体量精巧，制作十分简便，如以类似人工琥珀或嵌入式的工艺进行首饰制作，则无需另行考虑保护处理。其用途在于修饰人体，展现特殊材质，但由于空间所限，这一类往往仅能表现压花材料的个体美，因此选材最为考究。

（4）其他生活日用品类

其他生活日用品类的压花制品统称为压花日用品，即是以压花材料装饰、点缀生活中除卡片、封面和首饰以外的各类生活日用品的压花应用形式，可进一步划分为压花布艺和压花器具两类。其中压花布艺泛指以压花材料装饰点缀生活布艺的压花应用形式，包括压花窗帘、压花台布、压花靠垫、压花布包，以及压花钱袋等具体形式。其特点在于以柔软的布料为载体，体量普遍较大，制作时要以保证具体布艺的良好可塑性为前提。其用途主要在于装饰大表面，营造大环境，因此创作时要结合室内装修的整体风格进行设计，注重压花材料搭配组合的整体效果，构图往往以对称式为主，造型以规则型为主。压花器具泛指以压花材料装饰点缀生活器具的压花应用形式，包括压花表盘、压花灯罩、压花相框、压花蜡烛、压花扇面、压花杯垫，以及压花钥匙扣等具体形式。其特点在于以塑料、纸张、木料、石蜡、棉纱等材质为载体，载体形式最为丰富多样，体量近于中等，制作工艺因载体材质不同而差别较大。其用途主要在于装饰小表面，体现小情致，因此创作时要根据具体器具的功能需要和所界定的表面范围进行设计。对于这种类型的压花作品，往往压花材料的个体美与组合美同等重要。

(5)装饰画类

装饰画类的压花制品统称为压花装饰画，即是以压花材料进行各种装饰画创作的压花应用形式，包括压花挂画、压花摆画以及压花屏风等形式，其特点在于以各类绘画用纸和面料等为主要载体，如绘图纸、水彩纸、素描纸、宣纸、丝、绸、麻、绢等，平面性好，体量可大可小，不受限制，但需要综合作品的整体风格和具体的摆放方式等特点选择最佳的画面保护方式。其用途在于装饰空间，营造氛围，体现个性和表达志趣，因此创作最为自由。制作压花装饰画时往往还需要一些辅助材料，如棉纸、泡沫、纱网和蕾丝等来增加画面的美感。画面背景除利用原来的底衬直接粘贴花材外，还可结合彩色铅笔、彩色粉笔、水彩、水粉和丙烯喷绘等绘画技法以及现代时尚的电脑设计方法描绘出所需要的背景，用于充分表现压花的艺术特质和无穷魅力。压花装饰画是压花应用形式中最具艺术性的一类。创作时可以"取材不拘一格，技法灵活多变"，从而获得理想的艺术效果。

5.3　平面干燥花艺术概述

随着人们对平面干燥花的认识不断深入，对它的喜爱程度也与日俱增，每个爱花的人都希望能够将自然的美丽定格成自己家中的珍藏，勿使再有"落花流水春去也"的哀伤。应用这些美丽的素材，通过巧妙的构思和精心制作，使得平面干燥花的自然美经由艺术加工而获得美感的升华。于是越来越多的人醉心于运用平面干燥花进行的艺术创作中，平面干燥花艺术便在这样的背景下悄然成型。

5.3.1　内涵

平面干燥花艺术，就是以平面干燥花为主要素材，经过一定的艺术(如构思、布局、造型、设色等)和技术(如修剪、粘贴)加工，在某种介质(如纸张、布料、木板、玻璃等)上表现自然美和生活美的一种造型艺术。实际生产和生活中，经常习惯地称其为压花艺术或押花艺术，其产品或作品——平面干燥花艺术画，也被习惯地称为压花画或押花画。这些融合了传统与现代的绘画与花艺设计技巧的压花画，具有极强的装饰性，深受人们的喜爱。而就平面干燥花艺术本身而言，它又十分贴近我们的生活，具有工序简单、可操作性强的优点，是一种易于普及推广的大众休闲性艺术。

5.3.2　风格与应用

由于压花艺术已经在全球范围内得以普及，因此随着创作团体的不断增加，不同国别、不同地域、不同民族、不同文化背景，乃至不同兴趣偏好的创作者们在进行压花艺术创作时所表现出来的艺术特色越来越明显，从而形成了风格迥异的压花艺术风格。根据东西方文化的差异，基本可以分为西方压花艺术风格和东方压花艺术风格两大类。西方压花艺术风格以欧美压花艺术为代表，东方压花艺术风格以日本和中国的压花艺术为代表。

压花艺术起源于欧洲，在长期的发展过程中，随着社会风尚和艺术品味的变化，压花艺术的风格也在不断的更替中得以发展和衍生，因此西方压花艺术风格大体可以进一步分为古典风格和现代风格两类。古典风格多注重品位格调，追求典雅的色彩，讲究画框的装饰效果，构图方式多采用图案式或抽象式，通常给人较强的视觉冲击力，其中三角形、环形和"C"字形造型就是古典风格压花艺术中的常见造型，体现出西方文明注重秩序的理性审美倾向；现代风格多注重自然情趣，画面纯真质朴，明快精致，甚至一片叶、一朵花就能构成一幅美丽的压花画。意大利的节日卡或祝福卡，往往就简单地采用3株有花、有叶、有茎、有须根的薄荷草，按照大中小的顺序排列在贺卡上，外形上看仿佛是汉字中的"川"字，风格清新；而在美国，通常会用没有经过任何处理和染色的叶片和花朵在长纤维制成的棉纸上，粘贴成简单明快的压花艺术卡，这也是现代欧美国家的人们不喜欢过分地修饰而要保持自然形态和简约风格的表现，是生态理念和环保意识深入人心的反映。

东方压花艺术风格多采用自然写生或写意的构图风格，具有真实感。日本的压花艺术非常精细华美，每一片叶、每一朵花都要求处理得精致完美，色彩鲜艳、亮丽，绝对不能有虫蚀病斑的现象，力求保持植物材料鲜活时的最佳状态，充分地体现了日本艺术精益求精的创作风格。日本压花艺术发展迅速，目前已经形成了许多流派与个人风格。其中，一些流派讲究多用花材，用花量很大，并多采用背景，显示画面的立体效果；而另一些流派则讲究取意求精，画面简洁明朗，透射出日本禅学的艺术理念和生命体悟。中国的压花艺术虽然起步较晚，但由于受博大精深的中国传统文化的影响，往往具有浓厚的中国绘画艺术的特色，画面多有留白，给人以想象的空间；充分地体现出中国绘画艺术对意境的营造与追求。以牡丹、兰花、梅花、菊花、青竹、松鹤、荷鸯和柳莺等传统中国花鸟绘画为题材的压花艺术十分常见，以江南山水、塞外白桦、水乡渔歌和雪国冬韵等地方特色的人文风情为题材的压花艺术也比较普遍，而以牛郎织女、天女散花和金陵十二钗等人物为题材的压花艺术更是为广大的人民群众所钟爱。

压花艺术的风格从很大程度上影响了压花艺术的应用，对室内环境的装饰更是如此。植物所给予人类的不仅是物质财富，更重要的是精神财富。创作者用敏锐的双眼与善感的心绪记录下所有的缘遇与感动，将窗外的风景凝聚成永恒的缩影。山林、田野、乡间小屋、路边的幽兰、各色的水果蔬菜都能通过压花艺术表现出来。生命的历程、季节的变换都能通过压花来体现其中的意境。压花与艺术的完美结合更使居住环境与自然景观相贴近，满足现代人室内装饰的审美需求。不同艺术风格的压花艺术品搭配不同的家居装饰，可以展示与众不同的生活品位。东方气势恢宏的大型山水压花画适合摆放在会议室或客厅的墙壁上，使人产生临近自然山水之感；采用中国书画常用的扇形构图的压花作品及西方表现植物自然生态构图的压花作品，摆放于书房会增添书房的诗情画意；门厅的墙壁、房间的隔断面、床头的墙面、走廊、楼梯的转弯处，各式风格的压花作品显示了不俗的装饰品位；办公桌、茶桌、书案等处，点缀以立式的小型压花艺术品会使生活充满情趣；此外，房间的台布、灯罩、烛台、窗帘、柜门和挂历等生活物品一经压花艺术的装饰点缀，就会使室内环境既浪漫温馨又绚丽多彩。

5.4 平面干燥花艺术创作

5.4.1 构思

任何艺术创作首先都必须明确创作意图，确立主题和表现内容，并以此来指导整体的创作过程，压花艺术创作也是如此。这个由作者在观察体验的基础上，提炼创作主题意蕴，并选择最佳的表现方式，以指导创作实践的创造性总体思维过程就是艺术创作的构思。对于压花艺术而言，构思首先要立意，其次要根据立意选择表现形式。立意，即确立主题或基调。东方风格的压花艺术讲究内涵，注重思想性，因此立意体现于确立主题；西方风格的压花艺术讲究形式，注重装饰性，因此立意体现于确定基调。但无论哪种风格的压花艺术都要由一个贯穿始终的主旨来体现，这样创作出来的作品才能主题鲜明，格调统一。

压花艺术的表现形式有许多种，按画面内容和表现主体可分为具象型和抽象型两类。其中，具象型是指画面内容反映真实事物形象和关系的表现形式，包括风景式、花鸟式、人物式、动物式和静物式等多种形式。风景式是指以自然风光或人文景观为表现主体的表现形式，主体内容包括山川、湖泊、森林、草原、稻田、村落、城镇、街景、宅院、屋舍和花园等；花鸟式是指以花卉、禽鸟和鱼虫等为表现主体的表现形式；人物式是指以人物形象和行为为表现主体的表现形式；动物式是指以花鸟式和人物式所包含的对象外的各种动物形象为表现主体的表现形式，主体内容如兔子、猴子、狐狸、刺猬、松鼠和梅花鹿等；静物式是指以各种自然的或人造的居家生活用品和器物为表现主体的表现形式，主体内容包括插花造型、果蔬、花瓶、玩具、钟表和桌椅等。抽象型是指画面内容反映事物的抽象概念或关系的表现形式，主要包括图形式和自由式两种形式。其中图形式是指以各种图形为表现主体的表现形式，主体内容如直线、波浪线、环形、圆形、三角形、扇形、菱形和"C"字形等；自由式是指表现主体在某种程度上超越了现实物象的实际规范，且不具备明确的图形概念的表现形式。在对压花艺术作品进行构思时可根据压花艺术品的用途进行构思，或是根据现有的压花材料进行构思，还可以通过自由构思来完成作品。

(1)根据压花艺术品的用途构思

通过这种途径进行的创作构思多见于压花书签、压花贺卡、压花扇面、压花灯罩等具有一定使用功能的生活日用品上的压花艺术创作。整体构思要在保障功能性的基础上进行，立意要符合情景，表现形式要得体。如压花贺卡应依据具体的庆贺内容确定主题和表现形式，毕业留念可取"一帆风顺"，以起航船帆为主体来表现主题；结婚祝福可取"百年好合""白头偕老""比翼双飞"等，以并蒂荷花、鸳鸯戏水、鸿雁高飞等为主体来表现主题；向老人贺寿可取"松鹤延年"，以松下仙鹤为主体来表现主题等。

（2）根据现有的压花材料构思

通过这种途径进行的创作构思多见于压花材料有限或者以压花材料的个体美为表现主题的压花艺术创作。构思时要对每种花材进行仔细的审视，根据花材的数量、大小和材质特征等确定画幅的尺寸及应用形式，如花材较少时适宜创作压花卡片等简单构图的作品，花材较多时可创作压花画类复杂构图的作品；花材以小花型居多时适宜创作压花钥匙扣等小尺幅的压花作品，花材以大花型居多时可创作大尺幅的压花作品；花材较厚时不宜进行压花书签的创作。

（3）自由构思

通过这种途径进行的创作构思多见于以充分展示压花艺术魅力为主要目的压花画的创作。先由作者依照个人的兴趣和喜好，自由拟定创作主题，再根据主题选定适宜的表现形式，然后根据主题和形式选择相应的花材进行创作。当然这种主题的拟定也不是完全随意的，它是一种相对的自由，也就是说作者只有充分了解压花艺术的特点，根据压花艺术的创作原则来拟定主题，才能充分展现压花艺术的魅力。由于压花是利用自然造就的真实植物材料的人工产品，保留了原有的自然生趣，因此用来表现自然界的无限风光和万物百态定会惟妙惟肖，妙趣横生。若经过大量的技术处理，如修剪、拼接等，刻意地表现人工气息十足的事物，如火箭、卫星、电视转接塔、摩天大楼和钢筋构筑物等，就会显得十分牵强，失于做作。所以主题的确立更适宜贴近自然，朴素亲切。

5.4.2 创作主体表现

压花艺术创作可以通过借助整体造型、基本色调、万物习性、花语花意、诗词意境5种途径来表现主题。

（1）借助整体造型表现主题

在平面造型艺术中，造型是最能反映主题的一个方面，压花艺术的主题也多从整体造型方面入手进行构思。尤其是注重形式美的西方压花艺术，造型和主题往往是一一对应的关系，如以玫瑰花的造型来表现"玫瑰花"的主题，以环式造型来表现"花环"主题，以村落景致来表现"乡间"的主题等。而对于追求意境美的东方压花艺术，造型也是表现主题的重要途径，如以仕女扶锄而立来表现"黛玉葬花"的主题，以夕阳、远山、湖光、渔船来表现"渔光曲"的主题，以圆形画幅中的盛花造型来表现"花好月圆"的主题等。

（2）借助基本色调表现主题

色彩是人们视觉感受最为敏锐的一个方面，大自然为我们呈现出的五颜六色，每一种都能引起人们的特殊感觉和对位联想。如红色让人感觉温暖和喜庆；橙色让人感觉喜悦，容易令人想到金秋的收获时节；黄色让人感觉富贵，容易令人想到尊贵和财富；绿色让人感觉舒适，容易令人想到自然和环保；蓝色让人感觉凉爽，容易令人想到天空和海洋；紫色让人感觉神秘，容易令人想到梦境；白色让人感觉洁净，容易令人想到云和雪；黑色让人感觉深邃，容易令人想到寂静的夜晚；灰色让人感觉无助，容易令人想到迷雾。因此，压花作品的基本色调也能够表现一定的主题。如以黄绿色调表现"春"的主题，以缤纷的色彩表现"夏"的主题，以橙黄色调表现"秋"的主题，以大片白色表现

"冬"的主题等。

(3)借助万物习性表现主题

鸟类的迁徙、鱼类的洄游、植物的荣枯以及开花结实等大自然中动植物的生存、生长均遵循一定的自然规律，如春来莺鸣柳、秋来雁南飞；同时万物也各具其自然的生物学特性与生态习性，如蝙蝠栖岩洞、燕雀恋屋檐、莲生水中、兰处幽谷、江南蕉竹相扶、塞北白桦成林、桃李闹春、榴花傲夏、菊桂芳秋、山茶驻冬等。这些都为特定主题的表现提供了丰富的创作源泉，尤其适宜表现突出环境和季节特征的主题。如以企鹅的形象表现"可爱的南极"，以鱼豚往来表现"海洋世界"，以蝴蝶纷飞表现"浪漫夏日"，以菊花的形象表现"野趣"，以瓜果满篮表现"农家乐"的主题等。

(4)借助花语花意表现主题

不同的民族和地区对于植物的认识和理解虽有差异，但是却都积累了大量的花语、花意用以传情达意，这些植物美丽的象征意义极大地丰富了民族传统文化的内容，同时也成为花文化的重要组成部分。如美国人喜欢玫瑰，认为玫瑰象征"爱情的忠贞"，欧洲人喜欢郁金香，认为郁金香象征"胜利"和"美满"，日本人喜欢菊花，认为菊花象征"太阳"，佛家偏爱荷花，认为荷花是佛国的圣花，道家注重桃木，认为桃木能够避邪驱灾等。在我国，植物更是被人们广泛地用来祈福、明志。因此压花艺术创作中借花语、花意来表现主题的作品也十分常见。如以牡丹表现"富贵吉祥"的主题，以梅花表现"志存高远"的主题，以松树、菊花表现"长寿"的主题等。

(5)借助诗词意境表现主题

中国传统绘画讲究诗画结合、书画结合，文字的书写成为画面构图的重要部分，诗词的意蕴成为作品意境构成的重要内容，而在压花艺术创作中也往往借以诗词的意境来表现和深化作品的主题思想。如描景的有"两只黄鹂鸣翠柳，一行白鹭上青天""满园春色关不住，一枝红杏出墙来""秋阴不散霜飞晚，留得残荷听雨声"等，咏物的有"疏影横斜水清浅，暗香浮动月黄昏"(梅)、"半依岩岫倚云端，独立亭亭耐岁寒"(松)、"借水开花自一奇，水沉为骨玉为肌"(水仙)等，写情的有"海上生明月，天涯共此时""海内存知己，天涯若比邻""曾经沧海难为水，除却巫山不是云"等，言志的有"未出土时先有节，及凌云处尚虚心"(竹)、"宁可抱香枝头老，不随黄叶舞秋风"(菊)、"长风破浪会有时，直挂云帆济沧海"等。

5.4.3　构图

在绘画中，线、形、色等各种绘画因素在画面中的位置安排即是构图。对于平面造型艺术的压花艺术而言，构图就是要将形、线、色等要素依据表现形式，在有限的画幅空间进行合理安排，以达到最佳的艺术效果，为突出主题服务。如何使平面造型的花材在较小的画幅上表现出较为生动的艺术效果呢？就需要了解和运用压花构图的一些基本原则与技巧，并掌握构图的基本方法。

5.4.3.1　构图的基市原则

构图的基本原则归纳起来有以下几点：

①构图的中心不宜过多，否则画面过于松散、杂乱。这一点对于具象型的压花作品尤为重要，具体应视作品的画幅尺寸而定。通常对于小幅的压花作品，焦点要唯一，画面整体效果要集中统一；对于较大画幅的压花作品，则可以在主焦点外，配合 1～2 个副焦点，以丰富画面内容，使画面产生动感变化。

②利用花材点、线、面的形态特点，使之有机结合，以达到画面的动感平衡。如在视觉焦点放置宽大的叶子和花朵，构成画面的主体部分；将枝条、花葶、叶边缘的线条巧妙地展现在画面中心及四周，构成线条美；在画面的边缘巧妙地运用小型花、花蕾或花蕊及枝条末端的节点等点状花材，让主景与背景缓和地联系起来，可增加作品含蓄的效果。

③在构图时要力求画面重心平稳，有时保持对称的效果很重要。这里所说的对称效果是指视觉上的左右对称关系，而不是指造型和形式上的左右对称，因此不必以画幅垂直中心线为轴线左右安置一一对应的内容，而应注重轴线两边力量的均衡，这样既能避免产生呆板生硬的感觉，也能取得稳定重心的效果。点状花材与线状花材是使画面产生动态均衡的重要因素。

④压花艺术色彩设计重在衬托花材的自然之美，以及花材搭配所展现的意境与特色。色彩能够带给人温度感、体积感、重量感和距离感等不同的心理体验。不同的色彩设计也会产生不同的视觉感受。同色搭配效果单纯，近似搭配效果和谐，对比搭配效果鲜明，三角搭配效果丰富。所以在构图时首先要考虑作品的主题思想，然后再恰当地运用色彩理论进行合理搭配。

⑤花材的量感对于压花艺术创作也很重要，构图时应给予充分考虑。在一幅压花画中，花材的数量要适中，花量过多会产生臃肿的感觉，过少又有疏落松懈之感。作品中的适宜花量又与构图主题中要求的花材尺寸有关。如创作牡丹图时，牡丹花的用量就要有所讲究，因为牡丹花不仅花形硕大，而且重瓣性强，如果用量稍多就会彼此争艳，使焦点分散，有失统一性和整体感。而对于满天星、情人草和蕾丝花等散点式花材的用量也要有所控制，过多会使画面细节琐碎，产生零乱感。

⑥在构图时要注重虚与实的比例关系，在通过花材占据空间时，还要考虑通过距离释放空间。这些画面上的留白不但可以起到调节画面节奏的作用，而且能够加深作品的意境，引发观赏者的遐思。

⑦在风景式的压花艺术创作中，景深的把握是创造空间效果的关键，因此在构图时应着力处理好近景、中景和远景的关系，做到"远取其势，近取其质"。远景小且虚，宜用薄而色淡且纹理模糊的花材；近景大且实，宜用厚而色浓或纹理清晰的花材，利用花材形态、色彩和质感的变化形成立体的透视效果，创造空间感。

⑧利用花材做不同层次的部分重叠，可形成花影疏密的感觉。将花瓣、叶片等进行不同角度折边或折角，能够使整体构图主次分明，舒缓有致。一方面能够突出画面的空间效果；另一方面也可以加强作品的自然气息，使画面生动活泼，充满情趣。

⑨压花艺术作品以自然质朴为特色，因此在处理背景时应尽量简洁明快，越单纯素雅越好。素雅的背景不但能够很好地衬托主体形象，而且能够形成空间留白的效果，较好地调节虚实关系。对于风景式压花艺术的创作而言，在背景上色时，亦以浅、淡为

宜,切忌浓涂艳抹,影响对花材自然情趣的表现。

⑩压花艺术构图时还应注意一些细节问题。在表现自然生趣的作品中,对于超过3朵以上的同种花材的排布,应以相近3朵花的花心呈不等边三角形的空间关系为宜,切忌将同类花材呈直线或等间距排布。叶材、枝材的摆放宜斜不宜直,相近的枝条更不宜呈平行关系,应根据画面要求呈不同角度的夹角关系。

图 5-1　S 形构图(作者:大澀结子)

5.4.3.2　构图方法

压花艺术创作的构图方法有很多,归纳起来主要有以下3种方式:

(1)图形构图法

图形构图法主要是按照一定的几何图形或字母图形设计画面的一种构图方法(图 5-1)。压花艺术创作中常见的几何图形有圆形、椭圆形、拱形、环形、扇形、三角形、正方形、菱形和心形等;常见的字母图形有 S 形、U 形、C 形、L 形和倒 T 形等。图形构图法多用于装饰性的小型压花画或各类压花卡片和压花封面等的创作中。此类作品画面结构紧凑,变化具有规律性,节奏感强,富于装饰性。

(2)摄影取景构图法

摄影取景构图法是模拟摄影取景的一种构图方法。它是以真实的景物、事物、人物等为表现对象,按照其客观存在的状态以及与环境构成的相互关系进行框景抓拍的构图方法(图 5-2)。因此摄影取景构图法在构图时除要求艺术性外,主要还需具有真实性。只有平时在生活和学习中,深入细致地观察身边的事物,所到之处都以眼睛作为照相机的取景框,认真地记录美丽的场景和瞬间,如山川的景致、街市的场面和家居的陈设等,充分了解和掌握花草的生长发育状况,以及自然的生态环境,才能为压花艺术创作积累大量素材,在构图中将自然和生活的真实之美准确地再现出来。摄影取景构图法多用于艺术性较强的压花画创作中。此类作品画面层次丰富,主次分明,空间感强,富于写实性。

(3)创意构图法

创意构图法是根据作者的构思,将各种造型按照主题与表现形式的需要进行布局,而在某种程度上脱离其真实的存在状态的一种构图方法。它以表现作者的创意和作品的主题为重点,为营造特殊意境或者形成特殊效果服务。因此构图时在遵循构图基本原则的前提下,作者对空间的处理和对画面内容的安排上具有较大的自由度,可以不受客观因素的影响。根据其创意体现的层面与程度,还可进一步划分为概括创意构图法、组合

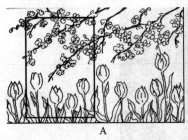

图 5-2 摄影取景构图法

A. 框景抓拍的构图方法　B."郊外"（作者：杉野俊幸）　C."花的散步道"（作者：森井幸子）

创意构图法和自由创意构图法 3 种。

　　概括创意构图法　是指将真实景物中的主体事物进行高度地概括和提炼，仅留主体，去除环境及背景内容的一种创意构图法。该方法多见于中国写意花鸟画中，有时为突出主题趣味还会对主体比例进行适当的修改和调整。如将梅花、桃花和杏花等小型花适当放大以配燕雀，将螳螂、蜻蜓和萤火虫等小昆虫适当放大以配瓜果和花型硕大的花朵等，以使二者相互辉映，得其妙致（图 5-3）。

　　组合创意构图法　是指将事物以其原有的造型和概念从其所在的真实环境和状态中提炼出来，在画面上进行重新组合的一种创意构图法。该方法多见于现代的招贴宣传画和儿童卡通画中，有时为突出主题含义还会对主体的形状、色彩和质感等进行加工或者重新设置。如将钟表的表盘扭曲变形形成一种动感来象征时光的"流淌"，将海豚改成蓝色的来代表"海洋精灵"，将月季花瓣布上金属色泽来寓意"爱之永恒"等，以引发思考，体现创意（图 5-4）。

　　自由创意构图法　是指将事物原有的造型和概念都打破，完全依照作者的想象和情绪进行构图的一种最为随意自在的创意构图法。该方法主要是为突出作者的某种意念和情绪，大多晦涩难懂，但装饰性较强，常被用来设计装饰画。在压花艺术创作中这种构图法超越了花材自然的本质与姿态，通常会对花材进行大胆的拆分和重组，并以看似散

图 5-3　概括创意构图"花好月圆"
（作者：任嘉月）

图 5-4　组合创意构图法"风草精灵"
（作者：涉谷礼子）

图5-5　自由创意构图法"城市花园"

(作者：Jeanne R. Helmers)

漫的方式进行布局，画面具有丰富的想象力(图5-5)。创意构图法多用于趣味性较强的压花画的创作中。此类作品画面结构清晰，生动流畅，充满趣味，富于写意性。

5.4.4　制作

5.4.4.1　背景制作

压花艺术作品制作时，首要的工作是对背景的设计和处理。一幅作品的背景虽然不像主体那样对表现作品的主题起到决定性的作用，但背景处理得好与坏，也会直接影响作品的整体效果。处理得当的背景能够深化主题，渲染气氛。反之，如果背景处理得不恰当，既可能喧宾夺主，也可能引起文不对题的麻烦，影响主题的表达和艺术效果。因此，背景的设计与制作对于压花艺术创作而言至关重要。压花艺术创作中的背景处理主要有以下3种方式：

(1)直接背景

直接背景就是直接应用压花艺术创作中承载画面的卡纸的底色、纹理或图案效果展现作品背景，其上不再加以任何修饰。这种背景减少了相应的制作环节，省时省力，且背景干净利落，适合于画幅较小的压花作品以及主体单纯的简单构图形式，尤其适合表现具有中国写意风格的花鸟压花作品。背景卡纸以单色、无特殊纹理效果的纸张为宜，色彩以黑色、白色和灰色这3种无彩色为宜，低纯度的有彩色类也可应用。黑色凝重深沉、高贵神秘，最能突出主体华丽高贵的格调，多见于以插花造型和几何图形为表现主体的压花作品。白色干净整洁、纯真浪漫，最能突出主体朴素清新的气质，多见于以人物、花鸟和动物造型为表现主体的压花作品。灰色清淡低调、优雅脱俗，最能营造意蕴悠长的整体氛围，多见于自由创意构图的压花作品。

（2）绘制背景

绘制背景就是在压花艺术创作中应用彩色铅笔、彩色粉笔、水彩和水墨等绘画手法在承载画面的卡纸上绘制背景的一种背景制作方式。绘制背景能够明确空间关系，使原本抽象的空间概念写实化，为主体布局作好铺垫，而且可以丰富空间层次，使原本平面的造型效果立体化。绘制背景适合于画幅较大的压花作品以及主体内容较多的复杂构图形式，尤其适合具有写实意味的风景压花作品。绘制背景中最为常见的表现内容有天空、云霞、太阳、月亮、繁星、远山、河流、树丛、草地、小路、水面以及静物所处的大的环境空间等。绘制时要注意"点到辄止"，不可过分强调，以免喧宾夺主，分散主题。绘制背景时还要注意一定的空间层次和光源所造成的立体效果。远山远景要平缓而朦胧，中景近景可略加明确；向阳处要明亮，多以暖调为主，背阴处要昏暗，多以冷调为主。

（3）粘贴背景

粘贴背景就是利用压花材料在承载画面的卡纸上粘贴背景的一种背景制作方式。该方法能够充分展现压花艺术的特色，但画幅尺寸要适中，过小缺少表现空间，过大则费工费力且耗费花材。粘贴背景通常用于油画风格的风景和静物作品中，粘贴时要十分注意花材的选择与排布，预先要挑选好足够量的花材，对花材的大小、形状、色彩都要慎重考虑。一般来讲，大小要相当，形状要统一，色彩要接近。植物材料多具有脉纹的方向性，色彩往往也有始末变化，在排布时要充分考虑花材的方向和色彩，以使背景展现一定的渐变或纹理效果。

5.4.4.2　主体制作

主体制作是压花艺术创作中最为关键和主要的一个环节。不言而喻，主体就是作品表现的主要内容和对象，因此，主体的制作也是最讲技巧和艺术性的。主体制作的方式可依据操作环节的简繁分为直接式和间接式两种。直接式是将花材直接粘贴于卡纸表面的制作方式；间接式是先将花材粘贴在一个预先剪裁的纸样上，再将制作好的纸样造型粘贴于卡纸表面的制作方式。直接式简便快捷，对粘贴技法要求较高，制作时最好先按构思的造形将花材摆放好，然后再进行粘贴，否则一旦粘贴失误则很难补救。间接式虽然工序较多，但技法要求不高，即便失误也容易补救，初学者应多以此方式开始练习。下面介绍一些制作主体时的相关技巧。

（1）花材的修剪

花材修剪是压花艺术创作中的常用技巧，多见于屋舍、篱笆、花瓶和木桶等人造物的主体造型制作。具体操作时应"因材施技"，即根据花材的质感和纹理采取相应的修剪方法，并尽量做到"避繁就简"，尽可能保留压花材料原初的自然形态。同时，修剪时还应考虑压花材料本身的纹理的方向性，使修剪后用来塑造主体的花材表面纹理效果符合主体的状貌特征。如在制作花瓶等容器造型时，对于边缘整齐美观、大方得体的叶片和花瓣而言，可直接修平其端部以确立瓶底造型；对于缺少自然边界效果的树皮来讲，需对其进行完整容器形状的修定；为使容器稳定而持重，对于花材纹理的处理通常采取"就正不就斜，就横不就竖"的原则，有清晰脉纹的叶片要沿垂直主脉的方向修剪出容器底部，以使脉纹端正自然；具有线形皮孔的白桦树皮，要按照容器底部平行于线形皮孔方向修剪出容器形状，以使纹理平整舒展。

(2)花材的组合

在花材压制时，单瓣、体积小的花朵可直接压制干燥；重瓣、体积大的花朵则须把花瓣各部分拆开分解后进行独立压制干燥，创作时再把分解压干的花瓣重新组合，恢复整朵花材的自然形态。花材的组合应力求精细，组合得越精细越能很好地表现作品的主题意境。如果花材组合不当、姿态呆板、造型做作，不但不能反映花材原有的自然风采，而且会影响整个作品的画面效果。熟练掌握花材组合的技巧须从细致观察花材的自然生长状态入手，充分了解花瓣的着生关系和伸展方式，合理地组织花瓣的造型。组合时还要注意花蕊、萼片和枝叶的合理搭配。如在写实风格的作品中要避免花朵与花葶的相接处出现断头的现象，可用萼片、叶子等进行巧妙遮挡，尽量做到宛若自然天成。例如，月季花朵的组合步骤如图5-6所示。

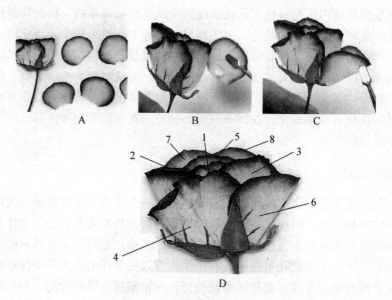

图5-6　月季花朵的组合步骤

A. 准备好大小相等的月季花瓣　B、C. 按照月季花朵形态从内向外粘贴花瓣
D. 粘贴完成的月季花朵　1～8为花瓣粘贴的顺序

(3)花材的排布

花材排布是压花艺术创作中的关键技术，根据造型效果和粘贴形式的不同可大体分为鱼鳞式、编织式、补丁式、罗砌式和结构式5种。鱼鳞式是将花材层层叠压、行行错落，似鱼鳞般排列的方式，多见于瓦片、墙体、裙袂的设计，适宜大小和形状较为均匀一致的同种花瓣的排布；编织式是将花材按照编织的技巧与图案效果进行排布的方式，多见于花篮的制作，适宜线形叶材和长椭圆形花瓣的排布；补丁式是先将花材互不交错地平铺于容器造型表面，再以其他花材遮盖其缝隙的花材排布方式，多见于具有明确纹理或图案效果的花瓶等生活用品的制作，适宜边缘具齿裂的叶片的排布；罗砌式是将花材由主体造型的一端向另一端层层叠叠，逐层铺砌的花材排布方式，多见于森林、树

丛、花径的设计,适宜多种花材的组景排布;结构式是将花材依照主体的结构由里向外或由主及次、逐层安装的花材排布方式,是花材排布方式中比较特殊的一种,适宜塑造具有明显结构特征的主体造型,其不同结构部位的制作可以结合前4种花材排布的方式进行。使用以上方法排布时要注意花材的前后关系与整体的空间层次,操作时还要注重拟表现内容的整体性和统一性。

(4)花材的粘贴

花材粘贴是完成压花艺术创作的最终环节,经过粘贴既可以将设计、排布好的图案进行固定。对于由自然植物材料经过人工压制干燥后而形成的平面干燥花而言,并非所有的粘贴材料都适宜对其进行粘贴处理,粘贴材料的选择和使用要经过慎重挑选,在不明确其性状的情况下,最好经过简单的试验再决定是否适用,以免直接应用而造成损失。如办公用的乳白胶会使翠菊花瓣等蓝、粉色的花材发生色变,并在花材表面留下明显的胶痕。粘贴花材时乳胶等胶合物不可涂抹得过多,以免外溢而影响画面效果。通常在花材较厚实部位涂少许胶,只要能固定住花材即可,切忌在花材背面全面平涂。如果是枝条或较厚的叶子,可在材料上多处涂胶,以免粘贴不牢。此外,粘贴时还要按照一定的顺序进行,掌握由下及上、由里到外的粘贴原则,即:先粘贴最下层的花材,后粘贴上层部分的花材;先粘贴焦点或中心处的花材,后粘贴陪衬及边缘的花材。

5.5 平面干燥花艺术品保护

压花艺术品中的干燥花材与空气接触后会变褐、褪色,甚至发生霉变。为了能长期保存压花作品,应对画面进行妥善的保护。压花艺术画面保护的方法主要有塑封保护、镜框密封保护、真空覆膜保护和树脂保护4种方法,应用时要根据作品的尺幅和类型选择适宜的保护方法。

5.5.1 塑封保护法

塑封保护法是利用塑封膜或冷裱膜和塑封机,在完成的压花作品表面覆上一层保护膜来保护花材免受外界环境影响的一种压花画面保护法。该法操作十分简便易学,是画面保护法中最为简单并普遍使用的方法,适合家庭及小型的压花工作室使用。操作方法如下:在作品完成后,将作品置于大小适宜的塑封膜内或冷裱膜,使上下两张膜的胶面分别靠贴于作品的正反两面(冷裱膜是将胶面膜掀开,放入画作),开启塑封机,使其预热至120~150℃(一般花材较多或塑封膜较厚时,温度可适当升高些,花材较少或塑封膜较薄时,温度可适当降低),然后将夹有作品的塑封膜放于塑封机的两个滚碾中间,随着塑封膜的缓慢推进,在滚碾另一侧输送出来的压花作品便已被塑封膜紧紧地覆贴好,最后根据需要将作品四边的塑封膜进行适当的修整,一件可以长期保存的压花作品就最终完成了。

塑封保护受到材料和设备的限制,仅适宜对压花书签和压花贺卡等小型卡片类画面的保护,使用时还需注意:①不同型号的塑封机的使用功能和操作性能都不尽相同,因此在具体操作前应详细阅读塑封机的使用说明书,以便更好地完成塑封操作,而且有利于对塑封机的保养。②卡片纸张要有一定的坚挺性，不宜过软，也不宜过厚。如果纸张过软，在进入滚碾时则容易卡纸；相反，纸张过厚，则不利于有效密封。③为防止卡纸现象的发生，应尽量在滚碾中部输送作品，并且作品放置要端正，以免在输送过程中发生偏斜而碰到内侧壁。④花材不宜过厚或过大，而且不宜过多重叠，否则不利于空气的排出而形成气泡。⑤要保持塑封膜的平整，为避免塑封膜不平整而引起的卡纸问题，可在使用前将塑封膜夹在牛皮纸或书皮纸内。

5.5.2　镜框密封保护法

镜框密封保护法是利用玻璃镜框对完成的压花作品进行密封镶嵌来保护花材免受外界环境影响的一种画面保护法。该方法使用的镜框种类繁多、制作精美，因而具有较强的装饰功能，深受广大压花爱好者和欣赏者的偏爱，是压花制作中常用的保护方法。操作方法如下：在作品完成后，将一块与作品画幅的形状和大小一致的玻璃平压于作品正面，然后用锡箔纸胶带将玻璃的四边同作品的四边密封起来，再将作品翻转至背面，将一块防虫、防潮的保护板平贴于作品背面，同样用锡箔纸胶带将其与作品背面进行全面密封，最后将做好保护的压花作品嵌入相应的镜框内。

镜框保护不受花材厚度和画面层次的限制，经过保护处理的作品能够保持一定的立体效果和空间感，有的作品甚至可以做多层画面的组合层叠，使作品效果极富艺术感染力。但该方法操作比较复杂，技术性较强，稍有不慎都会影响密封质量。使用时还需注意以下几点：①如果花材较厚或层叠较多，画面与玻璃之间会留存较大的空间，为防止密封系统内部存在的空气对花材的保存造成不良影响，通常在全面密封前还要进行抽真空处理。②密封材料既要具有密封性，也要具有美观性，日本生产的锡箔纸胶带密封效果较为理想。密封时还须注意封贴玻璃面的胶带宽度要以 3mm 左右为宜，不能超过5mm，否则镶框后胶带会暴露出来，影响美观。③专业用压花作品防虫防潮保护板可以采用简易的方法自制保护板代替，制作方法为选取一张大小适当的吸水纸，喷上杀蛀虫的药剂做成防虫纸，将其裱贴于作品背面，再找一张和作品同样大小的硬卡纸，在上面均匀地涂上一层防潮剂，将硬卡纸涂有防潮剂的一面靠贴于作品背面，然后再整体密封即可。

5.5.3　真空覆膜保护法

真空覆膜保护法是利用高分子膜和专业的真空覆膜设备，在压花作品表面压封上一层保护膜的画面保护法。真空覆膜技术的原理是将膜与画面间抽成真空，并在一定的温度下定型完成覆膜。这种高分子膜有光膜和亚光膜之分，覆上光膜的效果有如在画面涂了一层增亮剂，色彩明度增强，使作品倍显时尚靓丽；亚光膜的效果如在画面笼上了一层薄纱，使作品有种朦胧感，倍显高贵典雅。真空覆膜的设备有多种，应用时根据需要选用适宜的覆膜机即可。目前用于压花作品覆膜保护的主要是真空热裱机。操作方法如下：在作品完成后，将两张大小合适的高分子覆膜分别靠贴于作品的正反两面，开启热裱机预热至适宜温度，将覆有膜的作品放入操作舱，设置好覆膜时间与温度后开始进行真空热裱，最后将作品从操作舱内取出，这样经真空覆膜保护的压花作品就能够长期被保存了。

这种保护法可用于背板直接装裱、加框镶嵌装裱及卷轴装裱等多种装饰形式的压花画面的保护，除不受作品装饰手段的限制外，也不受作品应用形式的限制和作品画幅形状和大小的限制。而且对于小型的压花名片、压花书签、压花贺卡和压花封面等的保护还可以批量进行，十分适合压花工艺品的生产。由于专业真空覆膜设备的成本较高，不适合家庭和小型工作室采用，实践中往往通过简易的热裱法进行压花作品的画面保护，即对于餐巾、桌布及窗帘等柔软介质的压花作品，可借助电熨斗将热裱膜熨贴于作品表面，这种简易的热裱法在现实生活中对处理一些压花作品画面保护的特殊问题颇为有效。

5.5.4　树脂保护法

树脂保护法是根据琥珀的形成原理，利用树脂在完成的压花作品表面形成一层保护层的压花画面保护法。该方法多见于不易用覆膜或者玻璃进行保护的压花作品，如压花表盘、压花相框、压花杯垫、压花钥匙扣和压花盘画等。操作方法如下：在作品完成后，找一个小盘子盛装树脂，用一支小油画笔蘸取树脂，轻轻地涂刷于作品表面，干燥后再重复涂刷 5~6 次，最后喷上一层清漆就完成了。

树脂保护法能够为画面营造一种水晶、琥珀般的效果，使画面晶莹剔透，花材娇艳欲滴、生动自然，十分适合富于写实性的压花作品的画面保护。但使用时还需注意以下几点：

①树脂的涂刷要厚度均匀一致或中间厚四周薄。厚度均匀一致适合画面较大的方形画幅，中间厚四周薄适合画面较小的圆形或椭圆形画幅。

②树脂和清漆的厚度要适中，不能过薄或过厚。过薄会影响画面的保护效果，过厚会有碍画面的美感表达。

除了上述的几种保护方法外，压花艺术品的放置环境也很重要。为了能够长时间保存压花作品，要避免将其放置于潮湿和阳光直射的地方。但是，在对压花艺术作品长期的欣赏中，我们只能尽最大努力延续这种自然美，而不能妄想将这富于魅力的自然之美永久地凝结、定格。对压花作品画面所采取的各种保护措施都是不断地通过科技的进步和精心的呵护创造、延续着这自然之美。美在不断地创造中，压花创作者不但要懂得合理地开发利用这份精神财富，更要理解和体验自然之胸怀，不要让执着的守望成为我们前进的桎梏。

5.6　平面干燥花艺术品设计与制作

5.6.1　平面干燥花书签设计与制作

花材和卡纸的准备　先将一张白卡纸剪裁成 120mm×50mm 的长方形，并用0.3~0.5mm 的彩色笔在距卡纸边缘 5mm 左右处绘以长方形的画幅边框，并根据主题构思，在画幅上方垂直书写作品题目，如，"远志""暗香""野趣"等；或者诸如治学文汇和励志语录等适于在书签上体现的文字和词汇等，如"学无止境""宁静致远"等。同时准备好创作所需的各种花材，包括报春花、美女樱、委陵菜、珍珠梅等小型花材和黄刺玫、蕨类植物叶等。

作品构图和花材粘贴　在画幅下方的主体空间位置进行花材的整体布局。先用铅笔根据构图轻轻地在卡纸上标记出各个花材的位置，再将各花材按照标记的位置依次摆放在卡纸上，如果发觉造型不够完美，或者布局有不妥处，可适当调整。对构图满意后即可进行花材的粘贴，粘贴时要注意轻拿轻放，以免使构图形式发生改变(图5-7A)。

画面的塑封　待经过粘贴后的花材与衬纸间的胶合物干燥以后，便可以对作品画面进行保护，通常压花书签所采取的画面保护方式是塑封保护法。将已经过花材粘贴的书签夹入上下两张塑封膜或冷裱膜内，塑封膜的大小以四边分别大于书签卡纸8~10mm宽为宜。最后通过塑封机进行塑封膜的封压(图5-7B)塑封后的压花书签的边缘通常会尺度过大或卡纸边缘与覆膜边缘不平行，需用剪刀对不规则的覆膜边缘进行修整。还可用锯齿剪或波纹剪将覆膜四边修剪成锯齿状或波浪状，以加强作品整体效果的艺术性(图5-7C)。

装饰丝带　在修剪后的书签画幅上端打孔，穿上彩绳或细丝带。完成书签的制作(图5-7D)。

5.6.2　平面干燥花贺卡设计与制作

花材和卡纸的准备　如图5-8A所示准备好创作所需的各种花材，包括梧桐或花楸等的大型叶片、长短不等的花葶、红色美女樱、粉白色杏花、蓝色紫草科植物小花以及黄色油菜花蕾等。将一张15cm×30cm大小的白卡纸折叠成对开的贺卡样式。以贺卡正面卡纸为画幅，根据贺卡的用途及主题构思，用马克笔在画幅的右下端书写英文单词"For You"，再将3段小花葶在画幅的上方拼贴成吊篮的吊绳造型(图5-8B)。

图案造型设计　将梧桐叶修剪成篮筐造型，并与吊绳造型相呼应安置在画幅的中部位置，篮筐与吊绳中间应预留出花篮鲜花的空间。花篮鲜花是该作品的主体和焦点，篮筐在画幅中所在的位置直接影响到主体花篮鲜花的位置和作品画面的整体效果，安置时不宜居中，而应略微偏向于画幅左侧，这样可以恰当地呼应吊绳的造型和文字方向，能够产生动感(图5-8C)。

粘贴花材　粘贴顺序为先大花后小花，先主花后辅花。先将4朵相对较大的美女樱疏密有致地排布于吊绳与篮筐间预留的空间，以确立花篮鲜花的基本骨架(图5-8D)。再将6朵粉白色杏花填充于4朵大花材的空隙间，以丰富花篮鲜花的空间层次。将黄色

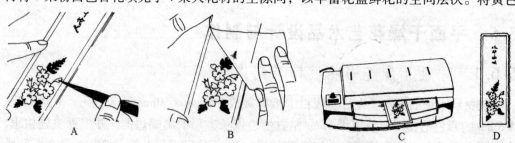

图5-7　平面干燥花书签的制作步骤

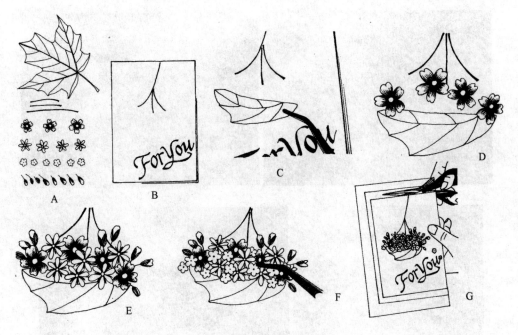

图 5-8　平面干燥花贺卡的制作步骤

小花蕾散布于基本骨架的外围，以丰满花篮鲜花的整体造型。对于自然风格的花篮，在花材排布时要注意同一种花材的高低错落及左右呼应，并且要注意花材间的层叠、对吊绳末端的遮挡以及对篮筐边沿的虚化(图 5-8E)。最后，用最小的蓝色报春花作为花篮鲜花中的辅助花材，在主花间和花篮鲜花整体造型的边缘进行适当的填充与修饰，以使造型饱满，增加作品的趣味性，同时可使主体花篮鲜花与文字部分在形式上求得一种联系，从而强化作品的整体性。这种小花应用的数量要有所讲究，过多会喧宾夺主，容易使花篮鲜花的整体造型变得臃肿，或者使画面结构变得松散；而过少则难以形成量感，无法同主花相辉映(图 5-8F)。

覆膜塑封　为避免将对开式的贺卡正反两页封在一起而丧失了贺卡的留言功能，覆膜时通常在贺卡内夹入一张大于贺卡单页尺寸的衬纸，将其与贺卡一同覆膜塑封，最后如图 5-8G 所示，用剪刀沿贺卡边缘将衬纸与附着的塑封膜一并剪除，这样只要翻开压花贺卡的美丽扉页，便可以在内侧的留言致词空间上撰写对友人的思念与祝福了。

5.6.3　平面干燥花钥匙扣设计与制作

材料的准备　如图 5-9A 所示，准备一个亚克力钥匙扣，并打开钥匙扣的扣盖，将钥匙扣的扣盒内底作为压花艺术创作的画幅进行构图设计。亚克力钥匙扣的形状很多，有圆形、椭圆形、方形和心形等多种款式，应用时可根据现有花材的大小和造型进行选择。

图案设计和花材粘贴　如图 5-9B，C 所示，将点胶后的花材按照由下至上的顺序逐一镶嵌在扣盒内，并粘贴固定。由于钥匙扣的创作空间一般很小，因此图案设计较为简洁，花材也以小巧精致者为宜，花材厚度越薄越好，数量则以少为宜。

画面的保护　待胶合物干燥以后，将钥匙扣的扣盖盖紧即完成钥匙扣的制作(图 5-

图5-9 平面干燥花钥匙扣的制作步骤(作者:陈富芬)

9D)。由于压克力钥匙扣的正反两面都是透明的,因而正反两面都能观赏压花艺术图案,通常可以用一张同扣盒大小相等的衬纸做间隔进行双面创作。

5.6.4 平面干燥花蜡烛设计与制作

材料的准备 包括蜡烛、蜡块、电炉、容器、镊子等用具和花材。

图案设计 如图5-10A所示,先在蜡烛上进行压花构图设计,并将花材固定于相应位置。

画面过蜡处理 将蜡块置于容器中加热溶解,蜡液温度以90℃为宜。如图5-10B,C所示,将贴好花材的蜡烛夹入蜡液中进行过蜡处理,使花材表面覆上一层薄薄的蜡液。将过蜡后的蜡烛放入冷水中进行降温,如图5-10D所示。待蜡液凝固后,压花蜡烛

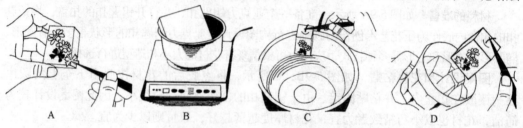

图5-10 平面干燥花蜡烛的制作步骤

表面就形成了一层蜡膜，这层蜡膜可以保护花材不易损坏或褪色，这样一件压花蜡烛的作品就制作完成了。

5.6.5　平面干燥花画设计与制作

材料的准备　花材包括香石竹、满天星、卷丹百合、矢车菊、绿色叶等；辅助材料包括黑色衬纸、银色亚光纸、相框、镊子、乳白胶等用具。

图案设计　作品构思是以香石竹为主要花材的瓶插花。首先裁剪大小合适的银色亚光纸作为黑色衬纸的边框，在衬纸上进行压花构图设计。将白色桦树皮粘贴在薄厚适中的纸板上并剪裁出花瓶的形状，固定于黑色衬纸相应位置上，如图5-11A所示。将事先用香石竹花瓣组合好的各种颜色的香石竹花朵依次摆放在瓶花的位置上，如图5-11B所示。在瓶花的下方和上方适当位置摆放满天星、卷丹百合、矢车菊、绿色叶等辅助花材，使画面饱满而富于动感，如图5-11C，D所示。

花材粘贴　将全部花材按设计的图案摆放好后便可以进行花材的粘贴了，粘贴时花材间重叠的部分应先粘贴下层花材，再粘贴上层花材。

热裱压封　在作品完成后，将两张大小合适的热裱膜分别靠贴于作品的正反两面，开启热裱机预热至适宜温度，进行热裱覆膜，这样一件压花静物瓶插画的作品就制作完成了。

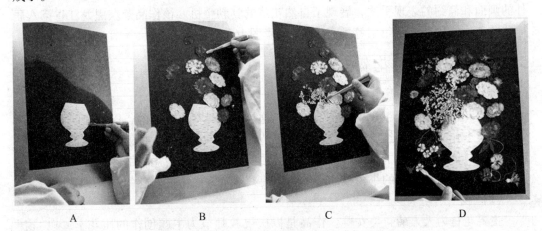

A　　　　　　　B　　　　　　　C　　　　　　　D

图5-11　大型平面干燥花画"香石竹瓶花"的制作步骤

5.7　平面干燥花作品赏析

5.7.1　平面干燥花书签类

（1）"飞舞"

主要花材为紫菀、美女樱、龙舌草、蒿草等。作品是一套以词牌名入境的压花书签作品，分别以"蝶恋花""浣溪沙""浪淘沙"和"雨霖铃"为主题。作品用彩色铅笔涂绘背景，营造了一种诗情画意的整体氛围。主体分别通过飞舞的蝴蝶、花朵的姿态和流畅的线条造型来展现动势，给人以诗意流动、花姿飞舞之感，从而点出了"飞舞"的主题。作品整体结构自然舒缓，如押韵脚，且各有深意，耐人寻味，十分适合书签的压花艺术创作。该作品荣获黑龙江省第八届插花花艺大赛压花艺术组书签类一等奖（见彩图14）。

（2）"花自飘零水自流"

主要花材为天人菊、矢车菊、美女樱等。作品是一套连续画面的分幅式压花书签，以统一的背景、一致的花材、连续的线条贯穿4幅画面，并通过空间的布局变化、花材的疏密关系以及流水的跌宕起伏，形成每幅画面的个性特征，求得整体效果下的多样变化。画面上方飘落的花瓣和画面下方逐水流的花瓣，不但在空间上相互呼应，且很好地表达了"花自飘零水自流"的主题。作品构思巧妙，画面生动，体现了书签压花艺术创作的妙趣。该作品荣获黑龙江省第八届插花花艺大赛压花艺术组书签类二等奖（见彩图15）。

（3）"生命的历程"

主要花材为翠云草、矢车菊、蕨叶等。作品是一套讲述式的压花书签作品，以土壤中一粒种子萌发、生长和开花的过程向我们讲述了"生命的历程"，生动地表现了作品的主题。作品以黄褐色的叶片作大地，以黄色花瓣作太阳，营造了一个统一的场景画卷，同时通过太阳在画面中位置的变化体现了时光的流转。在第四幅画面中对太阳图形的巧妙截取，不但为主体的伸展提供了充足的空间，而且为作品增添了妙趣。作品以质朴的画面和简约的表现手法，展现了自然花草的勃勃生机。该作品荣获黑龙江省第八届插花花艺大赛压花艺术组书签类三等奖（见彩图16）。

5.7.2　平面干燥花贺卡类

（1）"圣诞节"

主要花材为柏树叶、一串红、蕾丝花。这是一幅具写实风格的、以圣诞问候为主题的压花贺卡作品，采用红、绿两种西方圣诞节的传统色调，通过描绘圣诞树、壁炉、圣诞铃铛等具体物象营造了圣诞节温馨、欢快的节日氛围。作者用笔细腻，表现生动，尤其画面周边具灵动线条的小树枝的巧妙运用使其倍增轻松活泼之感（见彩图17）。

（2）"窗"

主要花材为天人菊、美女樱。作品是以庆祝教师节为主题创作的压花卡，以"窗"为主题，寓意知识之窗，心灵之窗，赞誉了老师的辛勤，也表达了学生的感恩。蓝色的背景象征知识的海洋，窗前的小花象征师德的芬芳，主体花型向下方开展，既象征了教师的工作是在向人间播撒智慧的种子，也寓意了教师职业的神圣。作品整体造型精美时尚，色彩高贵典雅，深情款款，极好地表达了主题，也十分符合节日情境。该作品荣获黑龙江省第八届插花花艺大赛压花艺术组贺卡类一等奖（见彩图18）。

（3）"爱"

主要花材为紫菀、美女樱、非洲菊、满天星等。这是一张祝福母亲的节日贺卡，作品以"爱"为主题，咖啡色和湛蓝色的背景使作品整体色调凝重而深沉，寄语母亲对子女的爱之博大，以及子女对于母亲的爱之深切。用花材拼贴出文字的效果是该作品的精彩之处，贺卡封面上用美女樱花瓣的管状部位拼写出的"TO MY MOTHER"质朴庄重，体现了子女对母亲的尊重；贺卡内侧由非洲菊的小花构成的"I LOVE YOU!"浪漫温馨，体现了子女对母亲的依赖与眷恋。作品形式新颖，构图精巧，充满爱意，能够紧扣主题准确地表达节日气氛(见彩图19)。

5.7.3　平面干燥花画类

(1) 风景式——"暗香"

主要花材为梨花、美女樱等。作品使用薄质细纱为衬底，在由亮至暗过渡的背景下，描绘了月光映衬的暮色中光影迷离、花枝涌动的安详、幽静的景色。红、白相间的花色在夜幕中格外醒目，又仿佛能使人嗅到其间涌动的缕缕幽香(见彩图20)。

(2) 风景式——"早春"

主要花材为树皮、树根、柳树芽、卷柏、苔藓、铁线蕨、一枝黄花等。这是一幅充满春意的压花作品，溪水涓涓，柳絮待放，描绘了早春三月的生动景象(见彩图21)。

(3) 花卉式——"兰花图"

主要花材为飞燕草、小苍兰。该作品是一件表现兰花自然优美姿态的压花画作品。作品以方形套扇形的框景方式展开画幅，形式新颖，却不失古典韵致，与主题十分和谐。采取偏重式的构图方式，在画面左下角确立兰花的生长点，向右上方伸展主体花枝，不但可以充分体现兰花的自然风姿，更能加强画面的动感效果，使画面透射出无限生机。通过小苍兰叶片的折曲和拼接所创作的兰花叶丛的造型，层次清晰，疏密有致，仪态万方，且不着痕迹，是该作品的精彩所在，再配上以蓝色飞燕草塑造的兰花花枝，更是将兰之风韵表现得淋漓尽致，惟妙惟肖。作品整体意境清新素雅，余韵悠长，富于浓厚的东方情致，最宜装点格调高雅的书房或写字间(见彩图22)。

(4) 自由式——"来自世界的朋友"

这是一个非常可爱的压花设计，作者莉肯·沃明使用造型多样的植物材料粘贴出一组栩栩如生的人物形象。画中多数人物显现出北欧斯堪的那维亚人的服饰特征，表现他们劳动或嬉戏的生活场景，其中的人物线条简洁，造型活泼，表现力强。作品虽由18个单元人物组成，但整体布局疏朗，画面清新流畅，富于较强的装饰性(见彩图23)。

(5) 抽象式——"成长"

主要花材为矢车菊、玉簪花、黄色叶、绿色叶等。这是一件表现"成长"这一抽象主题的自由式压花画作品。作品以蓝色、紫色和白色3种矢车菊花瓣作渐变铺叠背景，在画幅上方形成高亮区，营造一种生命勃发的繁荣景象。以虫蚀叶的自然造型构成作品的主体画面，不但巧妙地形成了一种光影斑驳的视觉效果，还使人联想到自然万物就是在这样的此消彼长中不断地成长着。动物、植物和人类相生相息的美妙关系正是自然之大美，美在健康圆熟，美在付出给予。"成长"这一命题对于个体而言应不只是自身的苗壮，能够被他人需要、成就他人的成长，才是真正的成长。在这一片光影绰约的繁华中最为清晰明确的就是那3朵低垂的玉簪花，是问候？是垂询？还是静默的守望与关照？这是作者想要同大家交流和探讨的领悟与深意吧——愿我们的成长能如花般静美而芬芳(见彩图24)。

(6)人物式——"天使爱花"

主要花材为香石竹、金心黄杨、美女樱、菊花、葶苈等。画面以深色为背景,以淡黄色作为小天使造型的主色,凸显主体小天使的纯洁明媚。作品以具有羽毛效果的白色香石竹的花瓣粘贴天使的翅膀,以波浪状的黄色菊花的花瓣作卷发,以薄纱状的黄色香石竹的花瓣作裙摆,以金心黄杨的叶片作罩衣,以双色香石竹的花瓣粘贴帽子和衣袖,整体色调稚嫩清纯,一个活灵活现的小天使形象便跃然纸上。采用葶苈的小角果作水滴,不但形象地展现了水柱喷洒的效果,而且活跃了作品气氛,增强了趣味性。作品整体意境天真烂漫,轻松活泼,爱心洋溢,最宜装点生机盎然的儿童房或育婴室(见彩图25)。

(7)静物式——"瓶花"

主要花材为红色月季、黄色月季、白色满天星等。作品表现了透明容器的静物瓶花装饰效果。以黑色作背景,用浅色草秆勾勒出容器的形体,突出了容器玻璃材质的透明效果,且体现了容器造型的现代感,充满时尚气息。黑色背景也能够起到稳定重心、把握均衡的效果。插花造型采取半球形的规则式设计,饱满端庄,简洁大方。主花选择红、黄两色月季,一方面在造型上求得了统一,一方面从色彩上取得了变化。以满天星穿插空隙,过渡虚实,更使插花造型立体丰满而不乏生气。作品整体意境优雅和谐,富于较强的装饰性(见彩图26)。

(8)静物式——"菠萝静物画"

这幅作品由乌克兰压花艺人柳德米拉·贝蕾特斯卡娅创作完成,作品以写实的手法,运用颜色深浅不同的叶材,展示出画作精致的光影效果,尤其是其中灰白色叶材的绝妙搭配给花瓶和立方体物体以完美的立体感。实际上,画中的菠萝本身就是一件极好的艺术作品。使用植物材料来完成这种设计的难度是很大的,在压花艺术创作中非常少见(见彩图27)。

(9)花鸟式——"秋鸣"

这是一幅颇为写实的作品,以芦苇、芒草、地榆等花材,表现了秋季河岸或湿地苇塘旁鸟儿忙碌嬉戏的自然场景,画面构图简洁,富于动感,鸟儿的造型栩栩如生,轻柔的羽毛似展翅欲飞,秋日里的鸣叫声萦绕耳际。植物和鸟儿的关系和谐统一,野趣十足。这样的景色会给许多欣赏者仿佛亲临其境的感觉(见彩图28)。

(10)风景式——"花之丘"

主要花材为飞燕草、鼠尾草、补血草、一枝黄花等。作品采用大量花材堆砌在一起的表现手法,通过黄、白、绿、紫、粉几个大的色块重叠交错,描绘夏日田野中花海如潮的美丽景色(见彩图29)。

(11)自然式——"春天"

作品以一种蔷薇科植物的粉色四瓣花朵和树皮为花材,表现初春樱花盛开时节的美丽景致。画面分樱树和倒映出樱树的水景两部分,水景部分采用透明的薄纱遮盖盛开的樱花来表现,背景采用绿褐色;河岸采用黄、褐黄、绿、墨绿、褐色等渐变色,使整体色调十分和谐,散发着浓浓的春意。充分描绘了樱花的"花开时灿若云霞,花谢时落英缤纷"的壮丽情景。值得一提的是作品并没有使用真正的樱花植物,但同样表达出春意盎然的樱花的优美姿态(见彩图30)。

(12)自然式——"暮色"

作品使用单一的花材"莎草",采用自然式的表现手法,描绘了深秋山谷中野生花草自然生长的状态,流露出浓重的季节感。作者使用纺织面料为载体,用黄色、茶色和黑色染料浓淡相宜地绘出了厚重的云雾和夕阳的余晖,暮色中,芳草依依,泛黄的茎叶暗示着秋季的来临,却依然生趣盎然。作品内涵丰富,使人产生强烈的与自然花草间生命的共感(见彩图31)。

(13)写意式——"梨花"(见彩图32)

作品以梨花为主要花材,借用了中国画"以小见大"的艺术表现手法,画取寥寥一角、微微一隅,景物少,用笔简率,留给人以无尽的想象空间。充分表现了《格古要录》中所评论到的中国画的高远意境:"或峭峰直上,而不见其顶;绝壁而下,而不见其脚"或近山参天,而远山则低;或孤舟泛月,而一人独坐。

(14)自由式——"花之舞"

作品构图时将整体画面划分为几个局部,以中间深粉色和白色兰花花束为重心,上下各不规则地配上2组灰绿、灰黄、粉红色调的方形花饰图案,四周饰以动感十足的微型枝、叶、花、草,使画面清新、活泼。作品构图虽然不对称,但由于颜色运用的上下呼应,使整体不乏和谐,具有较强的装饰效果(见彩图33)。

(15)自然式——"狗尾草"

该作品是日本压花艺术大师杉野先生的典型风格之作,杉野先生以最为普通的狗尾草为花材,生动描绘了这种路边随处可见的野草的自然生长状态,画面植物的枝、叶曲线优美、生趣盎然,表现作者对自然之美充满深情。杉野先生每天在从家往返于压花教室的路上都能见到随处生长的狗尾草,这种生活中最常见却又不被人们注意的植物给了他创作的灵感,经仔细观察其姿态特点,采集并创作了这幅作品,并且每年都会创作同一题材但不同设计的作品(见彩图34)。

(16)写意式——"中国人物画"(见彩图35)

这幅画非常优美地传达了许多中国元素的印象,似在娓娓讲述"梅妻鹤子"和"西施浣纱"两个古老的中国故事。画面构图饱满,色调素雅,且字画结合,具典型的中国画韵味,所使用的花材虽然部分经过修剪但不留痕迹,表现了作者深厚的艺术造诣。

小　结

本章从平面干燥花的特点与应用形式、平面干燥花艺术的内涵与特点、起源与发展、风格与创作等多个方面对平面干燥花的应用进行了详细地介绍。其中平面干燥花艺术创作的构思、构图、作品制作要点及画面保护方式是本章的学习重点。高质量平面干燥花作品为人们的文化生活增添了亮丽的元素,如何能得心应手地驾驭这种新型的美丽素材,更好地为人们的生产生活服务,是本章教学的主旨。通过本章学习,不但要很好地了解平面干燥花艺术创作的基本理论,掌握平面干燥花的基本制作技术,最终能够独立地完成平面干燥花艺术品的创作和工艺的制作,更重要地是要能够熟练地结合艺术原理的有关知识,创作出优秀的平面干燥花作品,并在此基础上灵活运用所学知识,发挥想象力和创造力,拓展平面干燥花应用的新领域,开发平面干燥花艺术的新形式,为丰富人们的生活服务。

思考题

1. 平面干燥花具备哪些特点？在现实生活中其常见的应用形式有哪些？
2. 简述平面干燥花艺术创作中的主要构图方法。
3. 平面干燥花艺术品所采用的保护方法有哪些？是否还能想到其他切实可行的保护方法？
4. 请自行设计并制作一件平面干燥花装饰画，说明主题与创作构思。
5. 通过本章的学习，在平面干燥花制作与应用的知识与技能方面收获如何，有哪些认识与感悟，请将学习心得加以总结和概括，撰写成一篇1500字左右的短文，以供自励以及同学间的相互交流和共同进步。

推荐阅读书目

1. 创意装饰画制作：押花 DIY. 徐慧如. 上海科学技术出版社，2008.
2. 压花欣赏与制作. 俞路备. 江苏科学技术出版社，2005.
3. 艺术压花制作技法. 计莲芳. 北京工艺美术出版社，2005.
4. 植物押花. 傅庆军，梁承愈. 广东经济出版社，2005.
5. 压花艺术及制作. 张敦方. 东北林业大学出版社，1999.
6. 压花与干花技艺. 应锦凯. 中国农业出版社，1999.
7. 压花艺术. 陈国菊等. 中国农业出版社，2009.
8. 中华花贴. 冯柳娴. 南方日报出版社，2016.

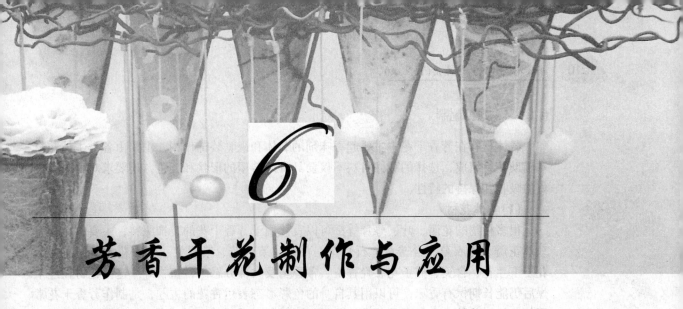

6 芳香干花制作与应用

    芳香干花（dried fragrant flower）通常简称为香干花或香花，是指将经过干燥处理后仍然保持其原有芳香的植物材料；或者在干燥处理过程中人为地将具有人们所希望的香气成分的香料添加到植物材料中，盛装在透气的容器内，用于室内装饰和调节气氛的一类干花。芳香干花除具有装饰作用外，还具有医疗、保健、驱虫、清除异味等实用效能，是兼具视觉享受与芬芳的嗅觉文化内涵的干花艺术制品。

    芳香干花在室内的应用历史悠久，我国民间很早就使用香袋、药枕等香花用品；亚洲其他国家以及欧洲的许多国家使用香花来装饰房间也都已有 300 多年的历史。随着香料工业的发展，芳香干花制作工艺和水平不断提高，产品的种类和香型也越来越丰富，为人们的生活增添了更多的情趣。芳香干花工艺品色彩自然悦目，香味浓郁持久，包装造型多样。所持有的香味具有芳香怡人、安神醒脑、清新空气、防臭防蛀之功效，产品受到崇尚自然、追求品位生活的人士所喜爱。芳香干花制品可用于家庭的卧室、客厅、书房、卫生间等，还可用于餐厅、酒店的局部环境装饰。

    本章将介绍芳香干花材料的制备、芳香干花艺术制品的制作方法，同时介绍芳香干花在生活中的应用。

6.1　芳香干花制作

    芳香干花工艺制品全部取材于天然植物，经过对花材进行干燥、加色、定型、添加天然植物香精油等工艺制作而成。用来制作芳香干花的植物非常丰富，植物的根、茎、叶、花、果皆可利用，只要掌握一定的制作技巧，就可以制作出多姿多彩的芳香干花艺术品。

6.1.1　材料准备

    制作芳香干花需要准备载体材料、填充材料、香味剂、香味保持剂等原料，用于芳香干花的观赏、香味的载体及香味源。

6.1.1.1 载体材料

载体材料在芳香干花中主要起香味剂的载体和视觉装饰作用，主要由各类主体花材和辅助花材组成，选择的载体材料不仅要具有所希望的形状和颜色，还要求对香料有良好的吸收和保持的特性。

(1)主体花材

很多植物的花瓣、叶、萼片等都可以直接用于芳香干花的装饰原料，主要的花材有玫瑰花瓣、薰衣草、含羞草、石竹花、百合、茉莉花、紫罗兰、丁香花、金银花、兰花、玉兰花、含笑、栀子花、晚香玉、藿香蓟及大部分忍冬科植物等。这些花材在经干燥后仍能长期保有香味，可以用其自身的色彩形态表达香花的主题，是制作芳香干花常用的花材。此外，本身不具芳香的花材也可以经过熏香来制作香花，常用的有山梅花、金合欢、千日红、麦秆菊、白晶菊、矢车菊、桔梗、八仙花等。

(2)辅助花材

辅助花材指用于芳香干花的填充材料，包括各种小型的、天然香味较淡的花材和叶材，在芳香干花中起填充空间和调节感官效果的作用，如松针、杉叶、补血草、满天星、含羞草、一枝黄花等。这些材料有的自身带有香气，可起到协调香气的作用，同时还具有一定的香味剂载体的作用。

6.1.1.2 填充材料

填充材料在芳香干花中是香味剂的主要载体，常用的填充材料为木材的刨花、木屑、质地厚实的植物叶以及宿存的萼片或果序等，可以将填充材料染成各种颜色，填充材料的色彩决定香花的色彩基调。

6.1.1.3 香味剂

香味剂是芳香干花香气的来源，包括香精和辅助香料。香精是香花中主要的香味剂，是由植物的花、叶、茎、根和果实，或者树木的叶、木质、树皮和根中提取的易挥发的芳香组分的混合物。精油也被泛指为用各种方法萃取出来的植物芳香物质。香料是能被嗅觉嗅出气味和被味觉品出香味的物质，是用以调制香精的原料，辅助香料在香花中起调节香气的作用，使芳香干花的香气更自然、醇厚、持久。常用的辅助香料有丁香、豆蔻、肉桂、柑橘叶等。

(1)香精油的提取

香精油(essential oil)的香味具有使人头脑清醒、舒缓病症、放松心情、消除焦虑等作用。香精油的提取要求生产工艺的精度较高，在现代工业上其提取技术已经非常成熟，针对各种植物精油提取的新方法不断产生。植物精油的提取常采用以下几种方法。

蒸馏法 用清水将植物原料洗净，然后将植物的茎、叶等切成碎片，控制碎片长度≤0.5mm，将切成碎片的植物的茎、枝、叶材称量放入容器内，按茎、枝、叶材重量的2~3倍加入清水，搅拌浸泡萃取20min后加热煮沸，包含着香味的精油随着水蒸气逸出，让蒸汽通过在冷水里的冷凝管，当蒸汽冷凝成水，精油便漂于水面之上，然后就可以把它们收集起来了。这个过程要重复几遍才能得到纯度高的香精油。

溶剂萃取法 这种方法是使用一些挥发性溶剂,如石油醚、己烷以及苯类等,萃取出某些植物或树脂的精油成分。溶剂萃取法是香水制造工业常用的一种萃取法,因为这样萃取出的精油香味最接近植物本身原有的气味。然而,使用溶剂萃取的精油或多或少会存在挥发性溶剂和植物中的非挥发性物质的残留,芳香植物经由挥发性溶剂(通常是己烷)萃取之后会出现一种固态的蜡状物质,称为"凝香体"(Concrete)。要获得液状的精油产物,"凝香体"还要再经过乙醇的提炼,经过较温和的真空吸引器的处理,使乙醇挥发,这样留下的液体即为最后的香精油产物,这种略微黏稠的精油就被称做植物香精(Absolute)。提取程序如下:把经过洗净、粉碎的植物原料放在有孔的金属盘里,再放进提取器中,让挥发性溶剂(如乙醚)通过提取器,然后进入蒸馏锅,在那里变成"凝香体",再用乙醇分离"凝香体"中的精油和蜡状物质,这样就制成了高浓度的香精油。

压榨法 这种方法通常用来提炼佛手柑、柠檬、莱姆等柑橘类果皮里面的香精油。当剥开这类水果的果皮时,果皮就会喷出非常丰富的精油。最高级的柑橘类精油是用简单的压榨法提取的。以前纯粹是以手工进行(挤压果皮并用海绵吸附挤出的精油),现在则是以离心机来代替。将果皮放在滚筒中间,香精油就在离心力的作用下被分离出来。由于压榨的过程中完全不用加热,萃取出的精油香味及化学组成则完全来自于果皮本身。与萃取的精油不同,压榨法萃取的精油不含有蜡等非挥发性的物质。但压榨精油的保存期限相对较短,即使制造商会在精油中添加少许的防腐剂,压榨萃取的精油还是会在6~9个月出现变质的情形,而多数蒸馏精油却可保存两年以上。

(2)香精油的种类和功效

依据植物种类不同,植物香精油也有很多种,各种香精油除了具有特殊的香味类型以外还具有特殊的功效。各类香精油所具有的功效见表6-1,了解这些功效有助于在制作芳香干花时适当选择所需要的香型。

表6-1 香精油的种类和功效

香精油的种类	功效
玫瑰	提振精神,愉悦心情,提高兴致
茉莉	舒缓精神紧张,增强自信心
薰衣草	有很好的镇静效果,降血压,止痛,缓解失眠
香石竹	清香怡人,营造浪漫气氛,平衡情绪,放松精神
檀香	提神醒脑,镇静安抚神经紧张及焦虑
柠檬	抗神经痛、偏头痛,可带来清醒的感觉
香橙	舒缓紧张、压力,恢复活力
尤加利	振奋精神、清除疲劳
迷迭香	消除疲劳、集中注意力
薄荷	提神,醒脑,消除虫咬肿痛,对疲惫的心灵和沮丧的情绪效果极佳
茉莉	安抚神经,温暖情绪,使人自信
香茅	赋予清新感,提振情绪,恢复身心平衡
风信子	舒缓压力,平和身心,镇静,消除疲劳,促进睡眠,营造浪漫气氛
依兰花	镇静,降压

(3) 香薰油的配制

香薰油是制作芳香干花时用于将花材熏香的香味剂。配制香薰油要选择稳定性比较好的植物精油，即持香溶剂，也称为基础油。持香溶剂的质地较为轻柔，可与任何植物油互相调和，具有良好的持香特性。常见的持香溶剂有甜杏仁油、霍霍巴油、玫瑰油、小麦胚芽油、橄榄油、月见草油等，这些持香溶剂在香薰行业广泛应用。

原料和用具　持香溶剂、香精油 1~3 种、标签纸、不透光的深色保存瓶。

配制方法　首先将持香溶剂倒入深色保存瓶中，根据所倒入持香溶剂的量，加入适量的植物香精油，比例为大约每 12 滴香精油加入 25mL 的持香溶剂。将深色保存瓶的瓶盖盖好，用力摇晃，使持香溶剂和香精油均匀混和，贴上注明当天日期的标签纸即可。配制香薰油可以使用单种植物香精油，也可以使用多种香精油配制出复方香薰油。复方香薰油具有特殊的功效，如使用香橙、檀香、薰衣草配制的复合香薰油有助于调整睡眠；使用柠檬、西柚、薄荷配制的复合香薰油有助于提神醒脑。总之，香薰油的配制可以单方使用，也可以根据个人需要设计配制。使用时将香薰油吸附到干花中，达到熏香的目的。

6.1.1.4　香味保持剂

保持剂在香花中起保持香花香气的作用。它对香花香气的品质有很大的影响。常用的保持剂为树脂类材料，如松香、安息香、薄荷、檀香、柚木等。许多作为辅助香料的医用、食用香料也具有保持剂的作用，如茴香、豆蔻、薄荷等。使用时将保持剂用研钵或粉碎机研成粉状或细粒状，与花材混合使用。

6.1.2　芳香干花制作

6.1.2.1　制作芳香干花的工具

密闭容器　是香气熏制中的必需器具，要求密闭效果良好，可将各种带盖的容器与胶带等密封材料结合使用，如干燥器、整理箱、保鲜盒、真空干燥箱等。

研磨工具　用于研磨各种填充料和保持剂，常用的有小型研磨机、粉碎机、研钵等。

称量用具　花材、香料各成分的用量需按一定的比例调配，是用于称量花材、香料的工具，有天平、量杯等。

其他用具　包括小勺、滴管、搅拌器、标签等。

6.1.2.2　芳香干花材料的准备

花材最好在花苞绽放时采收，天气晴朗、露水蒸发后进行采收。制作香花的花材应大小适中，一般以 1.5cm×1.5cm 为宜，过大的花材在工业生产中会给最终的包装设计带来不便，过小的花材会影响香花的美感。芳香干花材料要有一定的立体感，可以保持各种形态，但并不需要花材有十分完全的形态。芳香干花的名称和香味调制方案确定之后，要根据香气的特点选择花材。表 6-2 推荐了几种芳香干花组合的配料，可依据应用

表6-2 几种香花组合的配料(引自 Malcolm Hillier，1990；黄增泉，2000)

香花组合	熏制方法	材料配置
春季花朵	干燥熏制法	柠檬香的牻牛儿苗叶、香马鞭草、含羞草花、桃金娘叶各1杯(250mL的量杯，以下同)；磨碎的柠檬皮2颗；鸢尾根粉1/4杯；香茅及香叶天竺葵精油各4滴
乡村花园	湿润熏制法	有香味的粉红玫瑰花瓣5杯；金盏花及牡丹花瓣各2杯；佛手柑花、金银花、有香味的石竹花各1杯；天然粗盐4杯；甜椒1/2杯；鸢尾根粉1/3杯；玫瑰精油、香叶天竺葵精油、佛手柑精油各6滴
薰衣草风情	干燥熏制法	薰衣草3杯；淡粉色的玫瑰叶片2杯；柠檬香叶、松红梅叶、车叶草叶各1杯；磨碎的柠檬皮2颗；鸢尾根粉1/4杯；薰衣草精油4滴
香味园	湿润熏制法	杜松莓、杨梅、桃金娘球果、檀香木果、玉珊瑚棘、蔷薇子、佛手柑花、玫瑰花瓣各1杯；肉桂、丁香各2汤勺；天然粗盐1杯；姜片、捣碎的甜椒、大茴香子、地衣各1/2杯；磨碎的香橙及益母子皮3个
玫瑰园	干燥熏制法	干燥的红玫瑰花瓣8杯；丁香1汤勺；甜椒、肉桂、鸢尾各2汤勺；玫瑰精油4滴
木材香	干燥熏制法	香柏树枝4杯；香柏树皮屑2杯；檀香木屑1杯；鸢尾根粉2汤勺；香柏木精油、檀香木精油各4滴
百花香	湿润熏制法	淡粉色玫瑰花瓣、益母子花、白色紫丁香各2杯；山梅花、铃兰、防臭木叶、小菊、石竹、桃金娘叶、香叶天竺葵各1杯；天然粗盐4杯；马鞭草精油6滴；铃兰精油4滴；安息香1盎司*

的目的进行配制。制作芳香干花的载体材料一定要干燥彻底，否则易发生霉变，不仅影响芳香干花的感观质量，香气也会遭到破坏。

6.1.2.3 芳香干花材料的干燥

用来制作芳香干花的花材通常采用自然干燥法来干燥，因为其他干燥法会使花材失去自身的香气。通常将花材清洗干净，摆放在阴凉、干燥、通风的环境中，依据花材摆放的密度不同，花材完全被干燥的时间一般需要5~10d(图6-1)。采用人工添加芳香物质制作的芳香干花，可采用加温干燥法，其干燥时间需根据植物的特点灵活掌握。

图6-1 用于制作芳香干花的薰衣草原料

---

* 1盎司=28.3495g。

6.1.2.4　芳香干花材料的染色

用于芳香干花染色的染料与立体干花使用的染料一样，多采用纺织用染纤维物质的染料。以煮染法为例介绍芳香干花的染色方法：称取染料0.7~0.8g，放于100kg水中，将溶液混合均匀并加热到70℃左右，将干燥好的花材料置于染色池中，浴比为1:4，边煮染边翻动花材，使之染色均匀，将花材取出晾干备用即可。

6.1.2.5　芳香干花材料的加香

对芳香干花材料进行加香需要对用作保持剂的原料进行加工，然后再添加香精油和进行香花的熏制。首先将保持剂用研钵或粉碎机研成粉末或细粒状，与花材充分混合，使保持剂的作用充分发挥。再将适量的液体香精油与保持剂充分混合，使保持剂与香精油充分作用，保持香气持久。最后进行芳香干花的熏制。

(1)湿润熏制法

将花材放在吸水纸上面，略微加以干燥，两天后当花瓣开始收缩时，将所有花材与粗盐一层层间隔着放进罐子里，每天搅拌一次，持续约2周，直到花材的质地变得易碎。将保持剂和香料、香精油加入罐中并密封起来，放置2个月后就完成了芳香干花的熏制。

(2)干燥熏制法

将经过干燥的芳香花材、植物香薰油、保持剂按一定的比例混合后置于密闭容器中，每天摇晃一次，花材会逐渐将植物香薰油吸附，并由保持剂加以维护，经一定时间的吸附和保持作用，可制成形、色、香味俱佳的芳香干花。香气的熏制过程一般不少于5~10d，熏制的时间稍长一些，芳香干花的香味效果会更好。

将熏制好的芳香干花放入带孔的有盖容器中或装入漂亮的丝网布制作的口袋里便可以使用了。例如，可以将熏制好的花材倒进小碗，放在房间里的各个角落。若想有更好的装饰功能，制作时可以加入一些大型、色彩鲜艳的干燥花花瓣。熏香瓶可以保持空气清香好几个月，这些香味加上精油的辅助，可以使人神清气爽、清除疲劳。

6.1.2.6　自然芳香干花的制作

利用身边有限的条件，采用相对比较简单的方法也可以制作芳香干花。例如，把玫瑰、薰衣草等花瓣放入烤箱中以50~80℃烘烤至全干，将烘干的花瓣装入准备好的玻璃小瓶中，滴入几滴香精油使其香味更加持久。使用时只要将瓶盖稍稍掀开，就能让满屋子充满玫瑰或薰衣草的香味。也可以用一条手帕将花瓣扎起来或用花布缝制小型的袋子，装满干花瓣以后放在衣柜中，就会让衣物沾上一份花香了。能够使用这种方法制作香花袋的花卉有：茉莉、玫瑰、白兰花、栀子花、桂花、薰衣草、柠檬草、紫苏等香草类。

6.1.2.7　香囊和香枕的制作

制作香囊和香枕所用的面料有很多种，可以用丝绸、绢、透明或半透明的纱料、亚麻布、棉布、各种涤纶网状材料等，面料的大小依需要而定。裁制一定大小的面料，先把面料的三边缝合起来，塞进已经熏制好的香花材料，然后塞进填料，再把第四边缝合起来就可以了。还可以直接使用一些清新的干燥植物或香料，后滴进植物精油。所添加的精油香气挥发后还可以很容易为香囊和香枕持续添香，添香时只要把纯质的精油滴在布面上即可。如果囊袋不大，还可以仅拆开香囊的一角，把精油滴在填料上。枕头和囊袋的大小及香气的浓淡是决定精油用量的依据。

制作睡眠用的香枕最好使用洋甘菊、薰衣草、橙花、马郁兰等香精油；制作装饰或非睡眠用靠垫或香囊的香味可以和每个房间里的香味进行搭配，如可以使用柠檬、天竺葵或快乐鼠尾草等香精油。制作好的香囊可以放在衣物柜内，还可放在浴室、汽车、手提包甚至鞋子里，增加生活情趣。

6.2　芳香干花艺术与应用

6.2.1　芳香干花艺术

芳香干花艺术具有装饰和实用的双重内涵，是真实性强且具较高境界的艺术形式。

图6-2　芳香干花制品

A. 香袋　B. 香盘　C. 香瓶　D. 香盒

不同产区香花的原料不同,染、熏制成的颜色和香型风格也各异,因而形成了多种形式的香干花艺术制品。古人有"花香袭人"之说,芳香干花正是兼有了干花的持久和鲜花的香气,因而增添了几分幽然隽永的风情。各种香型的芳香干花被放置在精巧的玻璃、瓷制器皿中,或被制成各式造型古朴的香袋,或装饰在各种精美的礼品盒、礼品袋上,呈现在现代人生活的各个角落,散发着沁人心脾的缕缕幽香,使人们的生活更加精致,更加有品位(图6-2)。芳香干花的制作过程本身就是一种享受的艺术实践活动,对花材进行熏香时能使人舒缓精神、陶冶性情。由于是用自然的花草制成,芳香干花艺术制品给人亲近自然的亲切感,作为礼品则更能表达内心的深情。随着芳香干花制品制作水平和艺术表现性的不断提高,其应用的人群不断扩大,用香花来装饰自己的居室、美化自己的生活空间已成为一种时尚。

6.2.2　芳香干花应用

芳香干花在室内的应用范围很广泛,无论是宾馆、商店、餐厅、医院等公共场所,还是私人家居,芳香干花给人的视觉和嗅觉的享受都令人难以抗拒。它可以用自身的色彩和形态向使用者展示香花的主题,可以用香气感染使用者的情绪。装入各式容器中的香花可以摆放在室内的书架、写字桌、梳妆台、餐桌、服务台、卫生间等处,既可以起到装饰房间的作用,又具有给室内熏香的作用。芳香干花的应用方式有以下几种:

①将芳香干花放在透明的玻璃瓶内,瓶盖应有小孔,以散发香味,再在瓶颈上配以彩色丝带,起到装饰作用,摆放在书架、写字台、梳妆台、卫生间、汽车内等。

②将芳香干花放在手工制作的陶瓷碗中,用透明的膜包住,再加上颜色相配的蝴蝶结,摆放在餐桌、服务台等处。

③用芳香干花填充在棉布或亚麻制的香袋里,放在抽屉或衣橱中,或是放在随身携带的手提袋里(图6-3)。

④将芳香干花填充到垫子或枕头中装点居室,或是用干燥玫瑰花瓣制作枕头,用它填充较大一些的靠垫放在工作间。

图6-3　香　袋

⑤芳香干花除了可以装饰环境外，还可以用来装饰礼物或使礼品带上香味，在礼品盒或礼品袋上装饰一朵简单的玫瑰、一枝蕨叶、一束薰衣草或含羞草等会给人很别致的感觉。

芳香干花的香味能够提神醒脑，有的香花的香味有抵抗厨房油烟、香烟烟雾的作用，有些香花的香气还有防虫的功能，可根据不同的香味所产生的不同心理疗效，将其放置不同的环境中加以应用。

小　结

芳香干花的特点与立体干燥花和平面干燥花不同的地方在于芳香干花的实用性，即芳香干花的使用价值大于观赏价值。本章介绍了芳香干花材料的制备方法和芳香干花艺术制品的制作技术，其中芳香干花的制作是本章的重点。学习本章内容应在掌握香花制作基础理论知识的基础上，注重实践环节的尝试和探索，能够制作出具有实用价值的、质量上乘的芳香干花制品。并且应对芳香干花的核心原料——香料的相关知识有所拓展，探索制作既具有服务功能又具时尚韵味的香花种类。

思考题

1. 芳香干花材料的加香分为哪几个步骤？有哪几种熏香方法？
2. 常用的持香溶剂有哪几种？如何配制香薰油？

推荐阅读书目

1. 干燥花采集制作原理与技术 . 2 版 . 何秀芬 . 中国农业大学出版社, 1993.
2. 干花设计与制作大全 . Malcolm Hillier and Colin Hilton. 罗宁等译 . 中国农业出版社, 2000.
3. 干花干果保健茶百例 . 魏琴 . 上海科学普及出版社, 2003.
4. 生活花艺完全指南 . Malcolm Hillier 著 . 黄增泉译 . 猫头鹰出版社, 2000.

参考文献

《插花技艺》编译组，2001. 迷人花色[M]. 北京：中国轻工业出版社.

《上海服饰》编辑部，2002. 干花和蜡烛[M]. 上海：上海科学技术出版社.

爱娃·海勒，2004. 色彩的文化[M]. 吴丹，译. 北京：中央编译出版社.

安田齐，1989. 花色的生理生物化学[M]. 傅玉兰，译. 北京：中国林业出版社.

安田齐，1989. 花色之谜[M]. 张承志，佟丽，译. 北京：中国林业出版社.

曹文侠，张德罡，洪绂曾，2006. 祁连山高寒灌丛草地杜鹃属植物的水分动态及生态适应[J]. 草地学报，14(1)：67-71.

程金水，2000. 园林植物遗传育种学[M]. 北京：中国林业出版社.

程龙军，等，2002. 高等植物花生长和花色素苷生物合成的信号调控[J]. 植物生理学通讯，38(2)：175-179.

戴继先，2002. 自然干燥花生产与装饰[M]. 北京：中国林业出版社.

傅承新，丁炳扬，2002. 植物学[M]. 杭州：浙江大学出版社.

盖伊·塞奇，1999. 室内盆栽花卉和装饰[M]. 北京：中国农业出版社.

高俊平，2002. 观赏植物采后生理与技术[M]. 北京：中国农业大学出版社.

弓弼，马柏林，马惠玲，1999. 月季干花制作中的防皱研究[J]. 西北林学院学报，14(3)：101-104.

巩继贤，李辉芹，2003. 天然染料在染色应用中的新进展[J]. 针织工业(1)：96-98.

古淑正，1991. 压花艺术[M]. 台湾：汉光文化事业股份有限公司.

过元炯，1996. 园林艺术[M]. 北京：中国农业出版社.

何秀芬，1992. 干燥花采集制作原理与技术[M]. 北京：中国农业大学出版社.

洪波，刘香环，张敦方，2002. 红色月季花瓣平面干燥保色技术与机理研究[J]. 园艺学报，29(6)：561-565.

胡长龙，1995. 园林规划设计[M]. 北京：农业出版社.

黄明，1992. 花色及其变化[J]. 生物学通报，27(10)：15-17.

黄蓉，1990. 园林植物开花生理与控制[M]. 北京：农业出版社.

贾高鹏，2005. 天然植物染色研究概述[J]. 成都纺织高等专科学校学报，22(4)：9-14.

兰心敏，2006. 情趣插花[M]. 青岛：青岛出版社.

李凌云，李保国，丁志华，等，2004. 月季和康乃馨的冷冻干燥实验研究[J]. 上海理工大学学报，26(1)：94-97.

李绍文，2001. 生态生物化学[M]. 北京：北京大学出版社.

李文祥，赵燕，杨志君，1995. 干花制作方法的探讨[J]. 云南农业大学学报(10)：207-212.

梁凌云，程玉来，张佰清，2005. 真空冷冻干燥和微波干燥在切花月季干燥中的应用[J]. 农业机械学报，36(1)：71-74.

林庆新，王卫星，2004. 实用插花秀干花教程[M]. 广州：广东经济出版社.

刘爱荣，等，2006. 空心莲子草不同部位含水量及无机离子的分布研究[J]. 中国农学通报，22(7)：444-447.

刘金海，2002. 盆景与插花技艺[M]. 北京：中国农业出版社.

陆名文男，2000. 私の花生活[M]. 日本：株式会社 日本ヴォーグ社.

陆名文男，2003. 押し花カードと季节のぉより[M]. 日本：日本ヴォーグ社.

孟繁静，2000. 植物花发育的分子生物学[M]. 北京：中国农业出版社.

陈国菊，赵国防，2009. 压花艺术[M]. 北京：中国农业出版社.

冯柳娴，2016. 中华花贴[M]. 广州：南方日报出版社.

李玉云，2017. 当永生花遇上法式浪漫[M]. 北京：中国林业出版社.

李玉云，2017. 法式花艺设计与制作[M]. 北京：中国轻工业出版社.

彭惠婉，1995. 压花风情书[M]. 台北：长圆图书出版有限公司.

宍户纯(日)，2018. 花艺知识手册[M]. 王娜，祁芬芬，译. 北京：人民邮电出版社.

杉野俊幸，道子作品集. 1995. 押花绘·九州の自然[M]. 日本：日本ヴォーグ社.

杉野宣雄，花と绿の研究所，1995. 押花けカシきの作り方[M]. 日本：日本ヴォーグ社.

杉野宣雄，花と绿の研究所，1999. 押花额绘作りの基础[M]. 日本：日本ヴォーグ社.

史建慧，1990. 干燥花艺术[M]. 重庆：重庆出版社.

苏焕然，1996. 花色与色素[J]. 生物学杂志，13(5)：46 – 47.

孙云嵩，1997. 植物与染色[J]. 丝绸，(3)：50 – 531.

王吉华，崔俊巧，1995. 天然染料的应用及其研究进展[J]. 染料工业，32(5)：14 – 19.

王镜岩，等，2002. 生物化学[M]. 北京：高等教育出版社.

王立平，2002. 新概念插花艺术设计[M]. 北京：中国林业出版社.

王全喜，等，2004. 植物学[M]. 北京：科学出版社.

王向阳，包嘉波，袁海娜，2002. 玫瑰干花护形研究[J]. 浙江农业学报，14(6)：356 – 358.

韦福民，等，2007. 不同海拔对七子花叶片色素含量、含水量及比叶面积的影响[J]. 亚热带植物科
　　学，36(1)：1 – 4.

吴涤新，刘青林，1994. 几种自然干花花材品质的研究[J]. 北京林业大学学报，16 (1)：110 – 113.

小林和雄，1997. 世界押花デザイニ[M]. 日本：株式会社 日本ヴォーグ社.

许恩珠，1992. 装饰插花[M]. 上海：上海人民美术出版社.

应锦凯，1999. 压花与干花技艺[M]. 北京：中国农业出版社.

曾品蓁，2017. 干燥花创意设计[M]. 北京：中国轻工业出版社.

张敦方，1999. 压花艺术与制作[M]. 哈尔滨：东北林业大学出版社.

赵昶灵，郭维明，陈俊愉，2005. 植物花色形成及其调控机理[J]. 植物学通报，22 (1)：70 – 81.

赵梁军，2002. 观赏植物生物学[M]. 北京：中国农业大学出版社.

郑光洪，杨东洁，李远惠，2001. 植物染料在天然纤维织物中的媒染染色研究[J]. 成都纺织高等专
　　科学校学报，18(4)：8 – 16.

郑志亮，1994. 花卉作物的花色基因工程[J]. 北方园艺(3)：37 – 38.

中尾千惠子，2004. 干花造型设计[M]. 陈国平，译. 杭州：浙江科学技术出版社.

钟莉娟，朱文学，2004. 牡丹干花护型研究[J]. 河南科技大学学报(农学版)，24(4)：48 – 51.

朱文学，等，2007. 牡丹花干燥过程中色变机理分析[J]. 干燥技术与设备，5(3)：128 – 133.

株式会社日本ヴォーグ社. 1992. ぁし花こづこつ[M]. 日本：日本ヴォーグ社.

MALCOLM HILLIER(英)，COLIN HILTON(英)，2000. 干花设计与制作大全[M]. 罗宁，译. 北京：
　　中国农业出版社.

BARTLEY G E, SCOLNIK P A, 1994. Molecular biology of carotenoid biosynthesis in plants[J]. Annu Rev
　　Plant Physiol Plant Mol Biol, 45：287 – 301.

BROUILLARD R, 1983. The in vivo expression of anthocyanin colour in plants [J]. Phytochemistry, 22

（6）: 1311 – 1323.

Chen, J H and C T Ho, 1997. Antioxidant activities of caffeic acid and its related hydroxycinnamic acid compounds[J]. Agri. Food Chem, 45: 2374 – 2378.

DOGBO O, LAFERRIERE A, D'HARLINGUE A, et al. , 1988. Carotenoid biosynthesis. Isolation and characterization of a bifunctional enzyme catalyzing the synthesis of phytoene[J]. Proceedings of the National Academy of Sciences of USA 85: 7054 – 7058.

FORKMANN G, 1991. Flavonoids as flower pigments the formation of the natural spectrum and its extension by genetic engineering[J]. Plant Breeding 106: 1 – 26.

GOTO T, HOSHINO T, TAKASE S, A proposed structure of commelin, a sky-blue anthocyanin complex obtained from petals of Commelina[J]. Tetrahedron Letters, 31: 2905 – 2908.

HARBORNE J B, 1988. The flavonoids, recent advances. In TW Goodwin, ed[M]. Plant Pigments. Academic Press. London.

HARBORNE J B, 1993. 黄酮类化合物[M]. 戴伦凯, 谢如玉, 译. 北京: 科学出版社.

JANE PACKER, 2000. 插花大全[M]. 韦三立, 译. 北京: 中国农业出版社.

L J CHEN and G HRAZDINA, 1981. Quercetin-7-neohesperidoside: synthesis and properties[J]. Cellular and Molecular Life Sciences (CMLS)37(3): 213 – 322.

MALCOLM HILLIER, 2000. 生活花艺完全指南[M]. 黄增泉, 译. 台北: 猫头鹰出版社.

MARKHAM K R, GOULD K S, WINEFIELD C S, et al. , 2000. Anthocyanic vacuolar inclusions – their nature and significance in flower colouration[J]. Phytochemistry, 55: 327 – 336.

MAZZA G, MINLATI E, 1993. Anthocyanins in Fruits, Vegetables, and Grains[M]. USA: Chemical Rubber Company (CRC) Press. 1 – 282.

MAZZA G, BROUILLARD R, 1990. The mechanism of copigmentation of anthocyanins in aqueous solutions [J]. Phytochemistry, 29: 1097 – 1102.

MAZZA G, MINIATI E, 1993. Anthocyanins in Fruits, Vegetables and Grains[M]. London: CRC Press, 267 – 268.

MITCHELL P, SMITH W, WANG J J, 1998. Iris color, skin sun sensitivity, and age – related maculopathy: the Blue Mountain Eye study[J]. Ophthalmology 105(8): 1359 – 1363.

SAURE M C, 1990. External control of anthocyanin in apple[J]. Scientia Horticulturae, 42: 181 – 218.

TAKEDA M, ITOI H, 1985. Blueing of sepal color of Hydrangea macrophylla[J]. Phytochemistry, 24: 2251 – 2254.

TANAKA Y, TSUDA S, KUSUMI T, 1998. Metabolic engineering to modify flower color[J]. Plant & Cell Physiology, 39: 1119 – 1126.

WEISS D, VAN BLOKLAND R, KOOTER J M, et al. , 1992. Gibberellic acid regulates chalcone synthase gene transcription in the corolla of Petunia hybrida[J]. Plant Physiology, 98: 191 – 197.

YA'ACOV Y LESHEM, ABRAHAM H HALEVY, FRENKEL, 1990. 植物衰老过程和调控[M]. 胡文玉, 译. 沈阳: 辽宁科学技术出版社.

YOSHIKAZU YAZAKI, 1976. Co-Pigmentation and the Color Change with Age in Petals of Fuchsia hybrida [J]. Journal of Plant Research, 89(1): 45 – 57.

干燥花植物名录

学名	科	可利用器官	颜色	观赏性状	采收时期	干燥方式	用途
紫罗兰 Matthiola incana	十字花科	花	粉红,紫,黄,乳白	叶互生,顶生总状花序,具芳香;花瓣倒卵形,十字状着生	夏季	干燥剂埋藏干燥,压制干燥	立体干燥花,平面干燥花,芳香干花
羽衣甘蓝 Brassica oleracea var. acephala	十字花科	叶	白,粉,紫色,叶边缘呈翠绿色等	叶片密生,肥厚,倒卵形,被有蜡粉,深度波状皱褶,植株形成莲座状	全年	干燥剂埋藏干燥	立体干燥花
香雪球 Lobularia maritima	十字花科	花	白紫色	总状花序顶生,小花密集成球状	春至秋季	压制干燥	平面干燥花
蜂室花 Iberis amara	十字花科	花序,种子	花白色,红,紫红色	总状花序,呈球形伞房状,具芳香短角果,圆形,有翼	夏季	种子结球液剂干燥	立体干燥花
荠菜 Capsella bursa-pastoris	十字花科	花,果序	花白色,果枝绿色	总状花序顶生和腋生十字花冠,短角果扁平,呈倒三角形	春至夏季	压制干燥	平面干燥花
独行菜 Lepidium apetalum	十字花科	果穗	浅绿色	总状花序顶生,短角果近圆形,种子椭圆形,棕红色	春至夏季	压制干燥	平面干燥花
油菜 Brassica campestris	十字花科	花,果枝	花黄色	总状无限花序,着生于主茎或分枝顶端,盛开时黄色成片	春至夏季	压制干燥	平面干燥花
七叶树 Aesculus spp.	七叶树科	叶,花,果	叶绿至红色;花白,淡粉,红色;果棕色	掌状复叶,圆锥花序圆柱形直立,实光滑梨形	花,春季;叶,春至秋季;果秋季	倒挂风干	立体干燥花
十大功劳 Mahonia spp.	小檗科	叶,花,果	花,黄色;叶,绿色;果,蓝紫色;披白粉	羽状复叶互生,小叶披针形,边缘具刺状锐齿;黄花成簇,浆果圆形	叶,全年;花,冬,春季;果实,春至秋季	液剂干燥,压制干燥	立体干燥花,压制干燥花
小檗 Berberis spp.	小檗科	叶,花,果	花,黄或橘色;叶,绿,紫色;果,红,黄,蓝,紫,黑色	叶片小型,倒卵形,表面光滑,基部具刺,腋生伞形花序或数朵花簇生;浆果长椭圆形	叶,全年;花,春季;浆果,秋季	果,水平放置干燥;叶,花,压制干燥	立体干燥花,平面干燥花
大戟属 Euphorbia	大戟科	叶,花	叶,黄,绿色;花,黄绿色	叶片丰富,杯状聚伞花序,苞片多彩	春,夏季	压制干燥	平面干燥花
红果蓖麻 Ricinus communis	大戟科	果	红色	聚伞圆锥花序,蒴果具长,软刺	秋季	倒挂风干	立体干燥花
千屈菜属 Lythrum	千屈菜科	花	玫瑰红,蓝紫色	长穗状花序顶生,多而小的花密生于叶状苞腋中	夏至秋末	压制干燥	平面干燥花

（续）

学名	科	可利用器官	颜色	观赏性状	采收时期	干燥方式	用途
紫薇 Lagerstroemia spp.	千屈菜科	花、果枝	红色或粉红色	圆锥花序顶生，花萼具浅裂，边缘有不规则缺刻	夏至秋季	放置自然干燥	立体干燥花
蓝盆花 Scabiosa spp.	川续断科	花	蓝、淡紫、玫瑰红、粉、白色	盘形花，花姿婀娜，花型俊秀	夏、秋季	压制干燥、倒挂风干、直立干燥	立体干燥花、平面干燥花、干花
起绒草 Dipsacus fuiionum	川续断科	花、果枝	花粉色.果浅褐色	花排成顶生穗状花序，总苞片质硬，具刺头；萼檐杯状，花冠近辐射对称	夏至秋季	倒挂风干	立体干燥花
川续断 Dipsacus asperoides	川续断科	果枝	花冠淡黄色、白色；果浅褐色	头状花序圆形，果苞片刺状，瘦果顶端外露	夏至秋季	倒挂风干、液剂干燥	立体干燥花
山茶花 Camellia spp.	山茶科	花、叶	花、白、粉红、黄、红色；叶、亮绿色	花单，花瓣近圆形，重瓣；叶椭圆形，边缘有细锯齿，革质	冬末或春季	花用干燥剂埋藏干燥；叶用液剂干燥；压制干燥	立体干燥花、平面干燥花
四照花 Cornus japonica var. chinensis	山茱萸科	花	白、黄色	球形头状花序，由多数小花组成，花朵艳丽，苞片美观而显眼	树皮、全年，尤其冬、春季	压制干燥	平面干燥花
桃叶珊瑚 Aucuba chinensis	山茱萸科	果实、叶	浆果、鲜红色、叶、绿色	总状花序，核果浆果状；叶有光泽	叶、全年、果、秋、冬季	倒挂风干	立体干燥花
银桦树 Grevillea robusta	山龙眼科	叶、花	嫩叶浅绿色、橘红色花	常绿羊齿状叶，小枝、芽、叶柄密被银灰色绢状毛	夏季	倒挂风干、或液剂干燥	立体干燥花
帝王花(普罗蒂亚) Protea cynaroides	山龙眼科	花	粉红、白、黄、橙色	花朵大、苞叶和花瓣挺拔、色彩异常美丽，大型观花冠形状各异	夏季	倒挂风干	立体干燥花
美女樱 Verbena hybrida	马鞭草科	花、花枝	白、粉红、红、紫、蓝等色	穗状花序顶生，多数小花密集排列呈金字房状；花萼细长筒状，花冠漏斗状	春至秋季	压制干燥	平面干燥花
马蹄莲 Zantedeschia aethiopica	天南星科	花、叶	花白、黄、红、紫色；叶绿色	肉穗花序包藏于佛焰苞内，佛焰苞大，开张呈马蹄形	春至秋季	埋藏干燥	立体干燥花
水芋 Calla palustris	天南星科	花	白色	叶片有乳白色大理石花纹，小花呈穗状花序，外包佛焰苞	冬、春季	液剂干燥或埋藏干燥	立体干燥花
彩叶芋 Caladium bicolor	天南星科	叶	绿、白色，具红紫、绿等斑点	叶片大小、形状及质地各异；叶片多为心形	夏季	液剂干燥	立体干燥花

（续）

学名	科	可利用器官	颜色	观赏性状	采收时期	干燥方式	用途
常春藤 Hedera spp.	五加科	叶	绿色	叶革质,互生,具掌状浅裂,叶脉明显	全年	压制干燥,或液剂干燥	平面干燥花、立体干燥花
八角金盘 Fatsia japonica	五加科	叶	绿色	叶片形状具7~9裂,形状好似好伸开的五指	夏季	放置风干、液剂干燥	立体干燥花
五福花 Adoxa moschatellina	五福花科	花	绿、黄绿色	植株纤细,掌状复叶阔卵圆形,边缘具齿,花小,顶生聚伞状花序	春季	压制干燥	平面干燥花
水藓 Fontinalis spp.	水藓科	叶	绿色	全叶船底形,背面圆形;叶缘平展	全年	水平放置自然干燥,压制干燥	立体干燥花、平面干燥花
乌头 Aconitum carmichaeli	毛茛科	花	深蓝、蓝紫、乳白色	高大,深蓝色的穗状花,花冠像盔帽,圆锥花序	夏、秋季	倒吊风干、压制干燥	立体干燥花、平面干燥花
飞燕草 Consolida spp.	毛茛科	花	白、粉红、蓝紫色	花具弯曲的距,花型奇特,花萼与花瓣同色	夏、秋季	倒挂风干,或竖直干燥,压制干燥	立体干燥花、平面干燥花,芳香干花
芍药 Paeonia spp.	毛茛科	花	红、白、黄色	单瓣或重瓣,花朵端庄艳丽	春至初夏	埋藏干燥,倒挂风干或压制干燥	立体干燥花、平面干燥花
耧斗菜 Aquilegia spp.	毛茛科	花	黄、蓝、紫红色	花朵下垂,单歧聚伞花序,花瓣5片	夏季	干燥剂埋藏干燥、压制干燥	立体干燥花、平面干燥花
铁线莲 Clematis spp.	毛茛科	花、果枝	花色丰富	花单生或成为圆锥花序,萼片大,花瓣状	花春、夏季;种子秋季	种子结球倒挂风干,花朵压制干燥	立体干燥花、平面干燥花
升麻 Cimifuga spp.	毛茛科	茎、花	花白色,花茎深棕色	圆锥状复总状花序,花苞修长	夏、秋季	压制干燥	平面干燥花
金莲花 Trollius spp.	毛茛科	花	红、黄、橙、粉红、乳白、紫红、黑色及双色	花梗细长,生于叶腋间,花喇叭形,花瓣5,基部联合成筒状	夏、秋季	压制干燥	平面干燥花
荷包牡丹 Dicentra spp.	毛茛科	花序	粉色	开着心形花的优美弯弧小枝条上长着羊齿状叶子	春、夏季	干燥剂埋藏干燥,压制干燥	立体干燥花、平面干燥花
嚏根草 Helenium spp.	毛茛科	叶、花	叶,果绿至墨绿色;花,白、黄、粉红、黑紫、黑紫色	叶片鸟足状分裂,花单生,花后萼片宿存	夏、秋季	干燥剂埋藏干燥,压制干燥	立体干燥花、平面干燥花

（续）

学名	科	可利用器官	颜色	观赏性状	采收时期	干燥方式	用途
黑种草 Nigella arvensis	毛茛科	花、种序	花蓝色，种序绿色	蓝色花周围有一圈鲜绿色的羽状叶	夏、初秋	种子结球倒挂风干	立体干燥花
牡丹 Paeonia suffruticosa	毛茛科	花	白、黄、粉、红、紫及复色	花大，单生枝顶，雍容富贵，有单瓣、复瓣、重瓣及台阁花型	春季	干燥剂埋藏干燥，花瓣分解后压制干燥	立体干燥花、平面干燥花
唐松草 Thalictrum spp.	毛茛科	叶、花	黄、淡紫、紫色	花黄、淡紫、紫色；灰或蓝绿色	夏季	倒挂风干，或压制干燥	立体干燥花、平面干燥花
女贞属 Ligustrum	木犀科	叶	金、黄、绿、杂色	叶多革质，形状多样	全年	液剂干燥、压制干燥	立体干燥花、平面干燥花
丁香 Syringa spp.	木犀科	花	紫、白、蓝色	顶生或侧生的圆锥花序，具芳香，萼钟状4裂	春至初夏	小花枝压制干燥	平面干燥花
素馨属 Jasminum	木犀科	花	黄色、白色	聚伞伞房花序，弯弧的花茎有星形花	夏、冬季	花序或花朵用压花器压制干燥	平面干燥花
金钟花 Forsythia viridissima	木犀科	花	黄色	花冠深裂长圆形，花穗下垂	初夏	花朵压制干燥	平面干燥花
连翘 Forsythia suspensa	木犀科	花	黄色	花开常为金黄色，着生于叶腋。花萼4裂，绿色，裂片长圆形	春季	埋藏干燥、压制干燥	平面干燥花、芳香干花
流苏树 Chionanthus retusa	木犀科	花、果	花、白色，果、蓝黑色	开出满树银花，树冠如披白雪，如银装素裹	冬季	花穗液剂干燥	立体干燥花
凤仙花 Impatiens textori	凤仙花科	花	粉、红、紫、白、黄、酒金色	花形似蝴蝶，多汁，花多单瓣，少重瓣	春季	压制干燥	平面干燥花
玉兰 Magnolia spp.	木兰科	叶、花、果	花、白、粉色；叶、深绿色；果、红色至淡红褐色	花大型，钟状单生于枝顶，具芳香；叶倒卵状圆形，背具短柔毛；聚合果圆筒状	春至夏季	埋藏干燥	立体干燥花（叶脉花）、芳香干花
车前 Plantago asiatica	车前科	果穗	浅绿色	穗状花序排列不紧密而疏散，苞片宽三角形，龙骨状突起	夏、秋季	竖直自然干燥	平面干燥花
栾树 Koelreuteria paniculata	无患子科	花序、叶、果	小花金黄色，叶深绿色，果橘红色	顶生圆锥花序宽而疏散，苞片宽三角形；复叶，小叶深裂；蒴果三角状卵形	夏至秋季	压制干燥、加温干燥	平面干燥花、芳香干花

（续）

学名	科	可利用器官	颜色	观赏性状	采收时期	干燥方式	用途
澳洲佛塔树 Banksia spp.	无患子科	花	花亮红色	常绿灌木。枝密集。叶有锯齿,暗绿色,背面灰绿色。头状花序,成簇	春季	倒挂风干	立体干燥花
龙眼 Dimocarpus longgana	无患子科	花、果	花,蓝色;果,棕黄色	圆锥花序顶生或腋生,花朵直立喇叭形;果实球形	夏季	用干燥剂干燥	立体干燥花、芳香干花
卡特兰 Cattleya hybrida	兰科	花	花色丰富	花朵大,雍容华丽,芳香馥郁,花色娇艳多变	全年	压制干燥	平面干燥花
蕙兰 Cymbidium spp.	兰科	花	粉、白、绿、红、紫红、杂色等	花瓣稍小于萼片,唇瓣不明显三裂,中裂片长椭圆形	全年	干燥剂埋藏干燥	立体干燥花
兜兰 Paphiopedilum spp.	兰科	花	花色丰富	有萼立在两个花瓣上,呈拖鞋形的大唇	夏季	以干燥剂干燥	立体干燥花、芳香干花
二色补血草 Limonium bicolor	蓝雪科	花序	黄、粉、蓝紫色	花序着生于枝端而位于一侧,萼筒漏斗状,为主要观赏器官	夏至秋季	悬挂自然干燥、压制干燥	天然立体干燥花、平面干燥花、芳香干花
苏沃氏补血草 Limonium suvoruii	蓝雪科	花序	粉、白色	花朵细小,干膜质,色彩淡雅,观赏时期长	夏至秋季	悬挂自然干燥、压制干燥	天然立体干燥花、平面干燥花、芳香干花
深波叶补血草 Limonium dinuatum	蓝雪科	花序	蓝、紫、黄、粉、白等色	偏侧形伞房花序,膜质,花冠白至黄色;叶边缘波状	夏至秋季	悬挂自然干燥、压制干燥	天然立体干燥花、平面干燥花、芳香干花
石松 Lycopodium spp.	石松科	叶	绿色	主茎匍匐蔓生,营养叶细小,披针形至线形	全年	放置干燥、压制干燥	立体干燥花、平面干燥花、平面干花
石竹属 Dianthus Linn.	石竹科	花	紫红、粉红、白、红、杂色等	聚伞花序,花瓣上面中下部组成黑色美丽环纹,盛开时绚丽多彩	春、夏、秋季	重瓣类型倒挂风干、单瓣类型压制干燥	立体干燥花、平面干燥花
麦蓝菜 Vaccaria segetalis	石竹科	果枝	黑褐色	疏生聚伞花序顶生,花梗细长,总苞片叶状,花萼圆筒状	夏季	压制干燥	平面干燥花
雪轮 Silene spp.	石竹科	花	白、浅粉、玫红、雪青色	复聚伞花序顶生,小花繁多,具总花梗	夏季	倒挂风干、压制干燥	立体干燥花、平面干燥花

（续）

学名	科	可利用器官	颜色	观赏性状	采收时期	干燥方式	用途
瞿麦 Dianthus superbus	石竹科	果穗	红色	茎圆形,花瓣紫色,顶端细裂	夏季	倒挂风干	立体干燥花
满天星 Gypsophila elegans	石竹科	花序	白色	白色小花,极其优雅	夏季	倒挂自然干燥,或压制干燥	立体干燥花,平面干燥花,芳香干花
石榴 Punica granatum	石榴科	花	橙红、黄、白色	花色艳丽,果实近球形且多彩	花夏季,果秋季	花压制干燥,果自然干燥	立体、平面,芳香干花
石蕊 Cladonia spp.	石蕊科	叶状体	绿、蓝绿、银、灰黄褐色	地衣体壳状至鳞片状,并从地衣体上长出空心的果柄,不分枝或具多分枝	全年	放置干燥,或压制干燥	立体干燥花,平面干燥花
水仙 Narcissus spp.	石蒜科	花	白、粉红、黄色等	花色鲜艳,花型精致,花香浓厚	冬、春季	干燥剂埋藏干燥,压花器压制干燥	立体干燥花,平面干燥花
石蒜 Lycoris spp.	石蒜科	花	粉红、鲜红色,或具白色边缘	呈伞形花序顶生;花形喇叭状下垂,裂片倒披针形,向外翻卷	秋季	干燥剂埋藏干燥	立体干燥花
百子莲 Agapanthus africanus	石蒜科	花	蓝紫色	伞形花序,小花呈筒状,花瓣略向外翻卷	夏末至秋季	干燥剂埋藏干燥,压花器压制干燥	立体干燥花,平面干燥花
孤挺花 Hippeastrum spp.	石蒜科	花	白、粉红色	百合状花朵,绽放在高茎上	冬、春季	压制干燥	平面干燥花
晚香玉 Polianthes tuberosa	石蒜科	花	白色	穗状花束顶生,每穗着花12~32朵,漏斗状,浓香	夏季	干燥剂埋藏干燥	立体干燥花,芳香干花
葱兰 Zephyranthes spp.	石蒜科	花	白、粉、黄、红色	花葶较短,花单生,花被长椭圆形至披针形	初夏	干燥剂埋藏干燥,压制干燥	立体干燥花,平面干燥花
龙胆 Gentiana spp.	龙胆科	花	花的颜色大部分是青绿色、蓝色或淡青色	聚伞花序密集枝顶和叶腋,花萼5深裂,裂片近条形,边缘粗糙;花冠筒状钟形	夏季	埋藏干燥,压制干燥	平面压制花,芳香干花
玉簪属 Hosta	龙舌兰科	花	白、淡蓝、淡紫色	花为管状漏斗形,浓香。心形叶片呈现不同绿色	夏、秋季	铺平风干,压制干燥,叶片液剂干燥	立体干燥花,平面干燥花,芳香干花

（续）

学 名	科	可利用器官	颜 色	观赏性状	采收时期	干燥方式	用 途
芒 Miscanthus sinensis	禾本科	花序	黄褐色	总状花序,柱头自小穗两侧伸出,具芒刺	夏、秋季	倒挂风干、放置干燥	立体干燥花
莜麦 Azena nuda	禾本科	果穗	绿色	果穗形状筒形或纺锤形	夏、秋季	倒挂风干、放置干燥	立体干燥花
大麦 Hordeum vulgare	禾本科	果穗	浅绿色	花穗具两个相对的凹槽,每个凹槽着生3个小穗,每个小穗着生1朵小花	秋季	倒挂风干、放置干燥	立体干燥花
小麦 Triticum aestivum	禾本科	果穗	浅绿色	穗状花序直立,穗轴延续而不折断,小穗单生;叶子宽条形	秋季	倒挂风干、放置干燥	立体干燥花
薏苡 Coix lacryma-jobi	禾本科	种子	种皮红、浅黄色	茎直立粗壮,总状花序,由上部叶鞘内成束腑生,小穗单性;颖果总苞坚硬,椭圆形	秋季	倒挂风干、放置干燥	立体干燥花
粟 Setaria italica	禾本科	果穗	黄色	茎细直,中空有节,叶狭披针形,平行脉,花穗顶生,总状花序下垂	平、秋季	倒挂风干、放置干燥	立体干燥花
水稻 Oryza sativa	禾本科	果穗	褐黄色	叶线状披针形,圆锥花序疏松;小穗长圆形,两侧压扁,含3朵小花,有芒	秋季	倒挂风干、放置干燥	立体干燥花
狗尾草 Setaria glauca	禾本科	果穗	通常绿色或褐黄色	秆直立或基部膝曲,叶片扁平,狭披针形或线状披针形;圆锥花序紧密,呈圆柱形,刚毛粗糙	夏、秋季	倒挂风干、放置干燥	立体干燥花
狼尾草 Pennisetum alopecuroides	禾本科	果穗	淡绿、紫	秆直立,丛生,在花序下常散生柔毛;叶鞘两侧扁,鞘口有毛	夏、秋季	倒挂风干、放置干燥	立体干燥花
芦苇 Phragmites communis	禾本科	花序	灰白色	茎秆直立,圆锥花序分枝稠密,向斜伸展,小穗有小花4~7朵;颖有3脉,基盘具长丝状柔毛	夏、秋季	倒挂风干、竖直干燥、压制干燥	立体干燥花、平面干燥花
玉米 Zea mays	禾本科	果实、苞片	果实黄色、苞片绿色	黄色大型种子结球包裹在绿色苞片中	秋季	竖直干燥	立体干燥花
凌风草 Briza spp.	禾本科	叶、花序	浅绿色	圆锥花序开展,小穗有数朵小花	夏、秋季	竖直干燥	立体干燥花

（续）

学名	科	可利用器官	颜色	观赏性状	采收时期	干燥方式	用途
燕麦 Avena sativa	禾本科	种穗	麦穗黄色	圆锥花序疏松，灰绿色或略带紫色，有光泽；小穗幼时圆筒状，成熟后压扁	夏至秋季	倒挂风干，竖直干燥	立体干燥花
竹 Bambusoibeae	禾本科	叶、茎	绿色	茎木质，有很多节，中间空；营养叶披针形	全年	竖直干燥，压制干燥	立体干燥花、平面干燥花
荻 Miscanthus sacchariflorus	禾本科	花序	银灰色	形状像芦苇，地下茎蔓延，叶子长形，紫色花穗	夏至秋季	倒挂风干，或竖直干燥	立体干燥花
蒲苇 Cortaderia spp.	禾本科	花序	粉红、乳白色	高大丛生草本，圆锥花序羽毛状，小穗有数小花	秋季	竖直干燥	立体干燥花
拂子茅 Calamagrostis epigeios	禾本科	果穗	淡绿色或带淡紫色	秆直立，叶片扁平或叶缘内卷，圆锥花序密，圆筒形，分枝粗糙	夏至秋季	倒挂风干，或竖直干燥	立体干燥花
冬青属 Ilex	冬青科	花、叶、果	花淡紫红色，有香气，叶绿色，果红色	枝叶繁茂，四季常青；核果椭圆形，熟时呈深红色，经冬不落	秋至冬季	自然干燥，或立在甘油中保存	立体干燥花
枸骨 Ilex coruta	冬青科	叶枝	绿色	叶绿色，四方形有尖硬刺齿，硬革质，光亮	春至秋季	液剂干燥	立体干燥花
毛地黄 Digitalis purpurea	玄参科	花	粉紫色	紫色钟形花朵构成总状花序，花瓣内侧多具花斑	夏季	倒挂风干，花朵放入干燥剂中埋藏干燥	立体干燥花
金鱼草 Antirrhinum majus	玄参科	花	粉、紫、黄色	总状花序，双唇瓣花朵具芳香	夏至秋季	压制干燥	平面干燥花
婆婆纳 Veronica spp.	玄参科	花	蓝、白、粉红色	总状花序顶生，苞片叶状，花冠辐状	夏、秋季	液剂干燥，压制干燥	立体干燥花、平面干燥花
泡桐 Paulownia spp.	玄参科	花枝	淡紫、白色	花大，顶生圆锥花序，由多数聚伞花序复合而成	春、夏季	倒挂风干	立体干燥花
马先蒿 Pedicularis resupinata	玄参科	花穗	红、粉红色	花排成顶生穗状花序或总状花序；萼管状，花冠圆柱状二唇形	夏季	压制干燥	平面干燥花
贝母 Fritillaria spp.	百合科	花	黄、橙红色	钟形花，下垂，瓣状被片6，花朵美丽	春季	埋藏干燥	立体干燥花、芳香干花

（续）

学名	科	可利用器官	颜色	观赏性状	采收时期	干燥方式	用途
百合 Lilium spp.	百合科	花	白、黄、粉、橘红色	花大,萼片瓣化喇叭状,花醒目高雅纯洁,素有"云裳仙子"之称	夏季	埋藏干燥、压制干燥	立体干燥花、芳香干花
风信子 Hyacinthus spp.	百合科	花	蓝、白色、粉红色	总状花序顶生,漏斗形;花被筒长,裂片长圆反卷	春季	干燥剂埋藏干燥	立体干燥花、芳香干花
火炬花 Kniphofia uvaria	百合科	花	橙红色	总状花序着生数百朵筒状小花呈火炬形	夏、秋季	花朵放在干燥剂中埋藏干燥	立体干燥花
竹柏 Ruscus spp.	百合科	茎叶、果	叶茎墨绿、褐色,果鲜红色	具像尖锐叶片的特化茎,相当坚韧刚强,浆果鲜艳	叶,全年;浆果,秋季	倒挂风干	立体干花
六出花(秘鲁百合) Alstroemeria spp.	百合科	花	红、橘黄、白色	伞形花序,花小而多,喇叭形,花瓣内轮具红褐色条纹斑点	夏季	种子结球以倒挂风干,花朵用干燥剂埋藏干燥	立体干燥花
非洲遭香 Lachenalia spp.	百合科	花	黄、橘红色	花茎上悬挂吊钟型或喇叭型的成群小花,花姿妩媚	冬、春季	花朵用压花器压平、干燥剂埋藏干燥	立体干燥花、平面干燥花
铃兰(草玉玲) Convallaria majalis	百合科	花	蓝、粉色	小型钟状花,乳白色悬垂若铃串,洁高贵,香韵浓郁	春季	压制干燥、干燥剂埋藏干燥	平面干燥花、芳香干花
吉祥草 Reineckia carnea	百合科	花	淡紫色	顶生疏散的穗状花序,瓣被6裂,散发芳香	春、秋季	压制干燥	平面干燥花
多花黄精 Polygonatum cyrtonema	百合科	花	绿白色	弯弧的花茎上着生绿白色的钟形小花	春季、初夏	干燥剂埋藏干燥、滴液剂干燥	立体干燥花
虎眼万年青属 Ornithogalum	百合科	花	花白、黄、浅红色	细排成顶生的总状花序或房花,花朵穗状	春季	干燥剂埋藏干燥、压制干燥	立体干燥花、平面干燥花
印度卡马夏 Camassia quamash	百合科	花	蓝紫色	星型穗状花序	夏季	干燥剂干燥、压制干燥	立体干燥花、平面干燥花
绣球葱 Allium spp.	百合科	花葶、种穗	蓝、白色、黄色	圆球状的紫色或粉红色花朵	春、夏季	倒挂风干、竖直干燥、种穗液剂干燥	立体干燥花、平面干燥花
郁金香 Tulipa gesneriana	百合科	花	白、黄、粉、红、彩等多种花色	花单生茎顶,直立杯状,花形典雅艳丽	春、夏季	干燥剂埋藏干燥,或压制干燥	立体干燥花、平面干燥花

（续）

学名	科	可利用器官	颜色	观赏性状	采收时期	干燥方式	用途
石刁柏(芦笋) Asparagus officinalis	百合科	果实	叶,红色	叶簇生,针状;尖有刺或爪状果实秋季呈橘红色	毛状果,初夏;果实秋季	果干燥,或压制干燥;叶片压制干燥	立体干燥花,平面干燥花
蓝铃花 Scilla spp.	百合科	花,花序	蓝紫色	弯弧的茎上开着蓝色的钟形花,总状花序纤长,花朵下垂	春季	花朵埋藏干花,压制干燥	立体干燥花,平面干燥花,芳香干花
独尾草 Eremurus spp.	百合科	花	白,粉红,黄色	星形花构成穗状花序	夏季	竖直干燥,或压制干燥	立体干燥花,平面干燥花
萱草 Hemerocallis fulva	百合科	花	橘红色	花大,顶生聚伞花序,漏斗形,花被裂片长圆形,下部合成花被筒,上部开展而反卷,边缘波状	夏季	埋藏干燥,压制干燥	立体干燥花,平面干燥花,芳香干花
嘉兰 Gloriosa superba	百合科	花	由绿变为黄色,瓣尖为鲜红色,周镶嵌金边	花大色艳,花单生或数朵着生于顶端组成疏散伞房花序;花瓣向后反卷,瓣缘呈波状	夏至秋季	埋藏干燥	立体干燥花,芳香干花
油点草 Tricyrtis spp.	百合科	花	白,淡紫色	花朵生长在弯弧的长茎上,花色淡雅,姿态优美	秋季	压制干燥	平面干燥花
文竹 Asparagus setaceus	百合科	叶状枝	绿色	茎柔软丛生,叶状枝纤细丛生,羽毛状呈三角形水平展开,枝干有节似竹,姿态文雅潇洒,翠云层层	全年	平面干燥花	平面干燥花
玉簪 Hosta spp.	百合科	花,叶	花,白色,具浓香;叶,绿色	叶基生成丛,卵形,基部心形,叶脉弧状;总状花序,花管状漏斗形	夏至初秋	压制干燥,加温干燥	平面干燥花
北黄花菜 Hemerocallis lilio-asphodelus	百合科	花	淡黄,黄色,具芳香	花葶由叶丛中抽出,花4~10朵排成假二歧状总状花序或圆锥花序;苞片较大,披针形	夏季	埋藏干燥,压制干燥	立体干燥花,平面干燥花
玉竹 Polygonatum odoratum	百合科	花枝	花白色	叶光莹像竹,花钟形下垂,清雅可爱	春至初夏	压制干燥	芳香干花
二叶舞鹤草 Maianthemum bifolium	百合科	花,叶	白色,绿色	匍匐叶心形,半革质;总状花序顶生,每2~3朵下花从小苞腋内抽出	夏至秋季	压制干燥	平面干燥花
顶冰花 Gagea spp.	百合科	花	黄绿色	基生叶1条形,茎上无叶,花呈伞形排列	花期4~5月	压制干燥	平面干燥花

（续）

学名	科	可利用器官	颜色	观赏性状	采收时期	干燥方式	用途
青篱竹 Arundinaria spp.	早熟禾科	叶	绿色	茎木质,圆柱状,叶鞘宿存,刚毛硬而粗糙	全年	竖直干燥,铺平干燥,或液剂干燥	立体干燥花,平面干燥花
袋鼠花 Anigozanthos spp.	血草科	花,枝	乳白,棕红,黄色	花朵形似袋鼠爪	秋季	倒挂风干	立体干燥花
长春花 Catharanthus spp.	夹竹桃科	花	粉,紫,白色	叶卵至椭圆形;小花精致,花单瓣,花枝纤长	春季	压制干燥	平面干燥花
夹竹桃 Nerium indicum	夹竹桃科	花	红,色,深红色(芳香)	聚伞花序顶生;花萼直;花冠重瓣,副花冠鳞片状;花似桃,叶像竹	春至秋季	埋藏干燥	立体干燥花
刺芫茜 Eryngium foetidum	伞形科	花	蓝色	花叶带刺,基部叶具白色叶脉,花头似大头钉	夏,秋季	倒挂风干或直立在甘油中保存	立体干燥花
柴胡 Bupleurum spp.	伞形科	花序	花白色	复叶伞花序,总苞和小总苞的苞片呈叶状而宿存	夏,秋季	倒挂风干	立体干燥花
茴香 Foeniculum spp.	伞形科	叶,果	叶绿色,果黄绿色	叶羽状分裂,复伞形花序,果星芒状,黄绿色,全株具特殊香辛味	夏季	倒挂风干或放置干燥	立体干燥花,芳香干花
当归 Angelica sinensis	伞形科	花	白,绿色相间	茎带紫色,大型白绿相间的半球状花朵;复伞形花序;双悬果椭圆形	夏季	种子结球倒挂风干或液剂干燥	立体干燥花
刺果峨参 Anthriscus nemorosa	伞形科	花,果	白色	小伞形花序,扁平的白色花朵;双悬果线状长圆形	春至秋季	种子结球倒挂风干,花压制干燥	立体干燥花,平面干燥花
时萝 Anethum graveolens	伞形科	花	白色	复叶伞花序顶生,花瓣黄色,花蕊白色	夏季	倒挂风干	立体干燥花
亚麻 Linum usitatssmum	亚麻科	花,果	蓝,蓝紫,白色;果淡黄色	叶互生,条形或条状披针形;花生于茎顶端或上部叶腋处,成疏松聚伞花序;蒴果球形	夏,秋季	压制干燥	平面干燥花
野亚麻 Linum stelleiroides	亚麻科	果	蓝,白,紫或红色	聚伞花序顶生,花漏斗或或球形	夏,秋季	压制干燥	平面干燥花
红豆杉 Taxus spp.	红豆杉科	叶,果	叶绿色,果红色	叶螺旋状互生,果外红里艳	全年	果在饰品中自然干燥,叶压制干燥	果立体干燥花,平面干燥花

（续）

学名	科	可利用器官	颜色	观赏性状	采收时期	干燥方式	用途
菜豆 Phaseolus vulgaris	豆科	花	白、紫、红、黄色	总状花序腋生,蝶形花	夏、秋季	埋藏干燥	立体干燥花、芳香干花
金雀儿 Cytisus scoparius	豆科	花	橙黄带红色,谢时变紫红色	蝶形花,旗瓣挑长,萼筒常带紫色	夏季	茎倒挂风干、液剂干燥	立体干燥花、芳香干花
银栲皮树 Acacia spp.	豆科	叶、花枝、果	叶墨绿色,花黄色,果嫩绿色	圆锥花序,小花具大量雄蕊,有芳香	春至秋季	自然干燥	立体干燥花、芳香干花
羽扇豆 Lupinus spp.	豆科	花、叶	花黄、蓝、紫、粉红色、叶绿色	叶具椭圆形小叶,呈放射状;花序美丽,芳香馥郁	夏季	埋藏干燥、压制干燥	立体干燥花、平面干燥花
皂荚 Gleditsia spp.	豆科	果	黑色被霜粉	荚果平直肥厚,长达10~20cm,不扭曲	春至秋季	放置干燥	立体干燥花、芳香干花
合欢 Albizia julibrissin	豆科	花、荚果	花萼和花瓣黄绿色,花丝粉红色;果绿褐色	头状花序皱缩成团,花细长而弯曲;偶数羽状复叶,小叶对生;荚果扁平线形	夏至秋季	压制干燥	平面干燥花
豌豆 Lathyrus spp.	豆科	花、种子	花白色,种子绿色	花常美丽,单生或组成总状花序生于叶腋,种子干后变为黄色	夏季	自然干燥	立体干燥花、芳香干花
千日红 Gomphrena spp.	苋科	花	白、黄、橙、红色	花圆球形或椭圆状球形,顶生	夏至秋末	自然干燥	立体干燥花、芳香干花
鸡冠花 Celosia cristata	苋科	花序	白、黄、红、橙色	花序顶生及腋生,扁平鸡冠形	春、夏季	埋藏干燥、放置干燥	立体干燥花、芳香干花
茴芋 Skimmia spp.	芸香科	花	白色	圆锥花序,芳香叶片有光泽,橙色的红色浆果能持久观赏	叶、全年;花、春至春季;浆果、秋季至春季	花压制干燥,叶和果实自然干燥	立体干燥花、枝干花
芸香 Ruta graveolens	芸香科	花、叶	叶、蓝灰色;花黄色	花暗黄成簇。叶片有深裂,密布腺点,半透明	全年	自然干燥	立体干燥花、芳香干花
墨西哥橙 Choisya spp.	芸香科	花、叶、果	白色	白色小花由叶片所环绕	花朵、夏季;叶、全年	叶片液剂干燥、果放置干燥,花压制干燥	立体干燥花、平面干燥花、芳香干花
白藓 Dictamnus dasycarpus	芸香科	花、叶	淡红、紫红色,稀为白色,具红紫色条纹	总状花序顶生,花瓣倒披针形,花丝细长,从下向上弯曲;奇数羽状复叶	春至秋季	埋藏干燥、压制干燥	平面干燥花、芳香干花

（续）

学　名	科	可利用器官	颜　色	观赏性状	采收时期	干燥方式	用　途
枳 Poncirus trifoliata	芸香科	果	黄色	小枝多硬刺，果实球形	秋季	放置干燥	立体干燥花
花荵 Polemorium spp.	花荵科	花	白色，粉红色	花序圆锥形，花萼钟状，花冠筒白色，花药黄色	夏季	压制干燥	平面干燥花
福禄考 Phlox drummondii	花荵科	花	淡红，紫，白等色	聚伞花序顶生，花冠高脚碟状，花筒部细长	夏季花期5~6月	压制干燥	平面干燥花
电灯花 Cobaea scandens	花荵科	花	紫、浅绿色，末花期转为紫色	花钟型，具芬芳，攀缘	夏，初秋	干燥剂干燥	立体干燥花
杜鹃花 Rhododendron spp.	杜鹃花科	花	黄，白，粉，红色	单瓣和重瓣，花朵美丽	冬至秋季	干燥剂埋藏干燥，或压制干燥	立体干燥花，平面干燥花
刺石楠 Pernettya mucronata	杜鹃花科	花、果实	花白色，浆果红色	小花钟形，浆果红色	花，夏季；浆果，秋季	干燥剂埋藏干燥	立体干燥花，芳香干花
马醉木 Pieris spp.	杜鹃花科	叶，花	叶红色，花冠白或绿绿	总状花序；密生壶状小花，悬垂性，蒴果球形；叶红色，春季彩叶树种	春季	压制干燥	平面干燥花
草莓树 Arbutus menziesii	杜鹃花科	花、果	花白色，果红色	果实草莓，洁白钟形的小花，宛然一串串挂在枝头的风铃	秋末	干燥剂埋藏干燥，压制干燥	立体干燥花，平面干燥花
柳杉 Cryptomeria spp.	杉科	叶、果实	叶鲜绿色，果褐色	叶细长，果实生于枝顶，圆形	全年	在作品中自然干燥，球果放置风干	立体干燥花
水杉 Metasequoia glyptostroboides	杉科	叶	绿至粉红色	叶呈线形，扁平状，多色彩变化	春至秋季	压制干燥	平面干燥花
云杉 Picea spp.	杉科	叶、球果	叶，绿色；球果，绿褐色	叶四棱状条形，呈螺旋形围绕着茎；木质球果悬吊，圆柱形	全年	叶在花饰中自然干燥，球果放置风干	立体干燥花
荚蒾 Viburnum spp.	忍冬科	花	白色	圆锥花序，花冠白色，果先红后黑	冬，春，秋季	水平放置自然干燥	立体干燥花
接骨木 Sambucus spp.	忍冬科	花、果	白至淡黄色	圆锥花序，白色至淡黄色。浆果红色，黑紫色	花，春季；浆果，秋季	叶压制干燥，埋藏干燥	立体干燥花，平面干燥花

（续）

学名	科	可利用器官	颜色	观赏性状	采收时期	干燥方式	用途
猬实 Kolkwitzia amabilis	忍冬科	花,花序	花粉红色至紫色	伞房状圆锥聚伞花序生侧枝顶端;花冠钟状,花量大,花开繁茂	春至夏初	放置自然干燥,压制干燥	平面干燥花,香干花
山毛榉 Fagus spp.	壳斗科	叶,果实	叶绿色或橘黄色,果实艳或鳞片	叶色呈现多彩,坚果外形有趣,生有尖刺或鳞片	叶,春至秋季;果实,秋季	铺平或竖直干燥	立体干燥花
栎 Quercus spp.	壳斗科	叶,果实	绿色	叶椭圆或倒卵形,叶缘有锯齿或波状裂片;坚果,基部有杯状壳斗包被	春至秋季	放置风干,压制干燥	立体干燥花,平面干燥花
栗 Casianea spp.	壳斗科	花序,叶	花朵黄色,叶绿至暗绿色	大型叶片植物,黄色柔黄花序,淡绿色果实带刺	叶,春至秋季;花,夏季;果实,秋季	水平放置自然干燥	立体干燥花
点地梅 Androsace umbellate	报春花科	花枝	花冠白色	叶心形,边缘有齿牙,伞形花序有花3~10朵,花碎裂片卵形	春季	压制干燥	平面干燥花
报春花 Primula spp.	报春花科	花	红、白、蓝、紫、黄色;红、蓝、色各黄芯、紫花白芯,黄花红芯	叶椭圆形,花葶由根部抽出,顶生伞形花序,萼花状、钟状或漏斗状,花冠漏斗状或高脚碟状	冬至春季	压制干燥	平面干燥花
直干相思树 Acacia mearnsil	豆科	果枝	绿色	穗状花序,果荚呈旋状开裂,果实的内缝线开裂,旋扭弯曲	春至夏初	倒挂风干	立体干燥花
烟草花 Nicotiana spp.	茄科	花,叶	花,淡粉、白、黄、绿、淡紫色;叶,绿色	排成顶生的圆锥花序或偏干一侧的总状花序;萼管状钟形,花冠筒状,漏斗状或高脚碟形	夏至秋季	干燥剂埋藏干燥,压制干燥	立体干燥花,平面干燥花
曼陀罗 Datura stramonium	茄科	花,果枝	白至紫色	花单生在叶腋或枝叉处,花冠喇叭状,5裂;蒴果卵圆形直立,表面有硬刺	花期夏,秋季	果枝倒挂风干,花压制干燥	立体干燥花,平面干燥花
酸浆(红姑娘) Physalis alkekengi	茄科	果枝	花白色,果未熟时绿色,成熟时橙红色	花萼钟状,宿存,呈钟形囊状包固果实,膜质;果实为浆果,球形	夏至秋季	倒挂风干	立体干燥花
辣椒 Capsicum spp.	茄科	果实	红、绿、黄色	浆果,单生叶腋或废生梢顶,圆锥形或球形,下垂	秋季	倒挂风干	立体干燥花
卷柏 Selaginella spp.	卷柏科	枝叶	绿、棕黄色	枝丝生,扁而分枝,向内卷曲,枝上生鳞片状小叶,叶先端具长芒,膜质,有细锯齿	全年	放置干燥	立体干燥花

（续）

学名	科	可利用器官	颜色	观赏性状	采收时期	干燥方式	用途
八仙花 Hydrangea macrophylla	虎耳草科	花序	白、蓝、浅紫、粉、粉红色	花球硕大，花期长，伞房花序，球状，花朵开放期间颜色呈现多种变化	夏、秋季	在苞片变薄时倒挂风干，或压制干燥；花朵可以液剂干燥	立体干燥花、平面干燥花
山梅花 Philadelphus spp.	虎耳草科	花	白色	5～11 朵花组成总状花序，萼外有柔毛，花净白	夏、秋季	干燥剂埋藏干燥或压制干燥	平面干燥花
岩白菜 Bergenia spp.	虎耳草科	叶、花	绿色，花红色	叶为单叶，大而厚，全缘或有钝齿；花大，穗状	花，春季；叶，全年	液剂干燥，压制干燥	立体干燥花、平面干燥花
虎耳草 Escallonia spp.	虎耳草科	花	粉红、红、白色	开花灌木，弯曲的茎覆盖成簇心星形花	夏末和秋季	干燥剂埋藏干燥或压制干燥	立体干燥花、平面干燥花
落新妇 Astilbe chinensis	虎耳草科	花	红紫、白色	圆锥花序顶生，密生棕色柔毛，花密集，花朵锥形羽毛状	春、秋季	倒挂风干，压制干燥	立体干燥花、平面干燥花
溲疏 Deutzia scabra	虎耳草科	花、果	花白色或带粉红色斑点	圆锥花序，叶片卵状披针形，蒴果近球形，顶端扁平	晚春至夏季	干燥剂埋藏干燥	立体干燥花
醋栗 Ribes spp.	虎耳草科	花	粉红色	有垂悬成簇粉红色小花，脉纹稠密的叶片	春季	压制干燥	平面干燥花
吊钟花 Fuchsia spp.	柳叶菜科	花	粉红、紫、红色	花朵如悬挂的彩色灯笼，甚是可爱	夏、秋季	用压花器压制干燥或埋藏干燥	立体干燥花、平面干燥花
柳叶菜 Epilobium spp.	柳叶菜科	花	玫瑰红色	带叶总状花序，花形俊美	夏至秋季	压制干燥	平面干燥花
月见草 Oenothera spp.	柳叶菜科	花、叶	花，黄、白、淡红色；叶，绿色	萼片通常外弯，花瓣 4；叶互生，有柄或无柄，全缘，有齿或分裂	夏至秋季	埋藏干燥，压制干燥	平面干燥花、芳香干花
金丝桃 Hypericum spp.	金丝桃科	花	金黄色	3～7 朵花合成聚伞花序着生在枝顶，花多 5 瓣，雄蕊多数，合生	夏、秋季	压制干燥	平面干燥花
金丝梅 Hypericum patulum	金丝桃科	花	金黄色	花单生枝端或成聚伞花序，花形雅致，花色清丽	夏、秋季	干燥剂埋藏干燥，压制干燥	立体干燥花、平面干燥花
金缕梅 Hamamelis spp.	金缕梅科	花	黄色	花由细长条状的花瓣组成，开在光秃的枝条上	秋末至冬末	压制干燥	平面干燥花

（续）

学 名	科	可利用器官	颜 色	观赏性状	采收时期	干燥方式	用 途
五蕊柳 Salix pentandra	杨柳科	枝条,叶	绿色	叶狭卵形,边缘有细齿,上面具光泽;下枝灰褐色,柔黄花序金黄色	枝条,冬季;叶,春、秋季	叶倒挂风干;絮液剂干燥	立体干燥花,柳
毛白杨 Populus tomentosa	杨柳科	枝条	银色,金色	长枝叶阔卵形或三角状卵形,先端短渐尖,基部平截,边缘具波状牙齿	夏季	竖直干燥	立体干燥花
银白杨 Populus alba	杨柳科	叶	白绿色	叶宽卵形,掌状浅裂,顶端渐尖,基部楔形或近心形,叶缘具不规则齿牙	春至秋季	压制干燥	平面干燥花
银芽柳 Salix leucopithecia	杨柳科	枝条	花芽银白色	花芽肥大,具紫红色苞片,苞片脱落后,即露出银白色的花芽,形似毛笔,颇为美观	冬、春季	倒挂风干,竖直干燥	立体干燥花
垂柳 Salix babylonica	杨柳科	枝条,叶	枝,淡黄褐色;叶,绿色	小枝细长下垂;叶互生,披针形或条状披针形,先端渐长尖,基部楔形	春至秋季	液剂干燥、压制干燥	立体干燥花、平面干燥花
松 Pinus spp.	松科	枝叶,果	枝叶,绿色,果褐色	叶针形,2~5针一束,果实多种形状	全年	在作品中自然干燥、球果平放干燥	立体干燥花,芳香干燥花
落叶松 Larix spp.	松科	叶,球果	叶,绿色;球果,幼时紫红色,成熟时褐色	叶在长枝上散生,在短枝上呈簇生状,倒披针状线形,柔软;球果直立向上,种鳞革质,宿存	叶,春季;球果,秋、冬季	叶,压制干燥;球果,平放风干	平面干燥花,立体干燥花,芳香干花
云杉 Picea spp.	松科	枝,果	果棕褐色呈粉状青绿色	直挺的针状叶在枝叶上螺旋状排列,木质球果悬吊,圆柱形,有向内弯曲的苞片叶	春、秋季	枝在花艺作品中自然干燥、球果平放置干燥	立体干燥花,芳香干花
肾蕨 Nephrolepis spp.	肾蕨科	叶	绿色	初生的小复叶呈拳状,具有银白色的茸毛;成熟的叶片革质光滑,簇生羽状,一回羽状复叶	全年	压制干燥	平面干燥花
番红花 Crocus sativus	鸢尾科	花	淡紫色	花顶生,形状类似酒杯;花被片6,倒卵圆形,花筒细管状	冬末、春季和秋季	干燥剂埋藏干燥	立体干燥花
鸢尾 Iris spp.	鸢尾科	花	蓝、紫、黄、白、淡红色	花出叶丛,总状花序1~2枝,花蝶形,花型大而美丽,外侧花被深紫斑点,中央面有一行鸡冠状白色带紫纹突起	春季	干燥剂埋藏干燥,压制干燥	立体干燥花,平面干燥花

（续）

学名	科	可利用器官	颜色	观赏性状	采收时期	干燥方式	用途
唐菖蒲 Gladiolus hybridus	鸢尾科	花序	花红、黄、白、紫、蓝色,或具复色	叶硬质剑形,花茎高出叶上,穗状花序着花12~24朵排成二列,花冠筒呈膨大的漏斗形,向上弯	夏、秋季	干燥剂埋藏干燥	立体干燥花
小苍兰 Freesia refracta	鸢尾科	花	花黄色	总状花序,花偏生一侧,疏散直立斗型	夏季	干燥剂埋藏干燥,或压制干燥	立体干燥花,平面干燥花,芳香干花
蝴蝶花 Iris japonica	鸢尾科	花、叶	花,淡蓝紫、白色;叶,灰绿色	花多数,排列成稀疏的总状花序,小花基部有苞片,花被6枚;叶剑形	春季	压制干燥	平面干燥花
射干 Belamcanda chinensis	鸢尾科	花、果、花枝	花,黄色偏红、有红色条纹;果,黄色	二歧伞形花序,数朵顶生,花被6片,排成两轮,具橙色斑点;种子黑色,近球形,有光泽	夏至秋季	压制干燥、倒挂风干	立体干燥花,平面干燥花,芳香干花
马蔺 Iris slactea var. chinensis	鸢尾科	花、叶	花浅蓝色至蓝紫色,叶灰绿色	花茎直立,顶生1~3朵花,垂瓣倒披针形,旗瓣狭倒披针形;叶基生,多数,坚韧,条形,无主脉	春至秋季	压制干燥	平面干燥花
非洲堇 Saintpaulia spp.	苦苣苔科	花	白、紫绛、粉红色	花两侧对称,小花色彩清柔,有单瓣、重瓣类型;叶密集簇生,具长柄	全年	压制干燥	平面干燥花
水烛 Typha angustifolia	香蒲科	叶、花序	叶绿色、花序褐色	叶片狭条形,穗状花序圆柱状	夏季	竖直干燥	立体干燥花
香蒲 Typha spp.	香蒲科	果枝	褐色	果序圆柱状,坚果细小,具多数白毛,内含小种子,椭圆形	夏季	竖直干燥	立体干燥花
省沽油 Staphylea bumalda	省沽油科	花、果	蒴果半透明	半透明的蒴果,似充气气球	花,夏季;果,秋季	花压制干燥,果自然干燥	立体干燥花,平面干燥花
胡颓子 Elaeagnus spp.	胡颓子科	叶、果	叶,淡绿色;果,鲜红色	叶椭圆形,互生,先端渐尖,基部圆形,边缘波浪状扭曲;果实椭圆形,具褐色鳞片,熟后色艳形美	秋至夏季	叶液剂干燥,果放置干燥	立体干燥花
核桃 Juglans regia	胡桃科	果	灰绿色、黄褐色	果实球形,幼时具腺毛,内部坚果球形,表面有不规则槽纹	秋季	放置干燥	立体干燥花

（续）

学名	科	可利用器官	颜色	观赏性状	采收时期	干燥方式	用途
三色堇 Viola tricolor	堇菜科	花	黄、蓝、紫等3种颜色对称分布在5个花瓣上,构成图案	花瓣图案似猫脸,整个花被风吹动时,又如翻飞的蝴蝶	春至秋季	压制干燥	平面干燥花
桔梗 Platycodon spp.	桔梗科	花	蓝紫色	花蕾形状奇特,像膨胀的气球,花冠钟状	夏秋季	干燥剂干燥、液剂干燥、压制干燥	立体干燥花、平面干燥花
风铃草 Campanula spp.	桔梗科	花	蓝色	穗状花序纤长,铃铛形花朵美丽可爱	夏季	压制干燥	平面干燥花
海桐 Pittosporum spp.	海桐花科	叶	绿色	叶长圆形至卵圆形,带有光泽	全年	甘油中液剂干燥	立体干燥花、芳香干花
鹤望兰 Strelitzia spp.	旅人蕉科	花萼、花	花萼白色,花瓣浅蓝及橙黄色	2枚直立而尖的花瓣外有一舟形佛焰苞,具长梗	春季	自然干燥、花朵拆开后压制干燥	立体干燥花、平面干燥花
旅人蕉 Ravenala madagascariensis	旅人蕉科	叶	绿色	叶2列于茎顶呈折扇状,叶柄长	全年	液剂干燥	立体干燥花
益母草 Leonurus sibiricus	唇形科	果枝	浅褐色	轮伞花序腋生,花萼钟形,外面被柔毛,宿存;小坚果褐色,三棱形,先端较宽而平截,基部楔形	夏至秋季	倒挂风干	立体干燥花
鼠尾草 Salvia spp.	唇形科	花	紫、蓝紫色	穗状花序,花萼通常红或紫色,花冠筒状上唇瓣	夏、秋季	倒挂风干或压制干燥	立体干燥花、平面干燥花
黑夏至草(巴洛塔) Ballota nigra	唇形科	叶	灰绿色	毛线线的灰绿色圆形叶颇具观赏性	夏、秋季	液剂干燥	立体干燥花
百里香 Thymus spp.	唇形科	花	淡红色	密集的头状花序生茎顶端,小花仅5~6mm长	夏季	倒挂风干	立体干燥花、芳香干花
水苏 Stachys japonica	唇形科	叶、花	银灰色	草本植物,叶片银灰色,浅粉色花	夏、秋季	倒挂风干或压制干燥	立体干燥花、平面干燥花
贝壳花 Moluccella laevis	唇形科	花	白花	小叶对生;绿色喇叭状,茎秆上开细小白花,花贝壳型,素雅美观	夏、秋季	倒挂风干、液剂干燥	立体干燥花
糙苏 Phlomis spp.	唇形科	花	黄、橙色	毛绒叶片柔软,叶常具皱纹,素雅轮生,花数至多朵簇生	夏季	倒挂风干	立体干燥花

（续）

学名	科	可利用器官	颜色	观赏性状	采收时期	干燥方式	用途
迷迭香 Rosmarinus officinalis	唇形科	叶、花	叶灰绿色,花蓝色	叶带有茶香,狭细尖状,小花好像来看起来小水滴散	全年	倒挂风干、液剂干燥	立体干燥花、芳香干花
香薷 Elsholzia spp.	唇形科	花、果枝	花、白、淡黄、淡紫、玫瑰红色;果、褐色	轮伞花序组成穗状或球状花序,小坚果卵球形或长圆形,无毛或略被毛,具褶或光滑	秋季	果放置干燥、花压制干燥	立体干燥花、平面干燥花
假龙头花 Physostegia virginiana	唇形科	花枝	花淡紫红色	穗状花序顶生,唇形花冠,唇瓣短,花萼筒状钟形穗状花序,花序自下端往上逐渐绽开	夏至秋季	压制干燥	平面干燥花
桉树 Eucalyptus spp.	桃金娘科	花、叶	花白色,叶银灰色	花瓣与萼片连成帽状;单叶,全缘,革质,有时被一层薄蜡质,分为幼态叶、中间叶和成熟叶3类	叶,全年、花,秋末、初冬	倒挂风干、液剂干燥	立体干燥花
红千层 Callistemon spp.	桃金娘科	花序	红、黄色	花朵美丽,穗状花外形貌似瓶刷	夏季	倒挂风干	立体干燥花
番石榴 Psidium guayava	桃金娘科	果枝	浅绿色	浆果卵形或洋梨形,种子多数,小而坚硬	秋季	放置干燥	立体干燥花、芳香干花
白千层 Melaleuca spp.	桃金娘科	花序	绿白色	花排成稠密的穗状或头状花序,无梗,雄蕊多而伸长使花序形如瓶刷	夏季	倒挂风干	立体干燥花
松红梅 Leptospermum spp.	桃金娘科	花枝	白,粉红,红色	枝条红褐色,纤细,新梢具绒毛;叶似松叶,花似红梅,开花繁茂	晚秋至春末	竖直干燥	立体干燥花
桦木 Betula spp.	桦木科	枝条、树皮	枝条黄褐色,树皮白色或斑杂色	枝条水平下垂,叶卵形或三角形,尾尖,叶缘具齿;树皮平滑,有横走的皮孔	枝条,全年;树皮,秋、冬季	倒挂风干、液剂干燥	立体干燥花
葎草(啤酒花) Humulus scandens	桑科	花	黄绿色	雄花圆锥状,雌花序穗状,通常10余朵相集而下垂	夏至初秋	倒挂风干、液剂干燥	立体干燥花
无花果 Ficus carica	桑科	果	果淡棕黄色	聚花果梨形	夏至秋季	放置干燥	立体干燥花
橡皮树 Ficus elastica	桑科	叶	正面暗绿色,背淡绿色	叶片较大,厚革质,有光泽,圆形至长椭圆形	全年	液剂干燥	立体干燥花

（续）

学名	科	可利用器官	颜色	观赏性状	采收时期	干燥方式	用途
一枝黄花 Solidago decurrens	菊科	茎、花	花黄色	头状花序,聚成总状或圆锥状,苞片披针形	夏至秋季	倒挂风干,压制	立体干燥花,平面干燥花,平香干花
桂圆菊 Spilanthes oleracea	菊科	花	黄褐色	头状花序,圆球形至长圆形,花黄褐色,红顶	秋季	埋藏干燥	立体干燥花
波斯菊 Cosmos bipinnatus	菊科	花	白、粉、红、橙色	舌状花轮,花瓣8枚	夏、秋季	压制干燥	平面干燥花
大丽花 Dahlia spp.	菊科	花	红、粉、黄、橙、白、杂等多种	花朵形状多样,大小不一	春、夏季	倒挂或用干燥剂干燥	立体干燥花
麦秆菊 Helichrysum bracteatum	菊科	花	白、粉、橙、红、黄色	总苞苞片多层,干燥具光泽,形似花瓣	夏季在花朵盛开之前	放置自然干燥	立体干燥花
山鼠菊草 Gnaphalium affine	菊科	茎、花	茎浅绿色,花黄色	全株敷白茸毛	春、夏季	压制干燥	平面干燥花,香干花
向日葵 Helianthus spp.	菊科	花	黄色	头状花序,花序边缘生黄色的舌状花	夏、秋季	平放自然干燥,较小的花朵埋藏干燥	立体干燥花
西洋蓍草 Achillea spp.	菊科	花序	粉红、白、红色	羽毛般的叶片上,开着鲜艳的小花	夏季及秋季	倒挂风干或直立地放在空花器中	立体干燥花,芳香干花
金光菊 Rudbeckia laciniata	菊科	花	鲜黄、橘黄、褐色	头状花序生于主秆之上,舌状花单轮、单瓣或重瓣	夏末和秋季	干燥剂埋藏干燥	立体干燥花,芳香干花
金盏菊 Calendula officinalis	菊科	花	鲜黄、橘黄色	全株被白色茸毛舌状花一轮、或多轮平展	夏季	倒挂加温干燥,花朵压制干燥	立体干燥花,平面干燥花
金鸡菊 Coreopsis spp.	菊科	花	金黄色	头状花具长柄,舌状花2~3裂,重瓣	夏季	制成压花,或以干燥剂干燥	立体干燥花,平面干燥花
非洲菊 Gerbera jamesonii	菊科	花	黄、橙、红、紫色	头状花序单生,总苞盘状、钟形,花朵色彩鲜明	全年	埋藏干燥	立体干燥花
红花 Carthamus spp.	菊科	花	橘红色	花瓣开展时,适合做干花	夏季	倒挂风干	立体干燥花
艾草 Artemisia argyi	菊科	叶	银绿色	叶片卵状椭圆形,羽状深裂,有灰色绒毛	夏、秋季	倒挂风干	立体干燥花

（续）

学　名	科	可利用器官	颜　色	观赏性状	采收时期	干燥方式	用　途
多榔菊 Doronicum spp.	菊科	花	金黄色	顶生头状花序，单个或数个排成总状，总苞盅钟形	春季	埋藏干燥、压制干燥	立体干燥花、平面干燥花
除虫菊 Pyrethrum spp.	菊科	花	红白色，粉红色	花朵美丽，大型舌状花环绕着中央黄色管状花盘	夏、秋季	干燥剂中干燥、埋藏干燥、压制干燥	立体、平面、芳香干花
刺苞菊 Carlina spp.	菊科	花	淡白、黄或有时紫色	头状花序单生茎端，或在茎枝顶端排成伞房花序	秋季	竖直干燥	立体干燥花、芳香干花
蓝箭菊 Catananche caerulea	菊科	花	淡蓝色	花瓣淡蓝色，深色的花蕊，花萼很薄	春、秋季	倒挂风干、埋藏干燥或压制干燥	立体干燥花、平面干燥花
紫菀 Aster tataricus	菊科	花	淡紫色	头状花序排列成复伞房状，边缘舌状花、淡紫色，中间管状花黄色	夏季秋季	压制干燥	平面干燥花
朝鲜蓟 Cynara scolymus	菊科	花	蓝紫色	叶大、羽状深裂，茎顶着生直径为15cm左右的头状花	夏季	倒挂风干，或放置干燥	立体干燥花
滇芦 Echinops spp.	菊科	种序	蓝黑色	瘦果圆锥形，底部外表粗糙，有明显纵沟	夏季	倒挂风干，或液剂干燥	立体干燥花
翠菊 Callistephus chinensis	菊科	花	花白、淡黄、粉红、淡红、淡蓝、紫色	头状花序，花形多样，花色丰富	夏末和秋季	干燥剂埋藏干燥，压制干燥	立体干燥花、平面干燥花
银叶菊 Senecio cineraria	菊科	叶、花	叶银白色，花黄色	叶匙形或羽状裂叶，全株密覆白色绒毛	夏季	倒挂风干，或压制干燥	立体干燥花、平面干燥花
白晶菊 Chrysanthemum paludosum	菊科	花	白色	头状花序顶生，盘状，边缘舌状花银白色，中央筒状花金黄色，色彩分明、鲜艳	夏季	埋藏干燥、压制干燥	立体干燥花、平面干燥花
蛇鞭菊 Liatris spicata	菊科	花	紫色	紫色羽毛状构成长型穗状花序	夏、秋季	倒挂风干	立体干燥花
藿香蓟 Ageratum conyzoides	菊科	花枝	天蓝、白色	头状花序呈缨状，聚伞着生于干枝顶；株型紧密，多花	初夏至晚秋	倒挂干燥、埋藏干燥	立体干燥花
蓟 Cirsium japonicum	菊科	花枝	紫、玫瑰红色	头状花序顶生，球形；总苞外面有蛛丝状毛	初夏至秋季	倒挂干燥、埋藏干燥	立体干燥花

（续）

学　名	科	可利用器官	颜　色	观赏性状	采收时期	干燥方式	用　途
蓝刺头 Echinops spp.	菊科	花枝	蓝色	全部花聚合成一稠密、圆球状的复头状花序,单生茎枝顶端	夏季	倒挂干燥、埋藏干燥	立体干燥花
风毛菊 Saussurea japonica	菊科	果枝	紫红色	头状花序,密集成伞房状;总苞筒状,外被蛛丝状毛,花管状	夏至秋季	倒挂干燥、埋藏干燥	立体干燥花
黄花蒿 Artemisia annua	菊科	花枝、果枝	花黄色,果灰绿色	头状花序,球形呈金字塔形复圆锥花序	夏至秋季	倒挂干燥、埋藏干燥、压制干燥	立体干燥花、平面干燥花
勋章菊 Gazania rigens	菊科	花、叶	白、黄、橙红色	叶背密被白绵毛,舌状花有光泽	夏季	埋藏干燥、压制干燥	立体干燥花、平面干燥花
百日草 Zinnia elegans	菊科	花	白、黄、粉、红、橙等色	舌状花瓣倒卵形,管状花集中在花盘中央橙色	夏至初秋	倒挂干燥、埋藏干燥	立体干燥花
斑鸠菊 Vernonia esculenta	菊科	花	淡粉色	叶纸质,长圆状披针形,头状花序多数,花期长,花果小而繁多	夏季	压制干燥	立体干燥花
欧蓍草 Achillea millefolium	菊科	叶	叶墨绿色,花白、粉、红色	叶墨绿色,伞状花序密集,宽大、平头,外轮有短舌状小花	夏季	以干燥剂干燥	立体干燥花、芳香干花
白头翁 Pulsatilla spp.	菊科	花	深或浅紫色	基生叶羽裂,裂片线性,花朵半垂性,花碟蓖醒目	春、夏季	压制干燥	平面干燥花
蛇目菊 Coreopsis tinctoria	菊科	花、果枝	黄色,基部或中下部红褐色	头状花序着生在纤细的枝条顶部,有总梗,常数个花序组成聚伞花丛	初夏至秋季	倒挂干燥、埋藏干燥、压制干燥	立体干燥花、平面干燥花
矢车菊 Centaurea cyanus	菊科	花	白、红、蓝、紫色	茎叶具白色绵毛,头状花序顶生,边缘舌状花为漏斗状,花瓣边缘带齿状	夏、秋季	压制干燥	平面干燥花、香干花
旋覆花 Inula japonica	菊科	花	黄色	头状花序直径2.5~3cm,多个排成伞房花序	夏、秋季	放置干燥	芳香干花
雏菊 Bellis perennis	菊科	花	白、粉、红等色	头状花序单生,舌状花条形,花朵娇小活泼	春、夏季	埋藏干燥、压制干燥	立体干燥花、平面干燥花
莎草 Cyperus spp.	莎草科	花序	黄绿色	穗状花序轮廓为陀螺形,小穗轴具较宽白色透明的翅	春至秋季	竖直干燥、压制干燥	立体干燥花、平面干燥花
柏拉木属 Blastus	野牡丹科	花	白色,少有粉红或浅紫色	聚伞花序,花萼漏斗形	全年	压制干燥	平面干燥花

（续）

学名	科	可利用器官	颜色	观赏性状	采收时期	干燥方式	用途
观赏葫芦 Lageuaria sicerara	葫芦科	果	青绿、间有白色斑	果实葫芦形，嫩果有茸毛，成熟果光滑，外皮坚硬	春至秋季	悬挂干燥	立体干燥花
老鹳草 Geranium spp.	牻牛儿苗科	花、叶	花浅紫、叶深紫色条纹	宿存花柱形似鹳喙，裂成5瓣，呈螺旋形卷曲；叶对生，具细长柄，叶片卷曲，二回羽状深裂	夏、秋季	压制干燥	平面干燥花
天竺葵 Pelargonium spp.	牻牛儿苗科	花、叶	花鲜红、粉、紫、白色；叶、绿色	花序伞状，花冠极富色彩，有些具优美带状花纹	夏、秋季	叶和花分别用压花器干燥	平面干燥花
牻牛儿苗 Erodium spp.	牻牛儿苗科	花	淡紫蓝、白、粉红色	叶片卵形或椭圆状三角形，伞形花序腋生	晚春至秋季	花朵和叶子用压花器压制干燥	平面干燥花
老鹳草 Geranium spp.	牻牛儿苗科	花	粉红、白色	花辐射对称，单生或排成聚伞花序，花瓣5，覆瓦状排列；叶圆形或肾形，掌状分裂，基生叶具长柄	夏季	压花器压制干燥	平面干燥花
悬铃木 Platanus spp.	悬铃木科	叶、果	叶绿色，果褐色	叶呈掌状，有浅裂；果为圆而密集的褐色聚合果	秋季	放置自然干燥	立体干燥花
球子蕨 Onoclea sensibilis var. interrupta	球子蕨科	孢子体	绿色	叶片宽卵形，草质，边缘波状，二回羽状，羽片条形，小羽片紧缩成小球形，孢子囊群圆形	夏季	铺平风干、压制干燥	立体干燥花、平面干燥花
银杏 Ginkgo biloba	银杏科	叶、果	叶黄绿色，果橙黄色	叶扁形，淡绿色，在宽阔的顶缘具缺刻，具多数叉状细脉；果实核果为种实核果	春至秋季	叶压制干燥；果自然干燥	立体干燥花、果平面干燥花
黄杨 Buxus sempervirens	黄杨科	叶	杂色、绿色	灌木，叶卵圆形至长圆形，对生叶，丛生小花	全年	液剂干燥	立体干燥花、芳香干花
棕榈属 Chamaerops	棕榈科	叶	绿色	叶大，掌状分裂，扇形	全年	倒挂风干	立体干燥花
景天 Sedum spp.	景天科	花	粉红、红、淡紫色	多汁的肉质，花冠平展	秋季	干燥剂埋藏干燥、压制干燥	平面干燥花、芳香干花
地锦 Parthenocissus spp.	葡萄科	叶枝	红色至绿色	幼叶及秋季叶色呈现鲜红色，枝条藤蔓，有卷须	春至秋季	压制干燥	平面干燥花
葡萄 Vitis spp.	葡萄科	叶	叶绿、果紫色	观叶、观果攀缘植物	秋、冬季	压制干燥	平面干燥花

（续）

学 名	科	可利用器官	颜 色	观赏性状	采收时期	干燥方式	用 途
紫灯花（加州卜若地）Brodiaea californica	紫灯花科	花	紫、蓝色	伞形花序上着生2～12朵小花，花茎长	夏季	压制干燥	平面干燥花
角蒿 Incarvillea sinensis	紫葳科	花、果枝	花，淡紫红色；果，淡绿色	顶生总状花序，疏散，花冠钟状漏斗形，基部收缩成细管；蒴果圆柱形细长，顶端长尾状渐尖	春至秋季	果枝倒挂风干，花压制干燥	立体干燥花、平面干燥花
紫萼藓 Grimmia commutata	紫萼藓科	叶	绿色	植物体稀疏分枝，叶干时紧贴，湿时舒展，有长中肋和白色毛状叶尖	夏季	放置风干、压制干燥	立体干燥花、平面干燥花
紫萁 Osmunda japonica	紫萁科	叶	红褐至绿色	蕨叶为二回羽状复叶，被有白色或淡褐色茸毛，丛生，营养羽片广卵形	夏季	铺平风干、压制干燥	立体干燥花、平面干燥花
牛舌草 Brunnera spp.	紫草科	花	浅蓝、鲜蓝色	心形叶片上开有大量小花，叶边缘略呈波状	初夏	小花枝压制干燥	平面干燥花
九重葛 Bougainbillea spp.	紫茉莉科	花	红、粉、白、黄色	彩色苞片，3片相聚，似花瓣，有香味	夏季	自然干燥、压制	立体干燥花、平面干燥花、芳香
蜡梅 Chimonanthus praecox	蜡梅科	花枝	花瓣外层黄色，内层暗紫色（具浓香）	花朵开放在枯瘦的枝干上先花后叶，花瓣边缘具深缺裂，质地晶莹	冬、春季	埋藏干燥	立体干燥花、芳香干花
酢浆草 Oxalis corniculata	酢浆草科	花、叶	黄色	花腋生伞形花序，花瓣倒卵形，微向外反卷，顶端急尖，有柔毛；掌状复叶3小叶，倒心形	春至夏季	压制干燥	平面干燥花
荷花 Nelumbo nucifera	睡莲科	莲房	绿色	花托表面具多数散生蜂窝状孔洞，受精后逐渐膨大称为莲蓬，每一孔洞内生一小坚果（莲子）	秋季	放置干燥	立体干燥花
香椿 Toona sinensis	楝科	花枝	白色	呈大型的下垂圆锥花序	夏季	倒挂风干	立体干燥花
黄秋葵 Hibiscus esulentus	锦葵科	果枝	绿、紫红色	蒴果，先端细尖，略有弯曲，形似羊角，果面覆有细密白色绒毛，木质化	夏季	倒挂风干	立体干燥花、芳香干花
秋葵 Abelmoschus moschatus	锦葵科	花、果	花，黄色及暗红色；果，褐色	花单生叶腋，花瓣5，蒴果长椭圆形，蒴果密生短茸毛，成熟	春至秋季	液剂干燥、压制干燥	立体干燥花、平面干燥花
苘麻 Abutilon theophrasti	锦葵科	果枝	黄褐色	蒴果呈半磨盘形，密生短茸毛，成熟后不完全开裂	秋季	倒挂风干	立体干燥花

（续）

学名	科	可利用器官	颜色	观赏性状	采收时期	干燥方式	用途
锦葵 Lavatera spp.	锦葵科	花	粉红、白色	花单生于枝端叶腋,花大,花朵喇叭状	夏、秋季	干燥剂埋藏干燥、压制干燥	立体干燥花、平面干燥花
木槿 Hibiscus spp.	锦葵科	花	红、紫、白色等	喇叭形花朵色彩浓烈,花朵开放期间变色	夏末至秋季	压制干燥、液剂干燥	立体干燥花、平面干燥花
陆地棉 Gossypium hirsutum	锦葵科	花	白至淡黄红或紫色	花瓣在开放进程中色变,花萼5齿裂	夏季	液剂干燥	立体干燥花
黄栌 Cotinus spp.	漆树科	叶	幼叶青铜色,秋色叶	叶圆形,秋季呈现黄、橙、红等色	夏、秋季	倒挂风干、压制干燥	立体干燥花、平面干燥花
火炬树 Rhus typhina	漆树科	叶、果	叶,绿色至红色;果,鲜红色	奇数羽状复叶长圆形;直立圆锥形花序顶生,腋生或顶生,果扁球形,具红色刺毛,紧密聚生成火炬状	秋、冬季	倒挂风干	立体干燥花
瑞香 Daphne spp.	瑞香科	花	红、紫、白色(具芳香)	花萼集成头状花序,聚伞花序或短总状花序,腋生或顶生	晚冬、春、夏季	干燥剂干燥、压制干燥	平面干燥花、芳香干花
补血草 Limonium spp.	蓝雪科	花	蓝、黄、粉色	花朵细小,干膜质,色彩浓雅,天然干花材料	晚春至秋季	倒挂、竖直干燥、压制干燥	天然立体干燥花、平面干燥花、芳香干花
大黄 Rheum spp.	蓼科	叶	绿色	叶广卵形,掌状半裂	春季	压制干燥	平面干燥花
紫堇 Corydalis	罂粟科	花	黄色	金色线条的叶子上,开着极细的黄色小花	夏季	压制干燥	平面干燥花
罂粟 Papaver spp.	罂粟科	花	白、淡红、紫红色	花单一顶生,花瓣4片,果实为蒴果呈卵状球形或长椭圆形	夏、秋季	倒挂风干种子结球或液剂干燥;花压制干燥	立体干燥花、平面干燥花
海罂粟 Glaucium spp.	罂粟科	枝叶、花	枝叶灰色;花鲜黄、橘红色	鲜黄或橘红色花瓣格外醒目、亮丽	夏、秋季	压制干燥	平面干燥花
月季 Rosa hybrid spp.	蔷薇科	花枝	红、粉、黄、紫、橘黄、绿色	花朵常簇生,稀单生,多为重瓣也有单瓣,花开娇美、艳丽	全年	倒挂风干、埋藏干燥、压制干燥	立体干燥花、平面干燥花
苹果 Malus spp.	蔷薇科	花、果	花蕾粉红色,花白色,具粉色花边	伞房花序,花色清纯,果实颜硕大鲜艳	花,春季;果实,秋季	竖直干燥、压制干燥	立体干燥花、平面干燥花

（续）

学名	科	可利用器官	颜色	观赏性状	采收时期	干燥方式	用途
花楸 Sorbus spp.	蔷薇科	叶、花、果	叶,绿色至紫色;花白色或果色或果实黄色;果实红、白色	头状花序,初夏开花,白花成簇,果实球形,鲜红色	花,春季;叶、夏或秋季,果实,秋季	果实倒挂风干或放置干燥,花朵浆	立体干燥花、平面干燥花
李属 Prunus	蔷薇科	花	白,粉色	花单生,聚伞花序或总状花序,花瓣、萼片5,单瓣或重瓣,花朵美丽	春季	埋藏干燥、压制干燥	平面干燥花、芳香干花
海棠 Malus micromalus	蔷薇科	花	红,淡红,粉色	花单生于短枝端,花瓣倒卵形,被柔毛;花姿潇洒,花开似锦	春季	埋藏干燥、压制干燥	平面干燥花、芳香干花
鸡麻 Rhodotypos scandens	蔷薇科	花、叶	花白色,叶绿色	花单生于小枝顶端,花瓣4枚;单叶对生,卵形或椭圆形,叶面皱折	春季	压制干燥	平面干燥花
玫瑰 Rosa rugosa	蔷薇科	花	红,粉,白,黄色	花单生于叶腋或数朵聚生,苞片卵形,花朵美丽,单瓣或重瓣,具芳香	夏季和秋季	倒挂风干、干燥剂埋藏干燥、压制干燥	立体干燥花、平面干燥花
红果树 Stranvaesia daviana	蔷薇科	叶	红色	叶长圆状披针形或倒披针形,先端急尖或渐尖,基部楔形或楔形	秋季	压制干燥	平面干燥花
水杨梅 Geum spp.	蔷薇科	花	白,红,黄,橙黄色	枝条披散,婀娜多姿,紫红球花吐长蕊,秀丽夺目	晚春至夏季	单瓣品种压制干燥、半重瓣和重瓣品种干燥剂埋藏干燥	立体干燥花、平面干燥花
石楠 Photinia serrulata	蔷薇科	花、叶	花白色,叶绿色,金色,幼叶红色	单叶互生,厚革质,长椭圆形;顶生复伞房花序,花叶俱佳,干皮块状剥落	花,春季;叶,全年	竖直干燥、压制干燥	立体干燥花、平面干燥花
树莓(覆盆子) Rubus spp.	蔷薇科	花、果	花,白,淡红,淡紫色;果,黑色	顶生总状、伞房花序,花瓣5,直立或开展;果宿存,直立或反折	秋季	压制干燥	平面干燥花
地榆 Sarquisorba officinalis	蔷薇科	花穗、果穗	花穗,暗紫红色;果穗,褐色	花无花瓣,聚生成头状或穗状花序,萼片花瓣状;瘦果有纵棱,包在宿萼内	夏至秋季	倒挂风干	立体干燥花
棣棠 Kerria japonica	蔷薇科	叶、花、果	叶,绿色;花,黄色	单叶互生,卵形,表面有皱褶;花圆形,重瓣,单生于小枝顶端;瘦果扁球形	春季	干燥剂埋藏干燥、压制干燥	平面干燥花、芳香干花

（续）

学名	科	可利用器官	颜色	观赏性状	采收时期	干燥方式	用途
羽衣草 Alchemilla japonica	蔷薇科	花	黄绿色	伞房状聚伞花序较紧密,小型羽毛状花朵,萼筒外被稀疏柔毛	春季至初夏	倒挂风干,压制干燥	立体干燥花、平面干燥花
珍珠梅 Sorbaria kirilowii	蔷薇科	叶、花	叶,绿色;花,白色	奇数羽状复叶,小叶片对生,披针形;顶生圆锥花序,花小,花瓣长圆形	夏季	压制干燥	平面干燥花
绣线菊 Spiraea spp.	蔷薇科	叶、花序	白色,粉红色	成团的小花长在小枝条顶端,呈聚伞花序	夏、秋季	干燥剂埋藏干燥	立体干燥花、芳香干花
槭 Acer spp.	槭树科	叶、果实	绿色、黄色、棕色、紫色叶片	落叶乔木,叶片黄色	夏、秋季	叶压制干燥;翅果放置干燥	立体干燥花、平面干燥花
排香 Lysimachia spp.	樱草科	花	鲜黄色	杯形花构成的花序向下垂,花朵腋生,花冠5枚,有深裂	夏季	压制干燥	平面干燥花
金雀儿 Cytisus scoparius	豆科	花	白、黄、橘、粉红、红色,花常变色	灌木,被许多豆状花朵所遮盖,花单生,旗瓣宽长,萼筒常带紫色	春季	倒挂风干,液剂干燥	立体干燥花、平面干燥花
蹄盖蕨属 Althyrium	蹄盖蕨科	叶	绿色	根状茎粗短,叶簇生,羽状分裂,蕨类观叶植物	夏季	压制干燥	平面干燥花
茛芳花 Acanthus	爵床科	花	蓝、白色	穗状花序,苞片卵形	夏末至秋季	倒挂风干	立体干燥花
珊瑚花 Justicia carnea	爵床科	花	白、粉红色	圆锥花序顶生,花冠唇形,花色艳丽,花型优雅	夏季	埋藏干燥,压制干燥	立体干燥花、平面干燥花
地肤 Kochia scoparia	藜科	叶、小枝	淡绿色或浅红色	观叶,有鲜绿色变,分枝与小枝散射或斜升,富于动感	夏、秋季	倒挂风干,压制干燥	立体干燥花、平面干燥花
藜 Chenopodium spp.	藜科	花序、叶	花绿色,叶茎灰绿色,常泛红色	带叶穗状花序或圆锥形花序,叶披针形或菱钻石形	夏、秋季	竖直干燥,压制干燥	立体干燥花、平面干燥花
滨藜 Atriplex spp.	藜科	花序、叶	初为绿色,渐为红色	葡萄直立,具粉斑,穗状花序	夏、秋季	竖直干燥,压制干燥	立体干燥花、平面干燥花
鳞毛蕨 Dryopteris spp.	鳞毛蕨科	叶	绿色	叶丛生,革质,奇数一回羽状复叶,小羽片呈镰刀状披针形,边缘有细锯齿	夏季	液剂干燥,压制干燥	立体干燥花、平面干燥花
耳蕨 Polystichum spp.	鳞毛蕨科	叶	绿色	蕨叶丛生,二回羽状复叶,形状奇特	夏季	压制干燥	平面干燥花

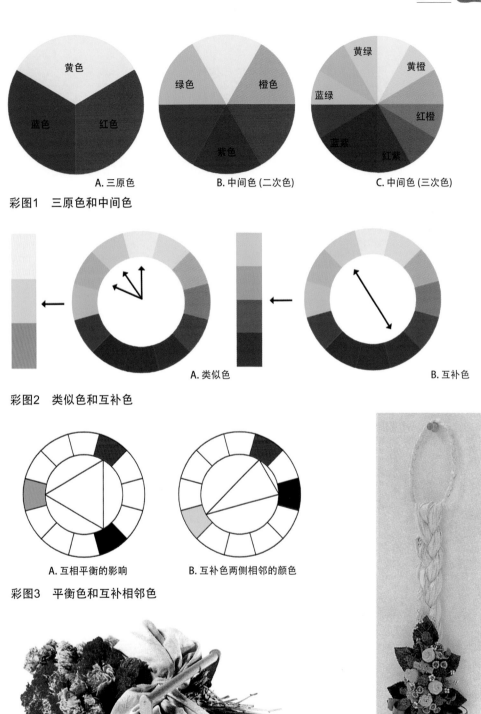

A. 三原色　　B. 中间色 (二次色)　　C. 中间色 (三次色)

黄色　蓝色　红色

绿色　橙色　紫色

黄绿　黄橙　蓝绿　红橙　蓝紫　红紫

彩图1　三原色和中间色

A. 类似色　　　　B. 互补色

彩图2　类似色和互补色

A. 互相平衡的影响　　B. 互补色两侧相邻的颜色

彩图3　平衡色和互补相邻色

彩图4　夏季箱饰插花

彩图5　椰棕壁饰

彩图6　紧密式月季插花　　　　　　彩图7　冬季门饰

彩图8　浮木烛台　　　　　　　　　彩图9　水壶式插花

彩图10　典雅的箱饰

彩图11　秋季花篮

彩图12　竹子瓶插

彩图13　圣诞烛台

彩图14　飞舞

彩图15　花自飘零水自流

彩图16　生命的历程

彩图17 圣诞节

彩图18 窗

彩图19 爱

彩图20 暗香

彩图21 早春

彩图22 兰花图

彩图23 来自世界的朋友

彩图24 成长

彩图25 天使爱花

彩图26 瓶花

彩图27 菠萝静物画

彩图28　秋鸣

彩图29　花之丘

彩图30　春天

彩图31　暮色

彩图32　梨花

彩图33　花之舞

彩图34　狗尾草

彩图35　中国人物画